朝倉物性物理シリーズ

5

超伝導

家　泰弘 著

朝倉書店

まえがき

今日低温物理学と呼ばれている分野が産声を上げたのは 1908 年 7 月 10 日のことであった．その日，ライデン大学のカマリン・オンネス (Kammerlingh Onnes) らがヘリウムの液化にはじめて成功した．物質を極低温に冷却する手段を得たオンネスらは，種々の金属の極低温における電気伝導を調べてゆく過程で，水銀の電気抵抗が 4.2 K 付近で急激に消失することを発見した．1911 年のことである．

超伝導現象の本質を解明することは物性物理学の長年の懸案であった．マイスナー効果や同位元素効果などいくつかの重要な手がかりの発見を経て理論的研究が進み，1956 年にバーディーン (Bardeen)，クーパー (Cooper)，シュリーファー (Schrieffer) の 3 人による微視的理論 (BCS 理論) が発表され，その完成をもって超伝導現象の基本的なところは解決をみた．一方，超伝導特有の性質を記述する理論的枠組みに関しても，ロンドン (London) 兄弟による理論などを経て，ギンツブルク (Ginzburg) とランダウ (Landau) による現象論 (GL 理論) が 1950 年代に完成し，その基礎が確立した．この間に第 II 種超伝導体の発見があった．

巨視的量子現象としての超伝導の本質に関わる重要な概念がジョセフソン (Josephson) によって 1962 年に提唱された．アンダーソン (Anderson) など時代を代表する物理学者たちの精力的な取り組みによって，超伝導の物理は高度に洗練され，1960 年代末頃には超伝導研究はもはや終焉に近づいたというムードも広がっていたようである．実際，1969 年に編纂された総合解説書 (R. D. Parks (ed), “Superconductivity”，本書 p.204「参考書」参照) の序文には，その中の著者の 1 人による「この本は (超伝導に) とどめを刺すものになるだろう」というコメントが紹介されている (ただし編者自身は必ずしも同意していない)．実際，BCS 理論と GL 理論を 2 本柱とする超伝導の理論体系は物理学のなかでもひときわ高い完成度を誇るものであり，物理学における理論体系のお手本のような位置を占めている．物性物理学にとどまらず，素粒子論などにも大きな影響を与えていることは特筆すべきことであろう．超伝導に深く関連する現象として，液体ヘリウム 3 の超流動転移が 1972 年に発見されたが，いったん発見されるとその研究が非常な勢いで進展したのは，超低温実験技術の成熟もさることながら，それまでの超伝導の知識が基盤となって「何を調べればよいか」のガイドラインが研究者たちによくみえていたことも大きかったと思われる．

歴史的にみても，ある学問分野の幕引きなどという観測はその後の発展によって覆されることが多いが，超伝導研究もその例外ではなく，上記の総合解説書が出た後も数多くのめざましい進展があった．物質科学としての面では，シェヴレル化合物，重い電子系，有機伝導体，など特徴ある超伝導物質が続々と発見されて，研究のフロンティアを広げてきた．特に，1986 年にベドノルツ (Bednorz) とミュラー (Müller) によって銅酸化物における高温超伝導が発見されて以来，超伝導研究が再び活況を呈した．銅酸化物系以外にも，フラーレン化合物，硼化物，などでそれまでの常識を塗り替えるような高温の超伝導転移が続々と発見されてきたことは記憶に新しい．本書の読者の世代では，液体窒素を使った高温超伝導体のデモ実験で超伝導にはじめて接した人も多いのではないだろうか．物質科学としての超伝導研究の夢は，第一原理からの超伝導転移温度の予想，そして室温を超える超伝導物質の発見，である．

応用面での研究は着実に進んできた．現在のところ一般社会で超伝導応用機器が使われるまでには至っていないが，実験室レベルでは超伝導磁石や超伝導量子干渉計 (SQUID) はすでに多くの分野において不可欠の機器となっている．医療分野の MRI 装置はもちろんのこと，高エネルギー加速器や核融合炉などにも超伝導磁石は欠かせない要素となっている．高温超伝導体線材開発が進めば，より広い範囲に応用されるであろう．一時盛んであったジョセフソン・コンピューターの開発研究はいろいろな事情で中断状態であるが，最近の量子情報関連の研究の一環として新たな取り組みが行われつつある．

基礎物理としての超伝導研究においても，上記の予想に反して，超伝導ゆらぎ，異方的 (非 s 波) 超伝導，メゾスコピック現象，磁束多体系の物理，巨視的量子トンネル現象など，さまざまな展開があった．超伝導物質のバラエティが格段に広がったいま，基礎物理としての超伝導研究にも新たな展開があるのではないかと期待される．

超伝導に関する教科書はすでに数多く出版されており，その中には定評ある良書も多い．そんな中で筆者のような者が浅薄な知識で超伝導の本を書くというのはそもそも無謀な試みなのだが，このお話をいただいたとき「この機会に勉強し直して」などという出来心を起こして，躊躇しつつもお引き受けしてしまった．いざ執筆に取り掛かってみると，躊躇はすぐさま後悔へと変わった．大学の法人化にともなう作業，国際会議の開催，その他待ったなしの仕事で執筆作業はしばしば中断を余儀なくされ，編集担当者には大変ご迷惑をおかけした．悪戦苦闘であったが，曲がりなりにも上梓に漕ぎ着けることができたのは，「自分なりの理解で記述して読者のご批判を受けるしかない」という開き直りと，編集の先生方および担当諸氏の忍耐のおかげである．特に，原稿を丁寧にご査読くださった斯波弘行先生と，朝倉書店編集部に厚くお礼申し上げる．本書が超伝導という素晴らしい物理現象の一端に触れる機会を読者にいくらかでも提供できることになれば，筆者の冷や汗も少し乾くかもしれない．

2005 年 4 月

家　泰弘

目　　次

1

超伝導現象の基礎

本章ではまず，超伝導がどのような現象であり，超伝導を記述する基本的パラメーターとしてどのようなものがあるかを学ぶ．

1.1　超伝導物質

多くの金属や合金は極低温に冷却するとある温度 T_{c} (超伝導転移温度) 以下で超伝導状態になる．図 1.1 に単体元素の超伝導物質を示す．この中で黒地に白抜きで示した元素は，その通常の結晶形が低温において超伝導を示すものである．薄い影をつけた元素は，通常の結晶形では超伝導を示さないが，高圧下やアモルファス状態など特殊な存在形態において超伝導を示すものである．その他の元素はいまのところ単体では超伝導が見つかっていない．

この表を眺めると，金属でありながら超伝導にならない物質は，(1) アルカリ金属や貴金属のように伝導度の高い金属 (good metal) であるか，あるいは，(2) 遷移金属や希土類金属のように磁性を示す金属である，という特徴がみてとれる．これらの傾向は後章で述べる超伝導の BCS 機構に照らすと得心できるものである．

図 1.1 のように単体元素物質だけをみても数多くの物質が超伝導になる．さらに 2 元化合物，3 元化合物 $\cdots$ とみてゆけば実に多種多様な超伝導物質が存在することは容易に想像できよう．超伝導現象が最初に水銀で発見されて以来，新しい超伝導物質の探索は今日に至るまで営々と続けられてきた．特に近年では，有機伝導物質や重い電子系物質における超伝導，さらには銅酸化物における高温超伝導の発見などがあり，超伝導物質探索に一層の拍車がかかっている．

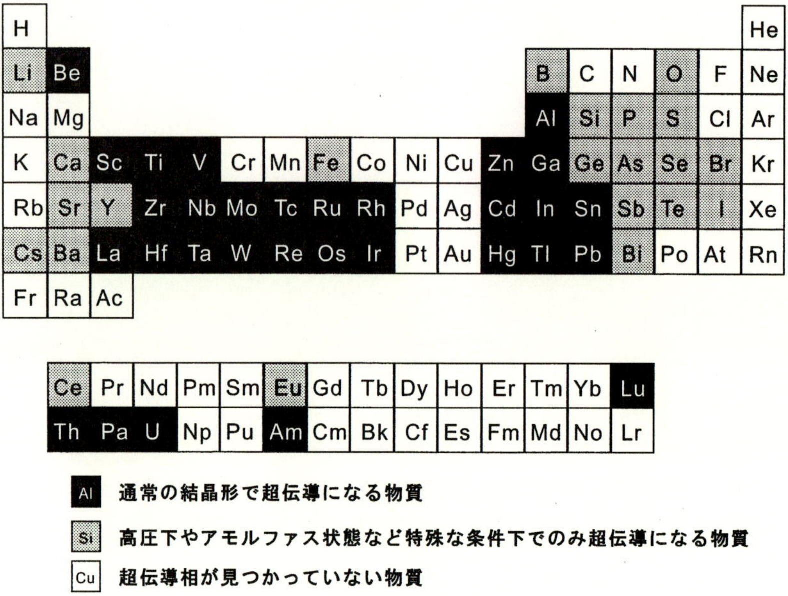

図 1.1　超伝導元素を表す周期表.

いかにすればより高い超伝導転移温度をもつ物質を得ることができるか，というのは現代物質科学の重要テーマの 1 つである．しかしながら本書では，このような物質科学的側面 (いわば「超伝導の化学」) にはあまり立ち入ることはせず*1)，もっぱら超伝導の基本的かつ普遍的な物理現象という側面に注目してゆく．

1.2　超伝導の基本的性質

まずは超伝導を特徴づける基本的性質からみてゆくことにしよう．超伝導を特徴づけるめざましい性質の第 1 はなんといっても電気抵抗の消失である．超伝導物質が実用材料として注目を集めるのは抵抗ゼロという魅力的な性質によるものにほかならない．超伝導状態の電気抵抗がどの程度ほんとうにゼロかを

---

*1)　物質科学的側面に関しては，付録に「超伝導物質 Who's Who」として特徴ある超伝導物質をリストアップする．

確かめるのに，通常の抵抗測定法では圧倒的に感度が足りない．そこで，抵抗ゼロがどの程度ゼロかを調べるには，超伝導リングを流れる永久電流の減衰 (がないこと) を観測するという方法が採られる．その結果として，減衰の時間スケールが宇宙の年齢よりも長くなるといった結果が得られている．この意味では超伝導体は真に抵抗ゼロである，といって差し支えない．

しかしながら完全導体つまり電気抵抗ゼロ ($\rho = 0$) という性質と超伝導とは決して同義語ではない．超伝導を特徴づけるもう 1 つの顕著な性質に完全反磁性がある．これは，超伝導体から磁場が排除されて試料内部の磁束密度がゼロとなる ($\mathbf{B} = 0$) という性質である．$\mathbf{B} = \mu_0 \mathbf{H} + \mathbf{M} = 0$ より，$\mathbf{M} = -\mu_0 \mathbf{H}$, つまり，磁化率は $\chi = -\mu_0$ (完全反磁性) である．この現象は，その発見者にちなんでマイスナー (Meissner)–オクセンフェルト (Ochsenfeld) 効果，あるいは単にマイスナー効果と呼ばれている．超伝導マイスナー効果の著しい特徴は，超伝導状態で磁場をかけたときに磁束の侵入を許さない (flux exclusion) ばかりでなく，常伝導状態で磁場をかけたうえで温度を下げて超伝導にした場合にも磁束の排除 (flux expulsion) が起こる，という点である．図 1.2 はそのことを示している．

磁束の排除という現象は「完全導体」という性質からは説明できない．一般に，導体に対して外部磁場をかけてゆくとき，磁場の侵入を妨げるような遮蔽電流が流れる (レンツ (Lenz) の法則)．有限の抵抗をもつ導体ではこの遮蔽電流が短時間に減衰してしまうので過渡的な時間が過ぎれば磁場は内部に侵入する．完全導体ならば，遮蔽電流の減衰が起こらないので磁場はいつまで経っても内部に侵入できない．つまり単なる完全導体でも flux exclusion は起こる．しかしながら逆に，いったん磁場が完全導体の内部に入ったとすると，今度は外部磁場を減らしたときに試料内部の磁束密度を一定に保つような向きに遮蔽電流が流れる．つまり完全導体では flux expulsion は起こらず，いったん入ってしまった磁場はそこにとどまることになる．要するに「単なる完全導体」の外部磁場に対する応答は「現状の内部磁束密度の値を変化させないように」というものであるから，ある磁場における遮蔽電流のようすはそこに至る履歴に依存することになる*1)．それに対して，マイスナー状態は熱力学的平衡状態で

*1) このような非平衡のふるまいはピン留めの強い超伝導体において実際に起こる (5 章参照)．

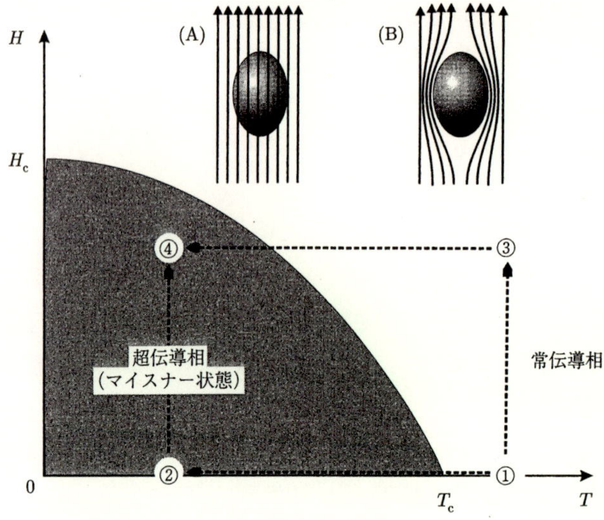

図 1.2 温度–磁場平面上の超伝導体の相図．常伝導相の①という点から出発して，超伝導相の④という点に至る 2 つの経路が示してある．もしも超伝導体が「単なる完全導体」であったとすると，①→②→④の経路で④に至る場合には外部磁場をかけてもそれを打ち消すような遮蔽電流が流れるため図 (B) のように磁場は排除されるが，①→③→④の経路では③の時点で試料内部に侵入した磁場は④においても排除されないため，図 (A) のような状況になってしまう．マイスナー相は熱力学的状態であるから，④に至る経路の如何によらず図 (B) のような状況が実現される．

あり，熱力学変数 (この場合は温度 T と磁場 H) の値を決めれば一義的に決まるべきものである．このように抵抗ゼロは超伝導状態の十分条件ではなく，マイスナー効果と抵抗ゼロは独立の性質である*1)．

図 1.2 に示されているように，超伝導状態 (マイスナー状態) が安定であるのは，ある磁場の値 $H_c(T)$ 以下に限られる．これを臨界磁場 (critical field)，より詳しくは熱力学的臨界磁場と呼ぶ．その温度変化は

$$H_c(T) \approx H_c(0)\left[1-\left(\frac{T}{T_c}\right)^2\right] \tag{1.1}$$

という 2 次式でよく近似される．

*1) 逆に，超伝導体が必ずしも完全導体にはならない状況，すなわち超伝導体における電気抵抗 (エネルギー散逸) の発生に関する問題は第 5 章で扱う．

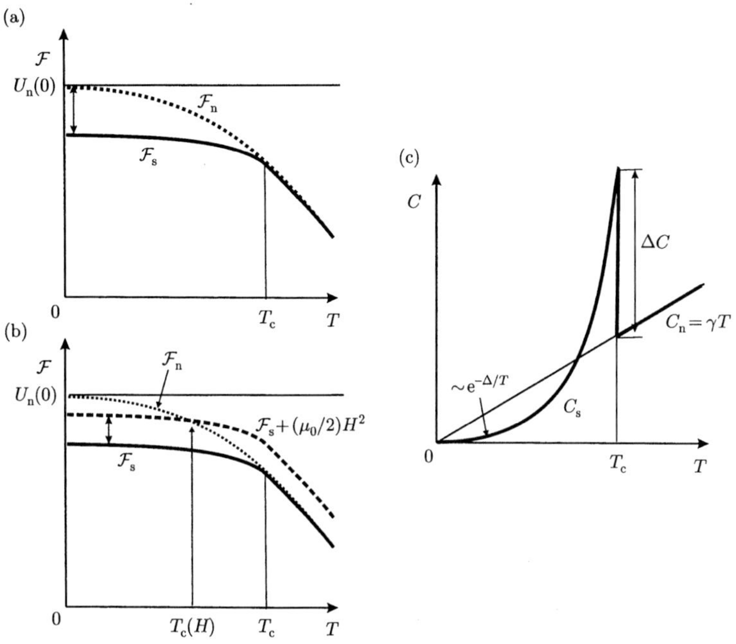

図 1.3 (a) ゼロ磁場における超伝導状態の自由エネルギー $\mathcal{F}_s(T)$ と常伝導状態の自由エネルギー $\mathcal{F}_n(T)$. (b) 磁場がかかった場合, $\mathcal{F}_s(T)$ は $(\mu_0/2)H^2$ だけ持ち上がる. $\mathcal{F}_n(T)$ との交点が $T_c(H)$ を与える. (c) 超伝導状態および常伝導状態の比熱.

磁場ゼロのときの超伝導状態の自由エネルギー密度を $\mathcal{F}_s(T)$, 常伝導状態のそれを $\mathcal{F}_n(T)$ とする. $\mathcal{F}_s(T)$ と $\mathcal{F}_n(T)$ の温度変化は図 1.3-(a) のようになっている. 常伝導状態の自由エネルギーは, $U_n(0)$ を絶対零度における電子ガスの内部エネルギー密度として, $\mathcal{F}_n(T) = U_n(0) - (1/2)\gamma T^2$ である (γ は電子比熱係数).

外部磁場 H がかかったとき, それを排除する超伝導状態 (マイスナー状態) の自由エネルギーは図 1.3-(b) に破線で示したように $(\mu_0/2)H^2$ だけ持ち上がる. 一方, 常伝導金属の磁化率は通常小さいので, ここで想定しているような低磁場の範囲では常伝導状態の自由エネルギーの磁場による変化は無視してよい. この場合, $\mathcal{F}_s(T) + (\mu_0/2)H^2$ と $\mathcal{F}_n(T)$ との交点

$$\mathcal{F}_\mathrm{n}(T) = \mathcal{F}_\mathrm{s}(T) + \frac{\mu_0}{2}H^2 \tag{1.2}$$

が磁場中の転移温度 $T_\mathrm{c}(H)$ (あるいは同じことであるが，温度 T における臨界磁場 $H_\mathrm{c}(T)$) を与える．絶対零度における超伝導状態と常伝導状態のエネルギー差，すなわち超伝導凝縮エネルギーは

$$\mathcal{F}_\mathrm{n}(0) - \mathcal{F}_\mathrm{s}(0) = \frac{\mu_0}{2}H_\mathrm{c}^2(0) \tag{1.3}$$

となる．

比熱は，自由エネルギーから $C = -T(\partial^2\mathcal{F}/\partial T^2)$ によって求められる．常伝導金属の比熱 (への電子系の寄与) が $C_\mathrm{n}(T) = \gamma T$ であることは前掲の $\mathcal{F}_\mathrm{n}(T)$ の表式から求められる．磁場がないときの超伝導転移は 2 次相転移であり，図 1.3-(c) のように比熱の跳びをともなう．後章で学ぶ BCS 理論によれば，T_c における比熱の跳びの大きさは $\Delta C = 1.43C_\mathrm{n}(T_\mathrm{c}) = 1.43\gamma T_\mathrm{c}$ である．

1.3 第 I 種超伝導体と第 II 種超伝導体

図 1.2 の状態図で表される超伝導体は第 I 種超伝導体と呼ばれるものである．第 I 種超伝導体に属するものはその多くが Hg, Sn, Al などの単体元素金属である．第 I 種超伝導体の磁化曲線は図 1.4-(a) のようになる*1)．第 I 種超伝導体では熱力学的臨界磁場 H_c においてマイスナー状態から常伝導状態へと転移する．典型的な第 I 種超伝導体の H_c $(T = 0)$ の値はたかだか数十 mT 程度である．磁化曲線の三角形の部分の面積が超伝導凝縮エネルギー $(\mu_0/2)H_\mathrm{c}^2$ に相当する．

これに対して，多くの合金や化合物超伝導体は図 1.4-(b) のような磁化曲線を示し，第 II 種超伝導体と呼ばれる．この磁化曲線は下部臨界磁場 H_c1 と上部臨界磁場 H_c2 という 2 つの臨界磁場で特徴づけられる．磁場が H_c1 以下のときはマイスナー状態であるが，H_c1 を超えると超伝導状態を保ったまま磁場が試

---

*1) 第 I 種超伝導体の実際の試料では，試料形状に依存する反磁場の効果が磁化過程に少なからぬ影響を及ぼす．一般には図 1.4-(a) のようにある磁場で試料全体が常伝導に転移するのではなく，試料の形状によって超伝導部分と常伝導部分が空間的に分域 (domain) を形成する磁場領域がある．そのような状態は中間状態 (intermediate state) と呼ばれる．

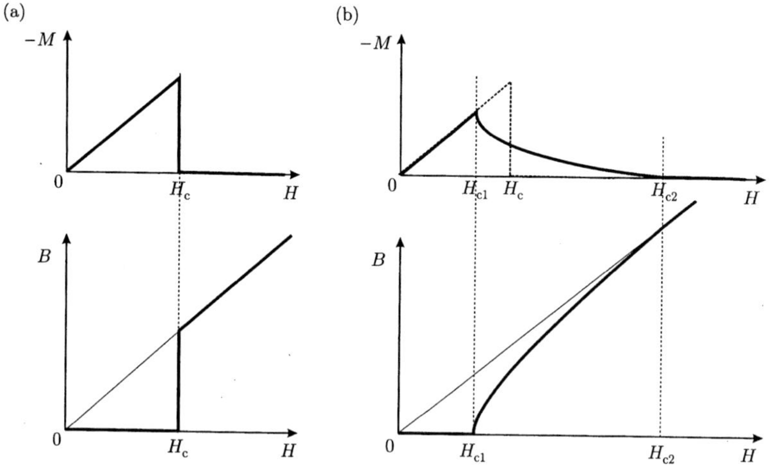

図 1.4　(a) 第 I 種超伝導体，および (b) 第 II 種超伝導体，の熱平衡磁化 M と内部磁束密度 B の外部磁場依存性．

料内部に侵入する．最終的に超伝導状態が壊れて常伝導に転移するのは H_{c2} においてである．H_{c2} の値は物質によって大きく異なり，数十 T を超えるものもある．第 II 種超伝導体の熱力学的臨界磁場は図 1.4-(b) の磁化曲線の下の面積と同じ面積になるような三角形 (破線) を描くことによって定義される．

H_{c1} と H_{c2} の間の磁場領域は，混合状態 (mixed state) または渦糸状態 (vortex state) と呼ばれる．混合状態の第 II 種超伝導体では，磁束量子 (flux quantum) $\phi_0 \equiv h/2e = 2.07 \times 10^{-15}\mathrm{Wb}$*1) をもつ量子渦糸 (quantized vortex line) (以下では単に渦糸と呼ぶ) が試料を貫いている．単位面積あたりの渦糸の数の平均値を n_v とすると，磁束密度は $B = n_\mathrm{v}\phi_0$ である．渦糸の集団のふるまいについては第 5 章で詳しくみることになる．1 本の渦糸の構造は，図 1.5-(a) に示したようになっている．渦糸を構成する超伝導電流は同心円状に循環しており，中心軸の周りには超伝導が部分的に壊れた部分 (渦芯 (vortex core)) がある．渦芯の半径はコヒーレンス長と呼ばれる長さの程度である．図 1.5-(b) は超伝導状態を特徴づける秩序変数 Ψ*2) が，渦糸の中心ではゼロであって，コ

---

*1)　cgs 単位系では $\phi_0 = hc/2e = 2.07 \times 10^{-7}\mathrm{G \cdot cm^2}$.

*2)　秩序変数について詳しいことは次章で述べる．ここでは超伝導状態の強さを表す量と捉えておいていただきたい．

ヒーレンス長ξ程度で回復するようすを示している．図 1.5-(c) に示された局所磁場の分布を特徴づける長さのスケールは侵入長λという量である．(コヒーレンス長，侵入長，秩序パラメーター，などの概念についてより詳しいことは次章で述べる.)

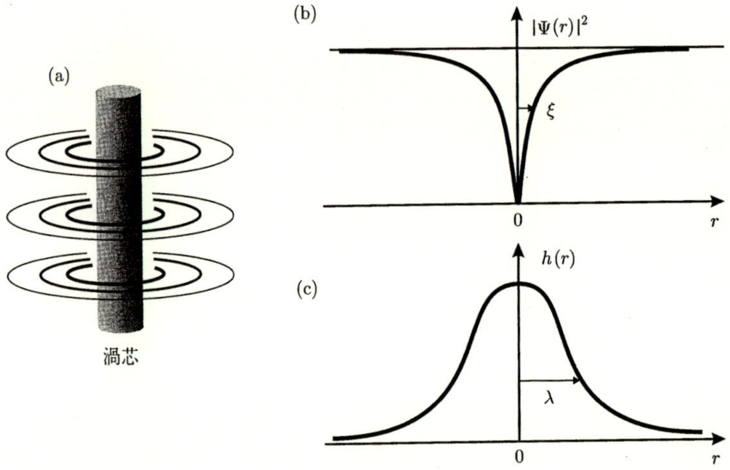

図 1.5 量子渦糸の構造．(a) 超伝導電流，(b) 秩序パラメーター，(c) 局所磁場，の動径方向分布．

ある超伝導体が第 I 種であるか第 II 種であるかはξとλの大小関係によって決まる．侵入長とコヒーレンス長との比$\kappa \equiv \lambda/\xi$をギンツブルク–ランダウ (GL)・パラメーターと呼ぶが，$\kappa < 1/\sqrt{2}$ ならば第 I 種，$\kappa > 1/\sqrt{2}$ ならば第 II 種である．侵入長λのほうは物質によってそれほど大きく変わる量ではなく，典型的な値は 100 nm の程度である．それに対してξのほうは，物質によって，あるいは同じ物質でも不純物の量などによってかなり大きく変わる量であり，多種の超伝導物質を見渡すと，$\xi \approx 1000$ nm から$\xi \approx 1$ nm までのバラエティがある．

次章でより詳しくみることになるが，上部臨界磁場 H_{c2} とコヒーレンス長ξとの間には

$$H_{c2} = \frac{\phi_0}{2\pi\xi^2} \tag{1.4}$$

という関係がある[*1]．$\pi\xi^2$ が渦芯の面積を表す量であることに着目すると，この式の意味は「磁場が強くなって，渦糸の芯 (超伝導が壊れている部分) が互いに接するくらいの磁束密度 (渦糸密度) に達すると，超伝導はもはや維持できなくなる」という直観的な描像で理解することができる．

一方，下部臨界磁場 H_{c1} のほうは侵入長 λ と関係している．

$$H_{c1} = \frac{\phi_0}{4\pi\lambda^2}\ln\kappa \tag{1.5}$$

下部臨界磁場は，渦糸が 1 本入った状態とマイスナー状態のエネルギーがクロスするところである．

超伝導凝縮エネルギー $(\mu_0/2)H_c^2$ の大きさは T_c と相関するので，熱力学的臨界磁場 H_c の大きさは超伝導物質ごとにほぼ決まっている．H_{c1} と H_{c2} の幾何平均がおおよそ H_c である．実用材料として興味ある超伝導体の多くは「極端な第II種超伝導体」，すなわち $\kappa \gg 1$ $(\xi \ll \lambda)$ で，H_{c2} が非常に大きな値をとるような物質である．

1.4　二流体モデルとロンドン方程式

超伝導の本質が未解明であった時代に，超伝導体の性質をともかく現象論的に記述しようとする立場で二流体モデルが考案された[*2]．その基本的な考え方は次のようなものである．超伝導転移温度以下では，電子系があたかも超伝導成分 (超流体) と常伝導成分 (常流体) の 2 つの流体からなるようにふるまう．超流体と常流体の密度をそれぞれ n_s，n_n とすると，$n_s + n_n = n$ (n は電子密度) である．超流体の割合は $T = 0$ において 1 $(n_s = n)$，$T = T_c$ において 0 である．

---

*1)　SI 単位系に忠実には $\mu_0 H_{c2} = \phi_0/(2\pi\xi^2)$ と書くべきであろうが，特にまぎらわしくないときはこのように書くことにする．

*2)　ホルター (Gorter) とカシミール (Casimir) による二流体モデルは現象論として一定の成功を収め，超伝導研究の歴史上重要な意味をもつものであるが，かなり恣意的なモデルであるのでここでは詳細に立ち入らず，基本的考え方だけにとどめる．

ロンドン兄弟 (F. London, H. London) は二流体モデルの考え方に立って超伝導体の電磁気的性質を記述する理論 (ロンドン・モデル) を構築した．このモデルでは，超流体および常流体が運ぶ電流密度はそれぞれ

$$\frac{\mathrm{d}\mathbf{J}_\mathrm{s}}{\mathrm{d}t} = \frac{n_\mathrm{s}e^{*2}}{m^*}\mathbf{E} \qquad (\mathbf{J}_\mathrm{s} = n_\mathrm{s}e^*\mathbf{v}_\mathrm{s}) \tag{1.6}$$

$$\mathbf{J}_\mathrm{n} = \sigma_\mathrm{n}\mathbf{E} \qquad (\mathbf{J}_\mathrm{n} = n_\mathrm{n}e\mathbf{v}_\mathrm{n}) \tag{1.7}$$

という運動方程式に従うとする．第 1 式は $m^*(\mathrm{d}\mathbf{v}/\mathrm{d}t) = \mathbf{F}\ (= e^*\mathbf{E})$ という自由加速の式にほかならず，超流体を構成する荷電粒子 (キャリアー) の実体が不明なのでその質量を m^*，電荷を e^* としている*1)．第 2 式は通常のオームの法則であり，σ_n は常流体の伝導度である．超流体に対してはさらに

$$\nabla \times \mathbf{J}_\mathrm{s} = -\frac{n_\mathrm{s}e^{*2}}{m^*}\mathbf{h} \tag{1.8}$$

という関係 (ロンドン方程式) が成り立つものと仮定する．

(1.8) 式と，マックスウェル方程式の 1 つ $\nabla \times \mathbf{h} = \mu_0\mathbf{J}$ とを組み合わせるとマイスナー効果が導かれる．変位電流や常流体による電流は短い時間で減衰するので，定常状態のマイスナー効果を考える際にはそれらは無視できる．そこで，上記のマックスウェル方程式の $\mathbf{J}$ を $\mathbf{J}_\mathrm{s}$ で置き換えて，両辺の curl をとったもの

$$\nabla \times \big(\nabla \times \mathbf{h}\big) = \mu_0\nabla \times \mathbf{J}_\mathrm{s} \tag{1.9}$$

に (1.8) 式を代入し，ベクトル公式 $\nabla \times \big(\nabla \times \mathbf{h}\big) = \nabla(\nabla \cdot \mathbf{h}) - \nabla^2\mathbf{h}$ と，$\nabla \cdot \mathbf{h} = 0$ を用いることにより，

$$\nabla^2\mathbf{h} = \frac{1}{\lambda^2}\mathbf{h} \qquad \lambda \equiv \left(\frac{m^*}{\mu_0 n_\mathrm{s} e^{*2}}\right)^{1/2} \tag{1.10}$$

が導かれる．ここで定義された λ はロンドン侵入長と呼ばれる．

図 1.6 のように半空間を超伝導体が占めている系に対して表面に平行に弱い磁場をかけた状況を考えよう．(1.10) 式をこの場合に適用すると

---

*1) 超流体を構成するキャリアーは結局電子 2 個からなるクーパー対なので，実際には $m^* = 2m$, $e^* = 2e$ である．

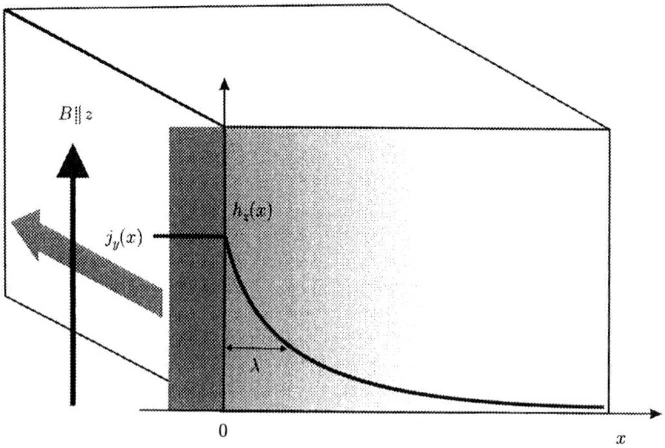

図 1.6 超伝導体の表面からの磁場の侵入.

$$\frac{\mathrm{d}^2 h_z(x)}{\mathrm{d}x^2} = \frac{1}{\lambda^2} h_z(x) \tag{1.11}$$

$$\Rightarrow \quad h_z(x) = h_z(0)e^{-x/\lambda}$$

という解が得られる．すなわち，超伝導体内部の磁束密度は表面から λ 程度の距離で減衰する．

さて，(1.8) 式に立ち戻って，この仮定の意味について考えよう．自由加速の式 ((1.6) 式) をマックスウェル方程式の 1 つである電磁誘導の式 $\nabla \times \mathbf{e} = -\partial \mathbf{h}/\partial t$ に代入すると

$$\frac{\partial}{\partial t}\left(\nabla \times \mathbf{J}_\mathrm{s} + \frac{n_\mathrm{s} e^{*2}}{m^*}\mathbf{h}\right) = 0 \tag{1.12}$$

が導かれる．(1.12) 式は，完全導体において $\left(\nabla \times \mathbf{J}_\mathrm{s} + (n_\mathrm{s} e^{*2}/m^*)\mathbf{h}\right)$ が時間に依存しない一定値になることを示しているわけであるが，ロンドン方程式 ((1.8) 式) は一歩進んでこの一定値がゼロであることを要請している．この条件こそが，超伝導体が単なる完全導体ではないことに対応しており，マイスナー効果をもたらすものである．

磁場をベクトルポテンシャル $\mathbf{A}$ を用いて書くと $\mathbf{h} = \nabla \times \mathbf{A}$ であるから，

$$\mathbf{J}_\mathrm{s} = -\frac{n_\mathrm{s}e^2}{m}\mathbf{A} \tag{1.13}$$

であれば (1.8) 式は満たされることがわかる．ただし $\mathbf{A}$ には制限がつく．電荷が溜まってしまったりしないという条件から $\nabla \cdot \mathbf{J}_\mathrm{s} = 0$ が要請されるので，$\mathbf{A}$ は

$$\nabla \cdot \mathbf{A} = 0 \tag{1.14}$$

を満たさなければならない．(1.14) 式を満たすようなベクトルポテンシャルの選び方をロンドン・ゲージと呼ぶ．同じ磁場を与えるベクトルポテンシャル $\mathbf{A}$ のとり方には一般にスカラー関数 χ のグラディエント $\nabla\chi$ を加える任意性があるが，ロンドン・ゲージの制約からこのスカラー関数には $\nabla^2\chi = 0$ という条件がつく．

1.5 磁束の量子化

図 1.7-(a) に示したような超伝導体の中空円筒を考えよう．ただし，円筒の肉厚は侵入長 λ よりも十分大きいとする．この円筒に外部から磁場をかけたときに中空部に捉えられる磁束 ϕ の大きさは

$$\phi = n\phi_0 \qquad \phi_0 \equiv \frac{h}{2e} = 2.07 \times 10^{-15}\,\mathrm{Wb} \tag{1.15}$$

というように磁束量子 ϕ_0 の整数倍の値に量子化される．外部磁場による磁束 ϕ_ext が ϕ_0 の整数倍に等しくなければその差に相当する分の磁束をつくるような遮蔽電流 (永久電流) が超伝導体表面に流れる．このような遮蔽電流が流れている状態はその運動エネルギーの分だけエネルギーが高い状態である．系の自由エネルギーを外部磁束 ϕ_ext の関数として表すと図 1.7-(b) のように放物線を並べた形になる．各々の放物線は円筒を貫く磁束量子の数の異なる状態に対応する．外部磁束 ϕ_ext が $(n-1/2)\phi_0$ と $(n+1/2)\phi_0$ の間にあるとき，磁束量子数 n の状態が安定となる．したがって円筒を貫く磁束は外部磁束に対して図 1.7-(c) のように階段状に変化する．

図 1.7-(b) に示された自由エネルギーの変化は超伝導体円筒の転移温度の外

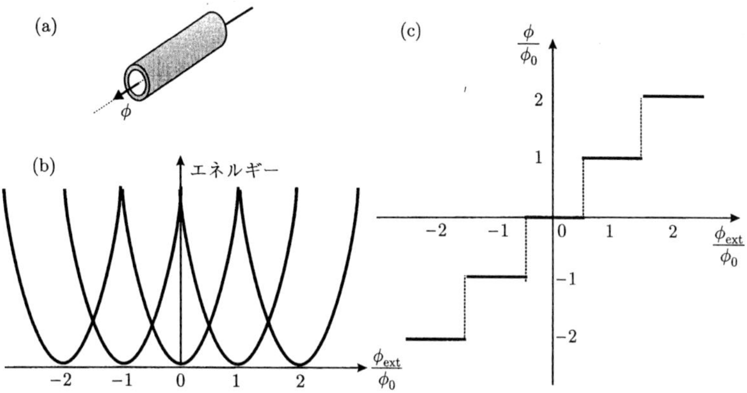

図 1.7 (a) 超伝導体の中空円筒を一様な外部磁場中に置いた系. (b) 系の自由エネルギーを外部磁束 $\phi_{\rm ext}$ の関数として表したもの. (c) 外部磁束 $\phi_{\rm ext}$ に対する, 円筒内部の磁束 ϕ の変化.

部磁場に対する振動的変化として観測される. 図 1.8 は, 微小アルミニウム円筒に対して軸に平行な磁場をかけたときの転移温度の変化 $T_{\rm c}(H)$ である. 振動周期は円筒の面積あたり磁束量子 1 本という磁束密度の値に対応している. このような磁束量子を単位とする振動的変化はリトル–パークス (Little–Parks) 振動と呼ばれる.

磁束の量子化は, 超伝導の巨視的波動関数 $\Psi = \Psi_0 e^{i\theta}$ の一価性の要請から導かれる. (巨視的波動関数については次章でより詳しく学ぶ.) 超伝導電流密度 $\mathbf{J}_{\rm s}$ は

$$\begin{aligned}\mathbf{J}_{\rm s} &= \frac{e^*}{2m^*}\frac{\hbar}{i}\Big(\Psi^*\nabla\Psi - \Psi\nabla\Psi^*\Big) - \frac{e^{*2}}{m^*}|\Psi|^2\mathbf{A} \\ &= -\frac{e^*}{m^*}|\Psi|^2\Big(\hbar\nabla\theta + e^*\mathbf{A}\Big) \qquad (1.16)\end{aligned}$$

と書かれる. $\mathbf{J}_{\rm s} = n_{\rm s}e^*\mathbf{v}_{\rm s} = |\Psi|^2 e^*\mathbf{v}_{\rm s}$ であることに注目してこれを書き直すと

$$\nabla\theta = -\frac{m^*}{\hbar}\mathbf{v}_{\rm s} - \frac{e^*}{\hbar}\mathbf{A} \qquad (1.17)$$

となる. 波動関数の一価性が保証されるためには, これを閉曲線 C に沿って線

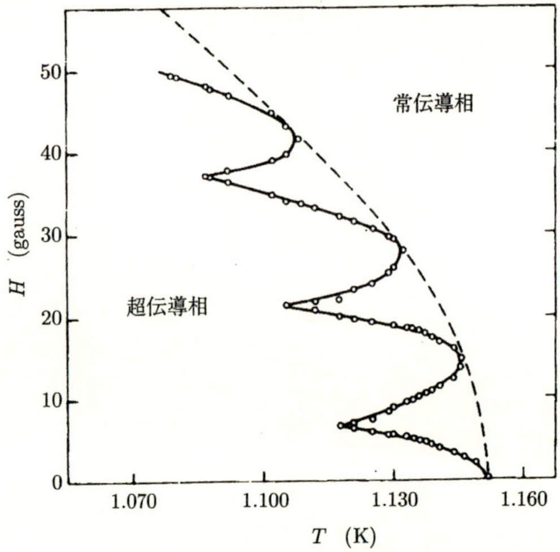

図 1.8　1.32 μm 径のアルミニウムの中空円筒で観測されたリトル–パークス振動. [R. P. Groff and R. D. Parks, Phys. Rev. **176** (1968) 567] 振動周期は円筒の面積あたり磁束量子 1 本という磁束密度の値に対応している.

積分したものは 2π の整数倍でなければならない.

$$\oint_{\mathrm{C}} \nabla\theta \cdot \mathrm{d}\boldsymbol{\ell} = 2\pi n \tag{1.18}$$

超伝導遮蔽電流が流れるのは表面から侵入長 λ 程度の深さまでの範囲であるから, 図 1.9 のように (中空円筒の肉厚がある程度あって) 積分路の閉曲線を表面から λ よりも十分深い内部にとれば, そこでは $\mathbf{v}_{\mathrm{s}} = 0$ である. その場合, 上記の量子化条件は

$$\frac{e^*}{\hbar} \oint_{\mathrm{C}} \mathbf{A} \cdot \mathrm{d}\boldsymbol{\ell} = 2\pi n \tag{1.19}$$

となる. ここに現れた

$$\oint_{\mathrm{C}} \mathbf{A} \cdot \mathrm{d}\boldsymbol{\ell} = \int_{\mathrm{S}} \mathbf{B} \cdot \mathrm{d}\mathbf{S} = \phi$$

は円筒の中空部を貫く磁束にほかならない. このようにして磁束の量子化 $\phi = n(h/e^*) = n(h/2e) = n\phi_0$ が導かれる. なお, 一般の閉積分路を考えると量子化条件は

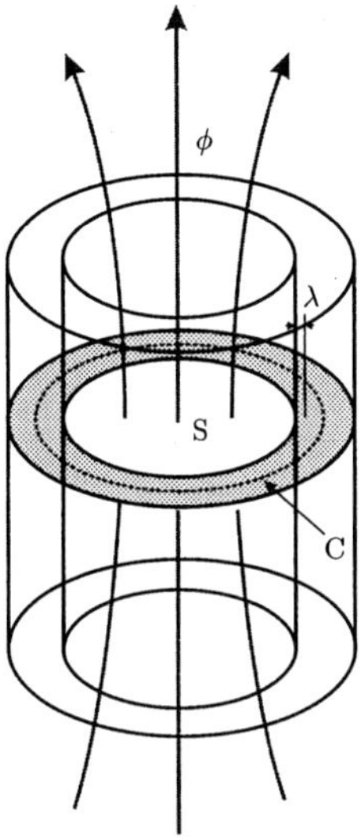

図 1.9 中空円筒の超伝導体における磁束の量子化．(1.18) 式の積分路 C は図中の破線のように表面から侵入長 λ よりも十分深く入ったところにとる．

$$\oint_{\mathrm{C}} \mathbf{A} \cdot \mathrm{d}\ell + \frac{m^*}{e^*} \oint_{\mathrm{C}} \mathbf{v}_{\mathrm{s}} \cdot \mathrm{d}\ell = n\phi_0 \tag{1.20}$$

となる．この式の左辺をフラクソイド (fluxoid) と呼び，磁束 (flux) と区別する．超伝導体において常に量子化されるのはフラクソイドのほうであって，上式の第 2 項が無視できるような特別の場合にこれが磁束の量子化になるということである．

2

超伝導の現象論

ギンツブルク–ランダウ (GL) 理論は超伝導の諸性質を，その微視的機構に立ち入らずに記述する強力な現象論である．本章では GL 理論にもとづいて超伝導の基本的性質を学ぶ．

2.1　相転移と秩序パラメーター

超伝導転移は相転移現象の 1 つの典型例である．熱力学的な相転移とは，ある臨界温度 (T_c) を境として，系が高温 ($T > T_c$) の無秩序相から低温 ($T < T_c$) の秩序相へと移り変わる現象である．超伝導転移の話に入る前に，視覚的にわかりやすい強磁性転移の場合を例にとって相転移の一般論を簡単に復習しておこう．図 2.1 のようなスピン系を考えよう．隣接スピン間には交換相互作用 J が働いており，系のハミルトニアンは $\mathcal{H} = -2\sum_{\langle i,j\rangle} J\mathbf{s}_i \cdot \mathbf{s}_j$ という形に書ける．$J > 0$ ならば隣接するスピンは互いに向きをそろえようとする (強磁性相互作用)．温度 T における系の状態は，自由エネルギー $\mathcal{F} = U - TS$ が最小という条件で決まる．U は内部エネルギー，S はエントロピーである．高温ではエントロピー項が優勢でスピンの向きがランダムな状態 (常磁性相) が安定であり，低温ではスピン間の相互作用が勝ってスピンがすべて同じ向きを向いた状態 (強磁性相) が安定となる．常磁性相から強磁性相への転移はある温度 T_C (キュリー (Curie) 点) で起こる．もともとのハミルトニアンは空間回転対称性をもっているが，$T < T_C$ の強磁性相ではその対称性が破れてスピンがある特定の方向にそろい，マクロな磁化 $\mathbf{M}$ が発生する．もともとの系のハミルトニアンがもつ対称性よりも低い対称性をもつ秩序相が発生するというのは，相転

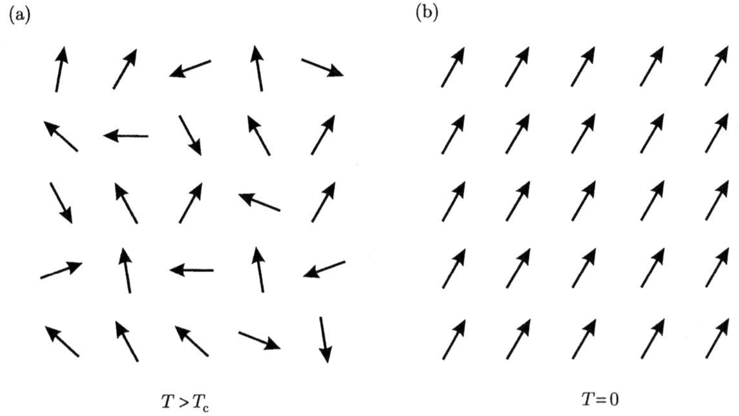

図 2.1 強磁性体の (a) 常磁性状態 ($T > T_C$), (b) 強磁性状態 ($T < T_C$). ここに示したのは $T = 0$ ですべてのスピンの向きがそろった強磁性の基底状態である.

移における「対称性の破れ」と称する普遍的な現象である.

秩序状態を特徴づける量として秩序パラメーター (order parameter) というものを考える. 秩序パラメーターは, 高温の無秩序状態ではゼロであり, 低温の秩序状態において有限の値をとるものである. 強磁性転移に関してはマクロな磁化 $\mathbf{M}$ がそれにあたる. 磁化の温度変化は図 2.2 のようなふるまいをみせる. この図のように転移点 T_C において秩序パラメーターがゼロから連続的に有限の値となる場合を 2 次相転移と呼ぶ. それに対して, 転移点において秩序パラメーターがゼロから有限の値に不連続に跳ぶ場合を 1 次相転移と呼んでいる. 水が凍る場合などの液相・固相転移がその典型である. 1 次相転移の場合は転移に潜熱がともなう.

2 次相転移の一般論は 1937 年にランダウによって構築された. 2 次相転移の場合, 秩序パラメーターはゼロから連続的に立ち上がるわけだから, 転移点直下ではその値は小さいものとして扱うことができる. そこで系の自由エネルギーを秩序パラメーターの冪で展開する. 強磁性転移の場合を例にとると

$$\mathcal{F}(M,T) = \mathcal{F}(0,T) + \alpha M^2 + \frac{\beta}{2} M^4 \tag{2.1}$$

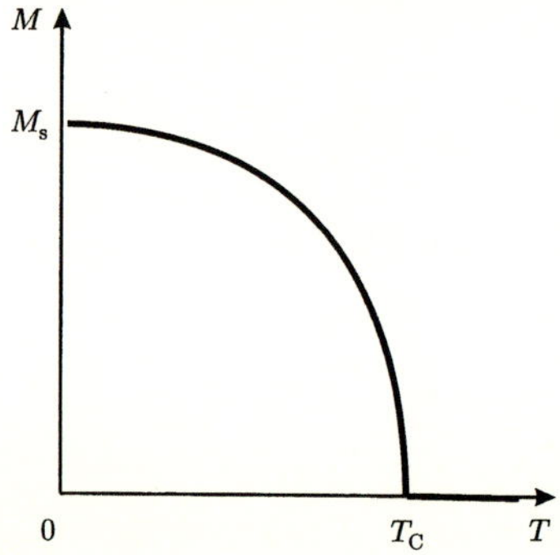

図 2.2 強磁性体の磁化 (秩序パラメーター) の温度変化．転移点における秩序パラメーターの変化は連続的である．M_s はミクロな磁化がすべてそろった場合の磁化の大きさで，飽和磁化と呼ばれる．

となる*1)．系の安定性の要請から，4 次の項の係数 β は正でなければならない．(さもないと $M \to \infty$ で系の自由エネルギーがいくらでも低くなってしまう．) 2 次の項の係数 α の符号によって自由エネルギー $\mathcal{F}(M)$ の関数形は図 2.3 の①または②のようになる．自由エネルギーの最小は，$\alpha > 0$ ならば $M = 0$ のところにあり，$\alpha < 0$ ならば $M \neq 0$ にある．したがって α が $T = T_{\rm C}$ において符号を変えるようにすれば 2 次相転移のふるまいを再現することができる．もっとも簡単には $\alpha(T) = a(T - T_{\rm C})$ (ただし $a > 0$) とすればよい．転移点近傍のふるまいを議論する上では，β のほうは定数と考えて差し支えない．自由エネルギー極値の条件 $\partial\mathcal{F}/\partial M = 0$ は

$$(\alpha(T) + \beta M^2)M = 0 \tag{2.2}$$

となるので，$\mathcal{F}$ の最小を与える磁化 M の値は

$$M^2 = \begin{cases} 0 & (T > T_{\rm C}) \\ -\dfrac{a(T - T_{\rm C})}{\beta} & (T < T_{\rm C}) \end{cases} \tag{2.3}$$

となる．すなわち $T < T_{\rm C}$ で現れる自発磁化 $M(T)$ は $\propto \sqrt{T_{\rm C} - T}$ という温度

*1) 系は時間反転に対して対称なので，M の奇数次の項は現れない．現実の磁性体では結晶方位による異方性があるのでもう少し複雑な形になるが，ここでの議論には本質的でないので，等方性を仮定している．

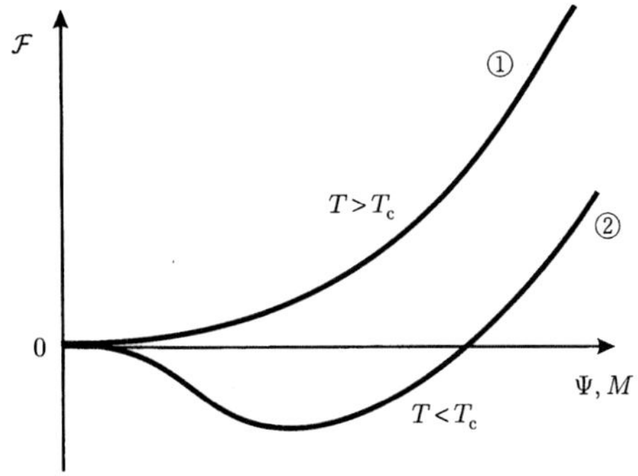

図 2.3 (2.1) 式 (および (2.4) 式) の自由エネルギー. 2つの曲線はそれぞれ, $T > T_c$, $T < T_c$ での関数形を表す. 横軸は秩序パラメーターを表し, 強磁性体では M, 超伝導体では Ψ がそれに当たる.

依存性に従う.

2.2 ギンツブルク–ランダウ (GL) 方程式

強磁性の場合に磁化 $\mathbf{M}$ が秩序パラメーターとなることは自然に理解できるが, 超伝導の秩序パラメーターが何であるかは自明ではない. 超伝導状態が「巨視的な量子状態」であることから, ランダウとギンツブルクは系の状態を記述する「巨視的波動関数」というものが存在すると仮定し, これを秩序パラメーターとして超伝導転移のモデル (GL 理論) を構築した. 強磁性体に関する前節での議論と同じように, 自由エネルギーを秩序パラメーター Ψ の冪で展開する.

$$\mathcal{F}[\Psi] = \mathcal{F}_0 + \alpha|\Psi|^2 + \frac{\beta}{2}|\Psi|^4 \tag{2.4}$$

ここで $\mathcal{F}_0$ は常伝導状態の自由エネルギーを表し, $\alpha(T) = a(T - T_c)$ である. T_c は超伝導臨界温度 (critical temperature) である. 自由エネルギーの極小を与える $|\Psi|$ の値は, 先と同様にして

$$|\Psi| = \begin{cases} 0 & (T > T_c) \\ \sqrt{\dfrac{a(T_c - T)}{\beta}} & (T < T_c) \end{cases} \tag{2.5}$$

と求められる.

ここまでは簡単のために Ψ は空間的に一様であるとしてきた．空間的に非一様な場合，すなわち Ψ が $\mathbf{r}$ 依存性をもつ場合には，局所自由エネルギー密度 $f(\mathbf{r})$ を導入することにより，GL 自由エネルギー ((2.4) 式) を

$$\begin{aligned}\mathcal{F}[\Psi] &= \mathcal{F}_0 + \int f(\mathbf{r})\mathrm{d}^3 r \\ &= \mathcal{F}_0 + \int \left[\alpha|\Psi(\mathbf{r})|^2 + \frac{\beta}{2}|\Psi(\mathbf{r})|^4\right]\mathrm{d}V \qquad (2.6)\end{aligned}$$

という形に書く．

超伝導波動関数 Ψ が空間変化する場合には，その空間変化率 (勾配) $\nabla\Psi(\mathbf{r})$ に依存する項

$$\int \frac{\hbar^2}{2m^*}|\nabla\Psi(\mathbf{r})|^2\mathrm{d}V \qquad (2.7)$$

が自由エネルギーに加わる．ここで m^* はパラメーターであり，係数を $\hbar^2/2m^*$ という形に書くことで運動エネルギーと同型の形式にしている．

系に磁場 $\mathbf{H} = \nabla\times\mathbf{A}$ が印加された場合には，さらに 2 つの点が変更される．まず上記の「運動エネルギー」項でパイエルスの置き換えにならって，$\nabla \to \nabla - (ie^*/\hbar)\mathbf{A}$ という置き換えがなされる．さらに自由エネルギーに磁場のエネルギー $(\mu_0/2)H^2$ が加わる．これらすべてをまとめると，GL 自由エネルギーは

$$\begin{aligned}\mathcal{F}[\Psi] = \mathcal{F}_0 + \int \Bigg[&\frac{\hbar^2}{2m^*}\left|\left[\nabla - \frac{ie^*}{\hbar}\mathbf{A}(\mathbf{r})\right]\Psi(\mathbf{r})\right|^2 \\ &+ \alpha|\Psi(\mathbf{r})|^2 + \frac{\beta}{2}|\Psi(\mathbf{r})|^4 + \frac{\mu_0}{2}\big(\nabla\times\mathbf{A}(\mathbf{r})\big)^2\Bigg]\mathrm{d}V \qquad (2.8)\end{aligned}$$

という形になる．

GL 自由エネルギー極小の条件を求めるために，(2.8) 式の $\Psi^*(\mathbf{r})$ に関する変分をとる．

$$\begin{aligned}\delta\mathcal{F} &= \int\left[-\frac{\hbar^2}{2m^*}\left[\nabla - \frac{ie^*}{\hbar}\mathbf{A}(\mathbf{r})\right]^2\Psi(\mathbf{r}) + \alpha\Psi(\mathbf{r}) + \beta|\Psi(\mathbf{r})|^2\Psi(\mathbf{r})\right]\delta\Psi^*(\mathbf{r})\mathrm{d}V \\ &\quad + \int\left[\frac{\hbar^2}{2m^*}\left[\nabla - \frac{ie^*}{\hbar}\mathbf{A}(\mathbf{r})\right]\Psi(\mathbf{r})\right]\delta\Psi^*(\mathbf{r})\cdot\mathrm{d}\mathbf{S} \qquad (2.9)\end{aligned}$$

極値条件 $\delta\mathcal{F} = 0$ から，まず (2.9) 式の第 1 項の被積分関数をゼロとおくこと

により

$$-\frac{\hbar^2}{2m^*}\left(\nabla - \frac{ie^*}{\hbar}\mathbf{A}(\mathbf{r})\right)^2\Psi(\mathbf{r}) + \alpha\Psi(\mathbf{r}) + \beta|\Psi(\mathbf{r})|^2\Psi(\mathbf{r}) = 0 \qquad (2.10)$$

という方程式が得られる．これが GL 方程式である．(2.9) 式の第 2 項は変分の部分積分から得られる項で，超伝導体の表面における境界条件

$$\left(\nabla - \frac{ie^*}{\hbar}\mathbf{A}(\mathbf{r})\right)\Psi(\mathbf{r})\cdot\mathbf{n} = 0 \qquad (2.11)$$

を与える ($\mathbf{n}$ は表面の法線ベクトル)．

ベクトルポテンシャル $\mathbf{A}(\mathbf{r})$ に関する (2.8) 式の変分からはアンペールの法則

$$\nabla \times \mathbf{H}(\mathbf{r}) = \mathbf{J}(\mathbf{r}) \qquad (2.12)$$

が得られる．電流密度 $\mathbf{J}(\mathbf{r})$ は

$$\mathbf{J}(\mathbf{r}) = -i\hbar\frac{e^*}{2m^*}\left(\Psi^*(\mathbf{r})\nabla\Psi(\mathbf{r}) - \Psi(\mathbf{r})\nabla\Psi^*(\mathbf{r})\right) - \frac{e^{*2}}{m^*}\left|\Psi(\mathbf{r})\right|^2\mathbf{A}(\mathbf{r}) \qquad (2.13)$$

で与えられる．

2.3 ゲージ不変性

GL 方程式 ((2.10) 式) のもっとも簡単な解は, (2.5) 式で求めたように $\mathbf{A}(\mathbf{r}) = 0$ とした場合の，$\Psi(\mathbf{r}) = (-\alpha/\beta)^{1/2} \equiv \Psi_0$ (定数) というものである．しかしながら，GL 方程式の解で同じ自由エネルギーをもつものは実はこれだけに限らない．実際，$\left[\nabla - (ie^*/\hbar)\mathbf{A}(\mathbf{r})\right]\Psi(\mathbf{r}) = 0$ であれば，GL 方程式の「運動エネルギー項」はゼロになるので，同じ自由エネルギーの解が得られる．複素関数 $\Psi(\mathbf{r})$ を $\Psi(\mathbf{r}) = \left|\Psi(\mathbf{r})\right|\exp(i\theta(\mathbf{r}))$ と書き表すと，上記の条件は $\nabla\left|\Psi(\mathbf{r})\right| = 0$，および $\left[\nabla\theta(\mathbf{r}) - (e^*/\hbar)\mathbf{A}(\mathbf{r})\right] = 0$ となる．第 1 の式から，振幅 $\left|\Psi(\mathbf{r})\right|$ は空間的に一定であることが要請される．位相 $\theta(\mathbf{r})$ に関しては，第 2 の式から，ベクトルポテンシャル $\mathbf{A}(\mathbf{r})$ との間に

$$\mathbf{A}(\mathbf{r}) = \frac{\hbar}{e^*}\nabla\theta(\mathbf{r}) \tag{2.14}$$

という関係を満たすことが要請される．ベクトルポテンシャルがスカラー関数のグラディエントの形で与えられる場合，磁場はゼロ ($\mathbf{H} = \nabla \times \mathbf{A} = 0$) であり，したがって (2.12) 式から電流密度もゼロである．このような位相 $\theta(\mathbf{r})$ の自由度 (任意性) に対応して，同じ自由エネルギーをもつ超伝導状態が無限に多く存在する．超伝導体の位相の任意性は，強磁性体でいえばマクロな磁化が空間的にどの方向を向いてもよいという任意性に対応するものである．本章のはじめに述べたように，現実の強磁性体ではマクロな磁化はある特定の方向を向くので系のハミルトニアンが本来もつ回転対称性が破れた秩序状態となっている．これと同じく，現実の超伝導体の場合にも位相はある特定の値をとる*1)．一般に相転移において「対称性の破れ」が起こることを先に述べたが，超伝導転移の場合に破れる対称性は「ゲージ対称性」である．

2.4 GL コヒーレンス長と侵入長

超伝導波動関数 $\Psi(\mathbf{r})$ が空間変化するもっとも簡単な例を考えよう．簡単のため磁場はないものとする．$x > 0$ の半空間を超伝導体が占めるとする．$x = 0$ の境界において波動関数の振幅がゼロになる ($\Psi(0, y, z) = 0$) と仮定しよう*2)．$\Psi(\mathbf{r})$ の空間変化のようすをみることにしよう．問題は，1 次元化された GL 方程式

$$-\frac{\hbar^2}{2m^*}\frac{\mathrm{d}^2\Psi(x)}{\mathrm{d}x^2} + \alpha\Psi(x) + \beta\Psi^3(x) = 0 \tag{2.15}$$

を，境界条件 $\Psi(0) = 0$ のもとに解くことに帰着される．

$$\xi^2 \equiv -\frac{\hbar^2}{2m^*\alpha} = \frac{\hbar^2}{2m^*|\alpha|} \tag{2.16}$$

---

*1) 超伝導体の位相の絶対値を決めることはできないが，2 つの超伝導体の位相の相対値は物理現象に反映される．このことはジョセフソン接合の項で詳しく述べる．

*2) これはモデルを簡単にするための仮定であって，実際にこのような境界条件を実現するには，超伝導体の表面に強磁性体の薄膜を付けるなど，やや特殊な処理が必要である．超伝導波動関数の境界条件については後節で改めて述べる．

によってGL コヒーレンス長 ξ を定義し (超伝導状態では $\alpha < 0$ であることに注意), 規格化した振幅 $\psi(x) \equiv \Psi(x)/\Psi_0$ ($\Psi_0 = \sqrt{|\alpha|/\beta}$) を使って書き直すと,

$$-\xi^2 \frac{\mathrm{d}^2\psi}{\mathrm{d}x^2} - \psi + \psi^3 = 0 \tag{2.17}$$

が得られる. 両辺に $2\mathrm{d}\psi/\mathrm{d}x$ を乗じて整理すると

$$\frac{\mathrm{d}}{\mathrm{d}x}\left[-\xi^2\left(\frac{\mathrm{d}\psi}{\mathrm{d}x}\right)^2 - \psi^2 + \frac{1}{2}\psi^4\right] = 0 \tag{2.18}$$

となるので, 角括弧の中の式は定数である. 界面から十分遠く離れた超伝導体内部 ($x \to +\infty$) では $\mathrm{d}\psi/\mathrm{d}x = 0$, $\psi = 1$ であることを使うとこの定数が $-1/2$ と決まるので,

$$\xi^2\left(\frac{\mathrm{d}\psi}{\mathrm{d}x}\right)^2 = \frac{1}{2}(1-\psi^2)^2 \tag{2.19}$$

という方程式が得られ, その解として

$$\psi(x) = \tanh\left(\frac{x}{\sqrt{2}\xi}\right) \tag{2.20}$$

が得られる. 境界条件によって界面 ($x = 0$) で強制的にゼロにされた $\psi(x)$ が ξ 程度の距離で回復することがわかる. このように ξ は超伝導波動関数の空間変化のスケールを与えるパラメーターである. $\alpha = a(T - T_\mathrm{c})$ であるから,

$$\xi(T) = \left(\frac{\hbar^2}{2m^* a T_\mathrm{c}}\right)^{1/2}\left(1 - \frac{T}{T_\mathrm{c}}\right)^{-1/2} \tag{2.21}$$

となり, GL コヒーレンス長は $T \to T_\mathrm{c}$ において $(1 - T/T_\mathrm{c})^{-1/2}$ のように発散することがわかる. 転移点に向かってコヒーレンス長が発散するというのは2 次相転移一般に共通のふるまいである.

超伝導を特徴づけるもう 1 つの長さスケールである侵入長について第 1 章で述べたロンドン・モデルとの対応関係をみておこう. (2.13) 式において 1 行目の項が無視できるとすると, この式は (1.13) 式と同型になり, 超伝導電子密度と秩序パラメーター (超伝導波動関数) の振幅との間に $n_\mathrm{s} = |\Psi|^2$ という対応がつく. ロンドン侵入長は

$$\lambda^2 = \frac{m^*}{\mu_0 e^{*2}|\Psi|^2} \tag{2.22}$$

すなわち

$$\lambda(T) = \left(\frac{m^*\beta}{\mu_0 e^{*2} a T_{\mathrm{c}}}\right)^{1/2}\left(1 - \frac{T}{T_{\mathrm{c}}}\right)^{-1/2} \tag{2.23}$$

となる．$\xi(T)$ も $\lambda(T)$ も $(1-T/T_{\mathrm{c}})^{-1/2}$ で発散するが，それらの比である GL パラメーター κ は一定で

$$\kappa \equiv \frac{\lambda}{\xi} = \frac{m^*}{e^*\hbar}\left(\frac{2\beta}{\mu_0}\right)^{1/2} \tag{2.24}$$

である．

2.5 第 II 種超伝導体の上部臨界磁場

第 1 章ですでに述べたように第 II 種超伝導体における超伝導相と常伝導相の境界は上部臨界磁場 $H_{\mathrm{c2}}(T)$ である．ここでは GL 方程式の簡単な適用例として，$H_{\mathrm{c2}}(T)$ を求めよう．H_{c2} の近傍では秩序パラメーター Ψ の絶対値は小さいので，GL 方程式の中で Ψ^3 の項を無視することができる．

$$-\frac{\hbar^2}{2m^*}\left[\nabla - \frac{ie^*}{\hbar}\mathbf{A}(\mathbf{r})\right]^2\Psi(\mathbf{r}) + \alpha\Psi(\mathbf{r}) = 0 \tag{2.25}$$

この「線形化された GL 方程式 (linearized GL equation)」は，シュレディンガー方程式と同型であり，形式的には $-\alpha$ がエネルギーに対応する．一様な外部磁場 B が z 方向にかかっているものとする．ベクトルポテンシャルを $\mathbf{A} = (0, Hx, 0)$ と選んで (2.25) 式に代入すると

$$-\frac{\hbar^2}{2m^*}\left[\frac{\partial^2}{\partial x^2} + \left(\frac{\partial}{\partial y} - \frac{ie^*H}{\hbar}x\right)^2 + \frac{\partial^2}{\partial z^2}\right]\Psi = -\alpha\Psi \tag{2.26}$$

という式が得られる．この式は磁場中の自由電子の運動という量子力学の演習でおなじみの問題と同じ形をしているので，その固有値と固有関数の知識が使える．波動関数は $\Psi(x,y,z) = u_n(x)e^{ik_y y + ik_z z}$ という形に変数分離できる．$u_n(x)$ が満たすべき方程式は

$$\left[-\frac{\hbar^2}{2m^*}\frac{\mathrm{d}^2}{\mathrm{d}x^2}+\frac{1}{2}m^*\omega_{\mathrm{c}}^2(x-x_0)^2\right]u_n(x)=\varepsilon_n u_n(x) \tag{2.27}$$

である．ここで $\omega_{\mathrm{c}}=e^*H/m^*$，$x_0=\hbar k_y/e^*H$ である．“全エネルギー” は ε_n と z 方向の運動エネルギーの和で表され，$-\alpha=\varepsilon_n+(\hbar^2k_z^2/2m^*)$ となる．(2.27) 式は 1 次元調和振動子の方程式であるから，その固有値は

$$\varepsilon_n=\left(n+\frac{1}{2}\right)\hbar\omega_{\mathrm{c}} \tag{2.28}$$

である．固有関数はエルミート多項式を用いて

$$u_n(x)=\exp\left[-\frac{(x-x_0)^2}{2\ell_H^2}\right]H_n\left(\frac{x-x_0}{\ell_H}\right) \tag{2.29}$$

$$\ell_H^2=\frac{\hbar}{m^*\omega_c}=\frac{\hbar}{e^*H}=\frac{\phi_0}{2\pi H}$$

と書ける．したがって

$$\begin{aligned}-\alpha&=\left(n+\frac{1}{2}\right)\hbar\omega_{\mathrm{c}}+\frac{\hbar^2k_z^2}{2m^*}\\&=\left(n+\frac{1}{2}\right)\frac{\hbar e^*H}{m^*}+\frac{\hbar^2k_z^2}{2m^*}\end{aligned} \tag{2.30}$$

である．この式を満たす H の最大値が H_{c2} を与える．温度 T を与えると $\alpha(T)$ の値が決まる．上式をみれば明らかなように，$-\alpha$ の値が与えられたとき H が最大となるのは，$n=0$ かつ $k_z=0$ のときで，そのときの H の値から

$$\begin{aligned}H_{\mathrm{c2}}(T)&=-\frac{2m^*\alpha}{\hbar e^*}\\&=\frac{\phi_0}{2\pi\xi^2(T)}\propto(T_{\mathrm{c}}-T)\end{aligned} \tag{2.31}$$

が得られる．

2.6 境界条件と表面超伝導

超伝導体表面において $\Psi(\mathbf{r})$ に課せられる境界条件は超伝導体と接する物質による．(2.11) 式は界面に垂直な方向に電流は流れないという条件を表したもので，超伝導体と接するのが真空または絶縁体の場合に適用される．超伝導体

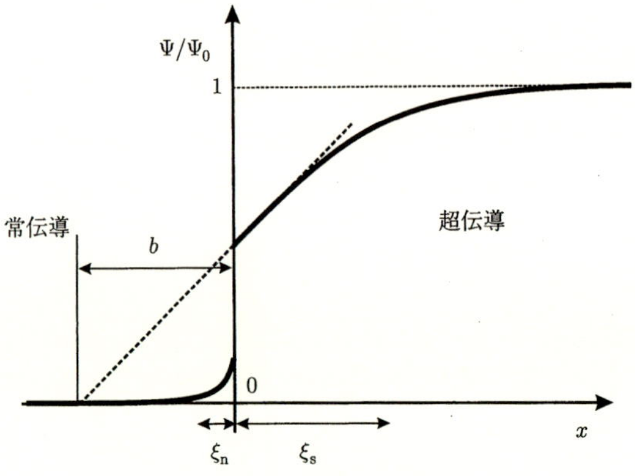

図 2.4 超伝導波動関数の境界条件.

と常伝導金属との接合界面での境界条件はより一般に,

$$\left(\nabla - \frac{ie^*}{\hbar}\mathbf{A}\right)\Psi\bigg|_{\mathrm{n}} = -\frac{1}{b}\Psi \tag{2.32}$$

という形になる．下付きの n は境界での法線成分であることを表す．ここで b は常伝導金属の物質に依存するパラメーター (正の定数) である．真空または絶縁体との界面では $b \to \infty$，強磁性金属との界面では $b \to 0$*1) であり，一般の常伝導金属との界面ではそれらの中間の値をとる．磁場がない場合 ($A_{\mathrm{n}} = 0$) は $\nabla_{\mathrm{n}}\Psi = -(1/b)\Psi$ となるが，この場合の b は図 2.4 からわかるように，界面における Ψ の勾配をそのまま直線で延長したときにゼロをよぎる点までの距離に相当している．

前節で求めた上部臨界磁場 H_{c2} は，高磁場の常伝導状態から磁場を下げていったときに第 II 種超伝導体の内部 (バルク) において最初に超伝導の芽が出現する ($|\Psi|^2$ の値がゼロでない値をとる) ところであった．条件次第では，超伝導体の表面付近においてバルクよりも高い磁場で超伝導の芽が出現し得る．そのような表面付近での超伝導核生成について考えてみよう．

---

*1) 強い対破壊効果 (後述) をもつ強磁性体金属との接合においては，Ψ の値が界面で強制的にゼロになる．(2.32) 式にそれを反映させると $b = 0$ となる．

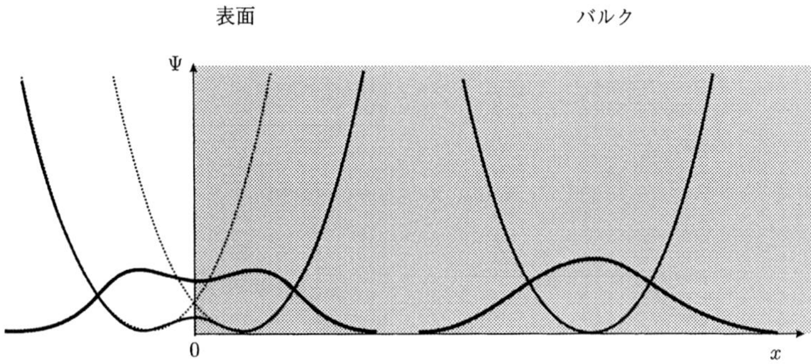

図 2.5 (2.27) 式に対応する調和振動子のポテンシャル．中心座標 x_0 を表面から ξ 程度のところに置くと，表面での境界条件によって放物線を折り返したような実効ポテンシャルになるため，バルクよりも低い固有値が得られる．

超伝導体が $x>0$ の半空間を占め，$x<0$ は真空 (または絶縁体) であるとする．前節と同じく磁場は z 方向とする ($\mathbf{H}\parallel z$)．ベクトルポテンシャルを $\mathbf{A}=(0,Hx,0)$ ととると，$A_x=0$ であるから表面における境界条件は単に $\mathrm{d}u/\mathrm{d}x|_{x=0}=0$ となる．前節での議論において，(2.26) 式の固有値は n および k_z で決まり，k_y つまり x_0 には依存していない．このことは，バルクではサイクロトロン運動の中心がどこにあってもエネルギーは同じであるということに対応する．表面が存在する場合，中心座標 x_0 を表面から ξ 程度のところにとることによってバルクよりも低いエネルギーの固有値を得ることができる．(2.27) 式は，図 2.5 の右側に示したような放物線ポテンシャル中の調和振動子に対応する．前節の議論からわかるように，その基底状態 ($n=0$) のエネルギーが H_{c2} を与える．表面付近では (2.32) 式の境界条件によって実効ポテンシャルは放物線を $x=0$ で折り返したようなものになるため，バルクよりも低い固有値が得られるのである．具体的な計算によれば，最小の固有値としてバルクの場合の 0.59 倍のものが存在する．これに対応する臨界磁場は

$$H_{c3}=\frac{1}{0.59}H_{c2}=1.695H_{c2} \tag{2.33}$$

となる．バルクの上部臨界磁場よりも約 1.7 倍の磁場において，表面付近に超

伝導の芽が発生し得ることを意味する．この現象を表面超伝導と呼ぶ．[*1)]

2.7 層状および薄膜超伝導体

銅酸化物高温超伝導物質，MgB_2，有機超伝導体など物理的に興味をもたれている超伝導物質の多くのものが層状の結晶構造をもっている．また，超伝導物質とさまざまな物質を人工的に積層させた，超伝導多層膜や人工格子も作製されている．本節では超伝導体が 1 軸異方性すなわち擬 2 次元性を有する場合，それが上部臨界磁場にどのように反映されるかをみる[*2)]．

GL 方程式に結晶の異方性を取り込む簡単な方法は有効質量に異方性を導入することである．x, y, z 方向の有効質量をそれぞれ m_a, m_b, m_c として GL 方程式を書くと，

$$\left[\left(\frac{1}{2m_a}\frac{\hbar}{i}\frac{\partial}{\partial x}-\frac{ie^*}{\hbar}A_x\right)^2+\left(\frac{1}{2m_b}\frac{\hbar}{i}\frac{\partial}{\partial y}-\frac{ie^*}{\hbar}A_y\right)^2 +\left(\frac{1}{2m_c}\frac{\hbar}{i}\frac{\partial}{\partial z}-\frac{ie^*}{\hbar}A_z\right)^2\right]\Psi(\mathbf{r})+\alpha\Psi(\mathbf{r})+\beta|\Psi(\mathbf{r})|^2\Psi(\mathbf{r})=0 \tag{2.34}$$

となる．ここでは 1 軸性の異方性を表すように，$m_a = m_b$ とする．層状構造の場合 $m_a < m_c$ である．

上部臨界磁場を議論する上では，先と同様に Ψ の 3 次の項を落として線形化した GL 方程式を考えればよい．磁場が z 軸となす角度を θ とすると，固有値は

$$-\alpha=\left(n+\frac{1}{2}\right)\hbar\omega_{\mathrm{c}}(\theta)$$

---

*1) 実験で H_{c2} を測定しようとする際に表面超伝導が影響することがある．本節での導出からもわかるように表面超伝導は境界条件に敏感であるので，たとえば表面をサンドペーパーで荒らしたり，表面に常伝導金属を蒸着したりすることによって抑制することができる．

*2) 異方的超伝導体 (anisotropic superconductor) という表現は 2 つの異なる意味で使われるので注意が必要である．すなわち，ここで議論するような結晶構造や人工構造を反映した異方性を指す場合と，クーパー対の対称性が s 波のそれとは異なる「異方的対形成」の超伝導物質を指す場合とがある．

$$\omega_c(\theta) = e^* H \left(\frac{\cos^2\theta}{m_a^2} + \frac{\sin^2\theta}{m_a m_c} \right)^{1/2} \tag{2.35}$$

となる．したがって上部臨界磁場は

$$H_{c2}(\theta) = \frac{H_{c2}^{\perp}}{\sqrt{\cos^2\theta + \varepsilon^2 \sin^2\theta}} \tag{2.36}$$

$$\varepsilon^2 \equiv \frac{m_a}{m_c}$$

で与えられる．ただし，$H_{c2}^{\perp}$ は磁場が層に垂直 (z 軸に平行) のときの H_{c2} を表す．ε は異方性の強さを表すパラメーターとなる．磁場が層に垂直および平行な場合の H_{c2} はそれぞれ

$$H_{c2}^{\perp} = \frac{\phi_0}{2\pi\xi_a^2}$$

$$H_{c2}^{\parallel} = \frac{\phi_0}{2\pi\xi_a\xi_c} \tag{2.37}$$

と表すことができる．ここで，ξ_a および ξ_c は層内および層間のコヒーレンス長で

$$\xi_a = \frac{\hbar}{\sqrt{2m_a|\alpha|}} = \frac{\hbar}{\sqrt{2m_a a}}(T_c - T)^{-1/2}$$

$$\xi_c = \frac{\hbar}{\sqrt{2m_c|\alpha|}} = \frac{\hbar}{\sqrt{2m_c a}}(T_c - T)^{-1/2} \tag{2.38}$$

である．$H \parallel z$ および $H \parallel xy$ のそれぞれの場合の渦芯のようすは図 2.6 のようになる．異方性パラメーター ε は，有効質量，臨界磁場，コヒーレンス長の異方性比と

$$\varepsilon \equiv \left(\frac{m_a}{m_c} \right)^{1/2} = \frac{H_{c2}^{\perp}}{H_{c2}^{\parallel}} = \frac{\xi_c}{\xi_a} \tag{2.39}$$

の関係がある．臨界磁場の角度依存性はまた

$$\left(\frac{H_{c2}(\theta)\cos\theta}{H_{c2}^{\perp}} \right)^2 + \left(\frac{H_{c2}(\theta)\sin\theta}{H_{c2}^{\parallel}} \right)^2 = 1 \tag{2.40}$$

という形で表すこともできる．超伝導の異方性を有効質量の異方性として記述するこのモデルは，異方的 GL モデル (anisotropic GL model)，有効質量モデ

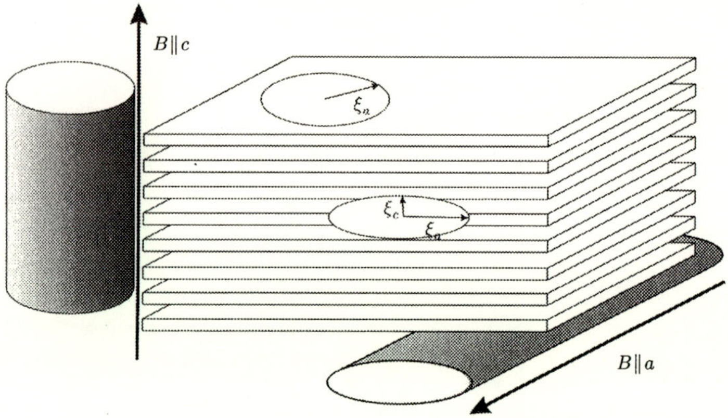

図 **2.6**　層状超伝導体における異方的な渦糸．

ル (effective mass model)，楕円磁束モデル (ellipsoid fluxoid model) などいろいろな名称で呼ばれている．

上述の異方的 GL モデルでは層状構造をならして異方的な連続体とみなして扱っている．層に垂直な c 軸方向のコヒーレンス長が層間距離に比べて十分に長ければこのような近似が正当化されるであろうが，そうでない場合には離散的な層状構造をあらわに採り入れる必要がある．そのようなモデルとして，ローレンス–ドニアック (Lawrence–Doniach) モデル (LD モデル) が知られている．LD モデルは，間隔 d で積層する 2 次元超伝導層の間にジョセフソン結合があるとする描像なので，ジョセフソン積層モデルとも呼ばれる．LD モデルの GL 自由エネルギーは

$$\mathcal{F}_{\mathrm{LD}} = \sum_n \int \mathrm{d}^2 r \Bigg[+\alpha|\Psi_n(\mathbf{r})|^2 + \beta|\Psi_n(\mathbf{r})|^4 + \frac{1}{2m_a}\left|\left(\frac{\hbar}{i}\nabla - e\mathbf{A}\right)\Psi_n(\mathbf{r})\right|^2 + \frac{E_{\mathrm{J}}}{2}\left|\Psi_n(\mathbf{r})\exp\left(\frac{2\pi i}{\phi_0}\int_{(n-1)d}^{nd} A_z \mathrm{d}z\right) - \Psi_{n-1}(\mathbf{r})\right|^2 + \frac{\mu_0}{2}\left|\nabla\times\mathbf{A}\right|^2\Bigg] \tag{2.41}$$

と書かれる．ただしここでの $\mathbf{r}$ は面内座標を表す 2 次元ベクトルである．$\Psi_n(\mathbf{r})$ は n 番目の層の超伝導波動関数，d は層間距離である．上式の 2 行目の第 1 項が層間のジョセフソン結合エネルギーである．このことは，磁場がないときの

形 $(E_{\rm J}/2)|\Psi_n - \Psi_{n-1}|^2$ において，$\Psi_n = |\Psi_n| \exp i\theta_n$ として，振幅 $|\Psi_n|$ は層によらず一定であるとすると，

$$E_{\rm J}|\Psi_n|^2\Big(1-\cos\big(\theta_n-\theta_{n-1}\big)\Big) \tag{2.42}$$

という形になることからみてとれる．層間ジョセフソン結合が強く，超伝導波動関数の c 軸方向の変化が緩やかで連続体近似が許される場合には，差分を微分に置き換えることによって (2.41) 式は異方的 GL モデルに帰着される．$\xi_z(0) < d$ で LD モデルが適用されるような系でも，$T \to T_{\rm c}$ ではコヒーレンス長が $\xi_z(T) \propto (T_{\rm c} - T)^{-1/2}$ に従って増大するため，$T_{\rm c}$ の近傍では $\xi_z > d$ となって異方的 GL モデルが適用できる．この場合 $T_{\rm c}$ から温度を下げてゆくと，$\xi_z(T^*) = d/\sqrt{2}$ となる温度 T^* において $H_{\rm c2}^{\parallel}(T)$ が発散する*1)．これは異方的 3 次元超伝導から 2 次元超伝導へのクロスオーバーにほかならない．

2 次元的超伝導の領域での $H_{\rm c2}$ の角度依存性は，基本的に超伝導薄膜のそれと同じである．厚さ d がコヒーレンス長 ξ よりも十分に薄い超伝導体薄膜に対して，膜面に平行な磁場 $(\mathbf{H} \parallel \hat{\mathbf{x}})$ をかけたときの上部臨界磁場はティンカム (Tinkham) によって議論されている．膜の両面の位置を $z = \pm d/2$ とし，ベクトルポテンシャルを $\mathbf{A} = (0, -Hz, 0)$ として書いた GL 方程式の固有関数として $\Psi(\mathbf{r}) = u(z)e^{ik_x x + ik_y y}$ という形のものを考えることができる．$u(z)$ が満たすべき方程式は

$$-\frac{\hbar^2}{2m^*}\frac{{\rm d}^2 u}{{\rm d}z^2} + \frac{1}{2}m^*\omega_{\rm c}^2(z-z_0)^2 u + \frac{\hbar^2 k_x^2}{2m^*}u = -\alpha u$$
$$\omega_{\rm c} = \frac{e^* H}{m^*} \tag{2.43}$$

である．求める最小の固有値は $k_x = 0$, $z_0 = 0$ において起こる．膜厚がコヒーレンス長よりも十分に薄ければ，超伝導薄膜中で $u(z)$ は一定と考えてもよいであろう．そのように考えると，最小固有値は $(1/2)m^*\omega_{\rm c}^2 z^2$ を薄膜の厚さ方向にわたって平均したもので近似できる．

---

*1) 現実の系の $H_{\rm c2}^{\parallel}(T)$ はパウリ常磁性の効果 (8.2 節参照) や層厚が有限である効果など他の要因によっても制限を受けるので文字通りの発散が起こるわけではない．

$$-\alpha = \frac{1}{2}m^*\omega_c^2\int_{-d/2}^{d/2} z^2\mathrm{d}z$$
$$= \frac{m^*\omega_c^2 d^2}{24} \tag{2.44}$$

ここから，平行臨界磁場として

$$H_{c2}^{\parallel} = \sqrt{12}\frac{\phi_0}{2\pi\xi d} \propto (T_c - T)^{1/2} \tag{2.45}$$

という表式が得られる．この場合の H_{c2} の温度依存性は，(2.31) 式のように $\propto (T_c - T)$ ではなく，$\propto (T_c - T)^{1/2}$ となることに注目しよう．

磁場が z 軸と角度 θ をなす場合の最小固有値は，同様の近似のもとで

$$-\alpha = \frac{1}{2}\hbar\omega_c\cos\theta + \frac{m^*\omega_c^2 d^2}{24}\sin^2\theta \tag{2.46}$$

で与えられる．したがって臨界磁場の角度依存性は

$$\left|\frac{H_{c2}(\theta)\cos\theta}{H_{c2}^{\perp}}\right| + \left(\frac{H_{c2}(\theta)\sin\theta}{H_{c2}^{\parallel}}\right)^2 = 1 \tag{2.47}$$

という表式で表される．有効質量モデルの (2.40) 式と比較して，この式の角度依存性は $\theta = 90^\circ$ のところにカスプをもつことが特徴である．薄膜超伝導体のふるまいを記述するこのモデルはティンカム・モデルと呼ばれる．異方性がきわめて大きい層状超伝導物質や層間結合が非常に弱い超伝導多層膜でもこのような角度依存性がみられる．

2.8 量子渦 (ボルテックス)

第II種超伝導体の混合状態 ($H_{c1} < H < H_{c2}$) では超伝導体内部に磁場が量子渦糸 (quantized vortex line) の形で侵入する．渦糸の概念図はすでに第 1 章の図 1.5 に示したが，ここではもう少し詳しくその構造をみることにしよう．1 本の渦糸を表す超伝導波動関数は (軸対称性に着目して円柱座標系 (r, θ, φ) を用いて) $\Psi(\mathbf{r}) = \Psi_0 f(r) e^{i\varphi}$ という形に書くことができる．中心軸の周りを 1 周すると Ψ の位相が 2π 変化することは，この渦糸が磁束量子 ϕ_0 をもつことに対応している．ベクトルポテンシャルは

$$\mathbf{A} = A(r)\hat{\theta}$$
$$A(r) = \frac{1}{r}\int_0^r \rho h(\rho)\mathrm{d}\rho \tag{2.48}$$

と書くことができる*1)．ここで $h(r)$ は局所磁場の大きさである．渦糸の中心軸 $(r=0)$ 付近 (渦芯領域) では

$$A(r) = \frac{h(0)}{2}r \tag{2.49}$$

また，十分遠方では

$$A(r) = \frac{\phi_0}{2\pi r} \tag{2.50}$$

である．後者は，この渦糸を囲む十分大きな円ループにわたる線積分が磁束量子に等しいという条件

$$\oint \mathbf{A}\mathrm{d}\mathbf{s} = 2\pi r A(r) = \phi_0 \tag{2.51}$$

から簡単に導かれる．GL 方程式の動径成分は

$$\xi^2\left[\frac{1}{r}\frac{\mathrm{d}}{\mathrm{d}r}\left(r\frac{\mathrm{d}f}{\mathrm{d}r}\right) - \left(\frac{1}{r} - \frac{2\pi}{\phi_0}A(r)\right)^2\right] + f - f^3 = 0 \tag{2.52}$$

と書くことができる．中心軸付近で $f(r) \propto r$ となることは，(2.52) 式の最低次の項を抜き出して，それが $r \to 0$ で発散しないという条件から導かれる．また十分遠方では $f(\infty) = 1$ に漸近する．動径波動関数のふるまいは $f(r) \approx \tanh(cr/\xi)$ という関数形で近似することができる (ただし c は 1 のオーダーの定数)．この様子は図 1.5 に模式的に示されている．(2.20) 式と同じくこの場合も，秩序パラメーターの回復を特徴づける長さスケールは ξ である．逆にいうと渦糸の中心軸の周り ξ 程度の領域 (渦芯) では超伝導が部分的に壊れている．

次に，渦糸の周りの磁場分布を求めよう．第 1 章で述べたように，局所磁場変化を特徴づける長さスケールは λ である．簡単のため，極端な第 II 種超伝導体 $(\kappa \gg 1)$ を仮定する．$\lambda \gg \xi$ であるから，磁場分布を問題にするときに渦芯の広がりは無視して $r = 0$ の中心軸に磁束量子 ϕ_0 が存在するものとみなすこ

*1)　ベクトルポテンシャルのこのようなとり方は渦糸を扱う上でわかりやすいものであるが，ロンドン・ゲージ $\nabla \cdot \mathbf{A} = 0$ とは異なることに注意．

とができる．このときのロンドン方程式 ((1.8) 式) は

$$\lambda^2\mu_0\nabla\times\mathbf{J}_{\rm s}(\mathbf{r})+\mathbf{h}(\mathbf{r})=\phi_0\hat{\mathbf{z}}\delta^{(2)}(\mathbf{r}) \tag{2.53}$$

と書くことができる．右辺の $\delta^{(2)}(\mathbf{r})$ は 2 次元のデルタ関数を表す．これとマックスウェル方程式 $\nabla\times\mathbf{h}=\mu_0\mathbf{J}$ とから，

$$\mathbf{h}(\mathbf{r})+\lambda^2\nabla\times\big(\nabla\times\mathbf{h}(\mathbf{r})\big)=\phi_0\hat{\mathbf{z}}\delta^{(2)}(\mathbf{r}) \tag{2.54}$$

が得られる．$\nabla\cdot\mathbf{h}=0$ であることを利用して $\nabla\times\nabla\times\mathbf{h}=-\nabla^2\mathbf{h}$ と書き換え，$\mathbf{h}(\mathbf{r})$ の z 成分 $h(r)$ についての方程式を書くと

$$\frac{1}{r}\frac{\mathrm{d}}{\mathrm{d}r}\left(r\frac{\mathrm{d}h(r)}{\mathrm{d}r}\right)-\frac{1}{\lambda^2}h(r)=-\frac{\phi_0}{\lambda^2}\delta^{(2)}(r) \tag{2.55}$$

となる．この方程式を $h(\infty)=0$ という境界条件で解くと

$$h(r)=\frac{\phi_0}{2\pi\lambda^2}K_0\left(\frac{r}{\lambda}\right) \tag{2.56}$$

が得られる．$K_0(x)$ はゼロ次のハンケル関数 (変形ベッセル関数) である．渦芯付近と遠方でのふるまいはそれぞれ

$$h(r)\approx\frac{\phi_0}{2\pi\lambda^2}\left[\ln\frac{\lambda}{r}+0.12\right]\qquad(\xi\ll r\ll\lambda) \tag{2.57}$$

$$\approx\frac{\phi_0}{2\pi\lambda^2}\left(\frac{\pi}{2}\frac{\lambda}{r}\right)^{1/2}e^{-r/\lambda}\qquad(\lambda\ll r) \tag{2.58}$$

である．つまり磁場は λ よりも遠方では指数関数的に減衰し，λ より近いところでは渦糸中心に向かって対数発散する．もちろんこの対数発散は ξ でカットオフされるので，図 1.5 に示したように実際の $h(r)$ には原点での特異性はない．

次に，渦糸のエネルギーを求めよう．渦芯からの寄与を別にすると，渦糸のエネルギーは超伝導電流の運動エネルギーと磁場のエネルギーからなる．すなわち，単位長さあたりの渦糸のエネルギー $\mathcal{E}$ は

$$\mathcal{E}=\frac{1}{2\mu_0}\int\left(\mathbf{h}^2(\mathbf{r})+\lambda^2\big(\nabla\times\mathbf{h}(\mathbf{r})\big)^2\right)\mathrm{d}^2r \tag{2.59}$$

で与えられる．これを部分積分により次のように変形する．

$$
\begin{aligned}
\mathcal{E} &= \frac{1}{2\mu_0}\int\left(\mathbf{h}+\lambda^2\nabla\times(\nabla\times\mathbf{h})\right)\cdot\mathbf{h}\mathrm{d}^2r+\frac{\lambda^2}{2\mu_0}\oint\mathbf{h}\times(\nabla\times\mathbf{h})\cdot\mathrm{d}\mathbf{s}\\
&= \frac{\phi_0}{2\mu_0}\int\delta^{(2)}(\mathbf{r})h(\mathbf{r})\mathrm{d}^2r+\frac{\lambda^2}{2\mu_0}\oint\mathbf{h}\times(\nabla\times\mathbf{h})\cdot\mathrm{d}\mathbf{s} \qquad (2.60)
\end{aligned}
$$

積分領域には渦芯を含めないので第1項の積分はゼロである.(渦糸のエネルギーへの渦芯部分の寄与は別途考慮する.) 第2項の線積分は渦芯を囲む小ループと,無限遠を回る大ループに沿って行う. r の大きいところで $h(r)$ は指数関数的に減衰するので,後者はゼロになる.前者の寄与を計算するには, $\xi < r < \lambda$ での表式である (2.57) 式を用い (ただし,ここで用いている近似に鑑み, 0.12 という項は落とす),積分路として $r = \xi$ の小ループを選ぶ.このようにして渦糸の単位長さあたりのエネルギー,すなわち線張力が

$$
\begin{aligned}
\mathcal{E} &= \frac{\lambda^2}{2\mu_0}\oint_{\mathrm{C}}\left(\frac{\phi_0}{2\pi\lambda^2}\right)^2\frac{1}{r}\ln\frac{\lambda}{r}\mathrm{d}s\\
&= \frac{\pi}{\mu_0}\left(\frac{\phi_0}{2\pi\lambda}\right)^2\ln\frac{\lambda}{\xi} \qquad (2.61)
\end{aligned}
$$

と求められる.

下部臨界磁場というのは磁束がない状態 (マイスナー状態) と量子磁束1本が入った状態のエネルギーが等しくなるところである.両状態のギブズ自由エネルギー $\mathcal{G}_{\mathrm{s}} = \mathcal{F}_{\mathrm{s}} - (H/\mu_0)\int h(\mathbf{r})\mathrm{d}\mathbf{r}$ を等しいとおくと

$$
\begin{aligned}
\mathcal{F}_{\mathrm{s}} &= \mathcal{F}_{\mathrm{s}}+\mathcal{E}L-\frac{1}{\mu_0}H_{\mathrm{c1}}\int h(\mathbf{r})\mathrm{d}\mathbf{r}\\
&= \mathcal{F}_{\mathrm{s}}+\mathcal{E}L-\frac{1}{\mu_0}H_{\mathrm{c1}}\phi_0 L \qquad (2.62)
\end{aligned}
$$

となる.ここから

$$
H_{\mathrm{c1}} = \frac{\mu_0\mathcal{E}}{\phi_0} \qquad (2.63)
$$

が得られる.これに (2.61) 式を代入することにより

$$
H_{\mathrm{c1}} = \frac{\phi_0}{4\pi\lambda^2}\ln\frac{\lambda}{\xi} \qquad (2.64)
$$

が得られる.

3

超伝導の微視的理論

本章では，超伝導を記述する微視的理論であるBCS理論の基礎と，それによって説明される超伝導相の諸性質について学ぶ．

3.1 金属の基本的性質

超伝導の微視的理論に立ち入る前に，通常の金属 (常伝導状態) の基本的性質を簡単に復習しておこう．金属的伝導を示す物質は伝導電子 (個々の原子の束縛を離れて比較的自由に固体中を運動する電子) をもっている．金属の伝導電子系のもっとも単純なモデルとして，一辺 L の立方体の箱の中に自由電子が閉じ込められたもの，を考えることにする．電子の波動関数は平面波の形

$$\psi_{\mathbf{k}}(\mathbf{r}) = \frac{1}{\sqrt{L^3}} e^{i\mathbf{k}\cdot\mathbf{r}}, \tag{3.1}$$

エネルギーは

$$\varepsilon_{\mathbf{k}} = \frac{\hbar^2 \mathbf{k}^2}{2m} \tag{3.2}$$

で与えられる．ここで $\hbar\mathbf{k}$ は電子の運動量，$\mathbf{k}$ は波数ベクトルである．周期的境界条件を課すと，$\mathbf{k}$ の各成分が採り得る値は

$$k_x = n_x \left(\frac{2\pi}{L}\right), \qquad k_y = n_y \left(\frac{2\pi}{L}\right), \qquad k_z = n_z \left(\frac{2\pi}{L}\right) \tag{3.3}$$

(n_x, n_y, n_z は整数) となる．波数空間の単位体積 $(2\pi/L)^3$ ごとに1つ (スピンの自由度を考慮すると2つ) の状態が存在する．電子はフェルミ粒子であるから，パウリの原理により各状態は1個の電子しか収容できないので，エネルギー

の低いほうからこれらの状態に N 個の電子を詰めてゆくと，電子によって占められる波数空間は原点を中心とした球になる．これをフェルミ面 (この場合はフェルミ球) と呼ぶ．フェルミ球の半径を k_{F} とすると，

$$N = 2\left(\frac{L}{2\pi}\right)^3 \times \frac{4}{3}\pi k_{\mathrm{F}}^3$$

$$n = \frac{N}{L^3} = \frac{k_{\mathrm{F}}^3}{3\pi^2} \tag{3.4}$$

という関係がある．すなわち電子密度 n とフェルミ波数 k_{F} との関係は

$$k_{\mathrm{F}} = (3\pi^2 n)^{1/3} \tag{3.5}$$

である．フェルミ面上の電子の群速度は

$$v_{\mathrm{F}} \equiv \frac{1}{\hbar}\frac{\mathrm{d}\varepsilon}{\mathrm{d}k}\bigg|_{\varepsilon_{\mathrm{F}}} = \frac{\hbar k_{\mathrm{F}}}{m} \tag{3.6}$$

である．

エネルギー ε の状態を電子が占める確率はフェルミ分布関数

$$f(\varepsilon) = \frac{1}{\exp[(\varepsilon - \varepsilon_{\mathrm{F}})/k_B T] + 1} \tag{3.7}$$

によって与えられる．$\varepsilon_{\mathrm{F}} = \hbar^2 k_{\mathrm{F}}^2/2m$ はフェルミ・エネルギーである．絶対零度 $(T = 0)$ においては

$$f(\varepsilon) = \begin{cases} 1 & (\varepsilon < \varepsilon_{\mathrm{F}}) \\ 0 & (\varepsilon > \varepsilon_{\mathrm{F}}) \end{cases} \tag{3.8}$$

である．

以上はもっとも単純な自由電子モデルであるが，もちろん現実には電子は真空中ではなくて固体の中を運動しているわけで，その事情を取り込まなくてはならない．それにはいくつかの段階がある．

まず，結晶の周期ポテンシャル中を運動しているという事情を反映して，エネルギーと運動量の関係 (分散関係) $\varepsilon_{\mathbf{k}}$ が (3.2) 式ではなくて一般にもっと複雑な形となり，エネルギーバンドを形成する．フェルミ準位近傍でそれを (3.2) 式と類似の

$$\varepsilon_{\mathbf{k}} = \frac{\hbar^2 \mathbf{k}^2}{2m^*} \tag{3.9}$$

という関数形で近似することがある．このときの m^* を (バンド) 有効質量と称する．

完全な周期ポテンシャルの中では (3.1) 式はよい固有状態であるが，完全周期からの「乱れ」があると有限の寿命をもつことになる．現実の結晶格子には必ず乱れが存在する．乱れの原因の 1 つは結晶格子の熱振動であり，もう 1 つは不純物や格子欠陥などの静的な乱れである．電子はこれらの乱れによって散乱を受ける．電子が散乱されるまでの平均時間 τ は，散乱時間 (scattering time)，緩和時間 (relaxation time)，平均自由時間 (mean free time) などさまざまな名前で呼ばれる．このとき電子のエネルギーには $\hbar/\tau$ 程度の不確定性 (エネルギー幅) が生じる．フェルミ面上の電子は速度 v_{F} で走っているから，散乱されるまでに走る距離は $\ell = v_{\mathrm{F}}\tau$ である．これを平均自由行程 (mean free path) という．金属的な伝導を示す系では $k_{\mathrm{F}}\ell \gg 1$ (あるいは同じことであるが，$\varepsilon_{\mathrm{F}}\tau/\hbar \gg 1$) である．

電子はまた，互いにクーロン相互作用を及ぼしあう．固体中の伝導電子系が本章の最初に述べたような「自由電子の理想気体」でないのはもちろんであって，一般には電子どうしが相互作用を及ぼしあう「液体」と考えるべきである．このような「電子液体」のふるまい，つまり電子間相互作用をきちんと採り入れた多体問題を扱うことは本質的に難しいテーマである．しかし少なくともフェルミ面近傍の電子を扱う限り，電子間相互作用の効果は有効質量やスピン磁化率を表すパラメーターが自由電子の値から変更を受けたような電子 (準粒子) の気体と考えてよいということが，ランダウのフェルミ液体論によって示されている．

次節で述べるように，電子は結晶格子の振動モード (フォノン) とも相互作用する．この電子格子相互作用を媒介とした電子間相互作用が超伝導の発現に本質的に重要である．超伝導の基本的な性質を考える上では，自由電子モデルを出発点として超伝導現象にとって本質的に重要な相互作用のみを考える，というアプローチを採ることになる．

3.2 電子格子相互作用

超伝導の発現に結晶格子が関与しているらしいことは，同位体効果 (isotope effect) によって示唆された．同一の超伝導物質でありながら異なる同位体からなる試料の超伝導転移温度 T_c を比較すると，同位体の質量 M との間に

$$T_c \propto M^{-\alpha} \tag{3.10}$$

という関係がある．多くの超伝導物質について α は 0.5 に近い値をとる．異なる同位体試料間で，電子構造は同一であり，格子振動スペクトルのみが (M の違いによって) 異なることから，格子振動が超伝導に本質的な意味で関与していることが示唆されたのである．

金属における電子格子相互作用を簡単に復習しておこう．電子と結晶格子 (金属イオンの規則配列) の振動モードとの相互作用は，直観的には，負の電荷をもつ電子が周囲の金属イオン (正電荷) の規則配列を多少歪めるという描像で捉えることができる．格子振動モードを量子化したものがフォノン (phonon) である．フォノンは波数 $\mathbf{q}$ と振動数 $\omega_{\mathbf{q}}$ をもつ．電子格子相互作用は電子によるフォノンの放出 (吸収) 過程とみることができる．図 3.1-(a)(b) に模式的に示したように，波数 $\mathbf{k}$ の電子が波数 $\mathbf{q}$ のフォノンを放出して，波数 $\mathbf{k}'$ $(= \mathbf{k} - \mathbf{q})$ の状態に移る過程，あるいは，波数 $\mathbf{k}$ の電子が波数 $-\mathbf{q}$ のフォノンを吸収して，波数 $\mathbf{k}'(= \mathbf{k} - \mathbf{q})$ の状態に移る過程，と捉えることができる．この素過程の行列要素は $V_{\mathbf{q}} \equiv V_{\mathbf{k}-\mathbf{q},\mathbf{k}}$ である．

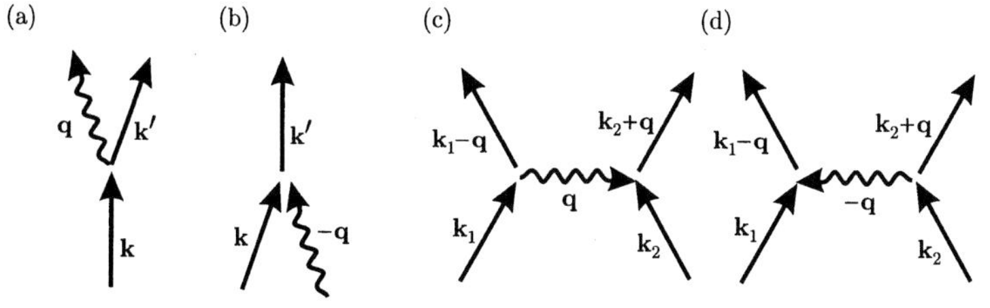

図 3.1 (a)(b) 電子フォノン散乱過程．(c)(d) フォノンを介した電子間相互作用．

フォノンを介した電子間相互作用は，初状態で $\mathbf{k}_1$ と $\mathbf{k}_2$ にあった 2 個の電子が波数 $\mathbf{q}$ のフォノンを交換することによって終状態 $\mathbf{k'}_1$ と $\mathbf{k'}_2$ に遷移するという過程によるものである．この過程の確率振幅は，図 3.1-(c)(d) に示したように，電子 $\mathbf{k}_1$ がフォノン $\mathbf{q}$ を放出して，それを電子 $\mathbf{k}_2$ が吸収する過程，および電子 $\mathbf{k}_2$ がフォノン $-\mathbf{q}$ を放出して，それを電子 $\mathbf{k}_1$ が吸収する過程，の確率振幅の和として記述される．

$$U = \frac{|V_\mathbf{q}|^2}{\varepsilon_{\mathbf{k}_1} - \varepsilon_{\mathbf{k}_1-\mathbf{q}} - \hbar\omega_\mathbf{q}} + \frac{|V_\mathbf{q}|^2}{\varepsilon_{\mathbf{k}_2} - \varepsilon_{\mathbf{k}_2+\mathbf{q}} - \hbar\omega_\mathbf{q}} \tag{3.11}$$

この U が，フォノンを介した電子間相互作用の強さを与える．エネルギー保存則により

$$\varepsilon_{\mathbf{k}_1} + \varepsilon_{\mathbf{k}_2} = \varepsilon_{\mathbf{k}_1-\mathbf{q}} + \varepsilon_{\mathbf{k}_2+\mathbf{q}} \tag{3.12}$$

であることを用いると，

$$U = -\frac{2|V_\mathbf{q}|^2(\hbar\omega_\mathbf{q})}{(\hbar\omega_\mathbf{q})^2 - (\varepsilon_{\mathbf{k}_1} - \varepsilon_{\mathbf{k}_1-\mathbf{q}})^2} \tag{3.13}$$

と書くことができる．

2 個の電子がともにフェルミ準位の近傍にあって，$|\varepsilon_{\mathbf{k}_1} - \varepsilon_{\mathbf{k}_1-\mathbf{q}}| \ll \hbar\omega_\mathbf{q}$ であるとすれば，フォノンを介したこの電子間相互作用は引力であることがわかる．電子間にはもちろんクーロン斥力も働く．遮蔽されたクーロン斥力の強さとフォノンを介する電子間引力の強さは同程度になりうるので，それらを合わせたものが引力となるか斥力となるか，引力になるにしてもどの程度の強さになるか，は大変微妙である．物質によって超伝導になったりならなかったりすることや，超伝導物質の間に転移温度の大きな違いがあることはこれに起因する．フォノンを介する電子間相互作用とクーロン相互作用についてもう少し詳しいことは 9.1 節で述べる．

3.3 クーパー問題

前節でみたように，フェルミ面上の電子間にはフォノンを介した引力相互作用が働く可能性がある．超伝導の微視的モデルは BCS 理論によって完成をみ

たわけであるが，そこに至る重要なステップは，次のような問題設定であった．それは「フェルミ面の直上にある2つの電子を考えてそれらの間に引力相互作用が働くとしたとき，この電子対が束縛状態をつくるか否か」という問題である．このモデルでは，着目する2つの電子以外の電子の相互作用は考えず，それらは単にフェルミ球を埋めているだけの役割を果たす．この設問 (クーパー問題) に対する答えは「いかに弱くても引力相互作用があれば電子対の束縛状態が形成される」，言い換えると「フェルミ面は無限小の引力相互作用に対して不安定である」というものであった．

着目する2電子の空間座標およびスピンを $(\mathbf{r}_1, \sigma_1)$ $(\mathbf{r}_2, \sigma_2)$ とし，波動関数を

$$\Psi(\mathbf{r}_1, \sigma_1, \mathbf{r}_2, \sigma_2) = \psi(\mathbf{r}_1, \mathbf{r}_2)\chi(\sigma_1, \sigma_2) \tag{3.14}$$

と書く．軌道部分が満たすべきシュレディンガー方程式は

$$\left[-\frac{\hbar^2}{2m}\left(\nabla_1^2 + \nabla_2^2\right) + V(\mathbf{r}_1, \mathbf{r}_2)\right]\psi(\mathbf{r}_1, \mathbf{r}_2) = E\psi(\mathbf{r}_1, \mathbf{r}_2) \tag{3.15}$$

である．波動関数のスピン部分は1重項であるとする．

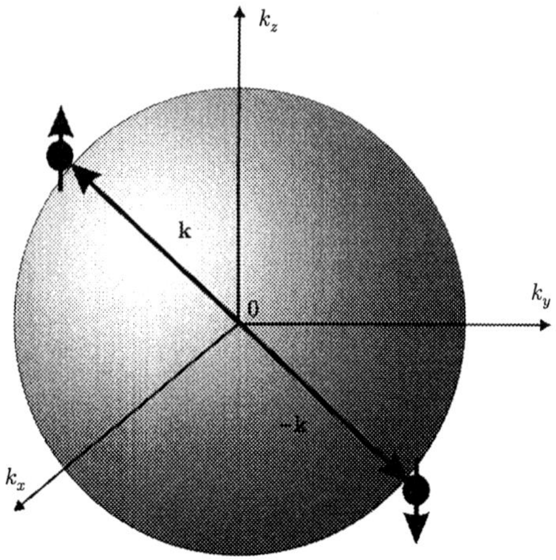

図 3.2 クーパー対の模式図．フェルミ面上の2つの電子 $(\mathbf{k}, \uparrow)$ と $(-\mathbf{k}, \downarrow)$ の間に引力が働く場合，それらはクーパー対を形成する．

$$\chi(\sigma_1, \sigma_2) = \frac{1}{\sqrt{2}}\bigl(|\uparrow\rangle|\downarrow\rangle - |\downarrow\rangle|\uparrow\rangle\bigr) \tag{3.16}$$

軌道部分を 2 電子の重心座標 $\mathbf{R} = (\mathbf{r}_1 + \mathbf{r}_2)/2$ と相対座標 $\mathbf{r} = \mathbf{r}_1 - \mathbf{r}_2$ を使って

$$\psi(\mathbf{r}_1, \mathbf{r}_2) = \varphi(\mathbf{r})e^{i\mathbf{K}\cdot\mathbf{R}} \tag{3.17}$$

と表す．考えている 2 電子の重心は静止している ($\mathbf{K} = 0$) ものとする．つまり図 3.2 に示したようにフェルミ面上の $|\mathbf{k}, \uparrow\rangle$, $|-\mathbf{k}, \downarrow\rangle$ の 2 つの電子を考える．また，相互作用ポテンシャルは相対座標にのみよるとする ($V(\mathbf{r}_1, \mathbf{r}_2) = V(\mathbf{r})$). $\varphi(\mathbf{r})$ をフーリエ展開して

$$\varphi(\mathbf{r}) = \sum_{\mathbf{k}'} g(\mathbf{k}')e^{i\mathbf{k}'\cdot\mathbf{r}} \tag{3.18}$$

とする．波動関数のスピン部分を 1 重項 (反対称) としたので，軌道部分は対称でなければならない．すなわち，$g(\mathbf{k}) = g(-\mathbf{k})$ が要請される．また，フェルミ面以下の状態は他の電子によって埋め尽くされているので，$\mathbf{k}'$ に関する和は，$k' > k_\mathrm{F}$ に限定される．上式を (3.15) 式に代入して，

$$\sum_{\mathbf{k}'} \left[\frac{\hbar^2}{2m}2k^2 + V(\mathbf{r})\right] g(\mathbf{k}')e^{i\mathbf{k}'\cdot\mathbf{r}} = E\sum_{\mathbf{k}'} g(\mathbf{k}')e^{i\mathbf{k}'\cdot\mathbf{r}} \tag{3.19}$$

を得る．これに $e^{-i\mathbf{k}\cdot\mathbf{r}}$ を乗じ，d^3r について積分を行うと

$$\begin{aligned}\frac{\hbar^2}{m}\int\sum_{\mathbf{k}'} k'^2 g(\mathbf{k}')e^{i(\mathbf{k}'-\mathbf{k})\cdot\mathbf{r}}\mathrm{d}^3r + \int\sum_{\mathbf{k}'} V(\mathbf{r})g(\mathbf{k}')e^{i(\mathbf{k}'-\mathbf{k})\cdot\mathbf{r}}\mathrm{d}^3r \\ = E\int\sum_{\mathbf{k}'} g(\mathbf{k}')e^{i(\mathbf{k}'-\mathbf{k})\cdot\mathbf{r}}\mathrm{d}^3r\end{aligned} \tag{3.20}$$

$\int e^{i(\mathbf{k}'-\mathbf{k})\cdot\mathbf{r}}\mathrm{d}^3r = L^3\delta_{\mathbf{k},\mathbf{k}'}$ であることを用いると，

$$\frac{\hbar^2}{m}k^2 g(\mathbf{k}) + \sum_{\mathbf{k}'} g(\mathbf{k}')V_{\mathbf{k},\mathbf{k}'} = (2\varepsilon_\mathrm{F} + \Delta E)g(\mathbf{k}) \tag{3.21}$$

ここで ΔE は，2 電子系のエネルギー E からフェルミ・エネルギーの分 $2\varepsilon_\mathrm{F}$ を差し引いたものである．また，$V_{\mathbf{k},\mathbf{k}'}$ は $V(\mathbf{r})$ のフーリエ成分

$$V_{\mathbf{k},\mathbf{k}'} = \frac{1}{L^3}\int V(\mathbf{r})e^{i(\mathbf{k}'-\mathbf{k})\cdot\mathbf{r}}\mathrm{d}^3r \tag{3.22}$$

である．ここで簡単のため，$V_{\mathbf{k},\mathbf{k}'}$ として次のような形を仮定する．

$$V_{\mathbf{k},\mathbf{k}'} = \begin{cases} -\dfrac{V}{L^3} & |\varepsilon_{\mathbf{k}}-\varepsilon_{\mathrm{F}}|, |\varepsilon_{\mathbf{k}'}-\varepsilon_{\mathrm{F}}| < \hbar\omega_{\mathrm{D}} \\ 0 & \text{それ以外} \end{cases} \tag{3.23}$$

つまり，2つの電子がともに ε_{F} から $\hbar\omega_{\mathrm{D}}$ 以内にあるときにのみ引力 V が働くものとする．この $V_{\mathbf{k},\mathbf{k}'}$ を (3.21) に代入すると

$$\left(\frac{\hbar^2k^2}{m} - \Delta E - 2\varepsilon_{\mathrm{F}}\right)g(\mathbf{k}) = \frac{V}{L^3}\sum_{\mathbf{k}'}g(\mathbf{k}') \tag{3.24}$$

となる．$\sum_{\mathbf{k}'}g(\mathbf{k}')$ は $|\varepsilon_{\mathbf{k}'}-\varepsilon_{\mathrm{F}}| < \hbar\omega_{\mathrm{D}}$ の範囲の和であり，ある定数を与える．(3.24) 式を

$$g(\mathbf{k}) = \frac{V}{L^3}\sum_{\mathbf{k}'}g(\mathbf{k}')\frac{1}{(\hbar^2k^2/m) - \Delta E - 2\varepsilon_{\mathrm{F}}} \tag{3.25}$$

と書き換えて，その $\mathbf{k}$ に関する和をとると，

$$\sum_{\mathbf{k}}g(\mathbf{k}) = \sum_{\mathbf{k}'}g(\mathbf{k}')\frac{V}{L^3}\sum_{\mathbf{k}}\frac{1}{(\hbar^2k^2/m) - \Delta E - 2\varepsilon_{\mathrm{F}}} \tag{3.26}$$

すなわち

$$\frac{V}{L^3}\sum_{\mathbf{k}}\frac{1}{(\hbar^2k^2/m) - \Delta E - 2\varepsilon_{\mathrm{F}}} = 1 \tag{3.27}$$

という式が得られる．$(\hbar^2k^2/2m) - \varepsilon_{\mathrm{F}} \equiv \epsilon$ と書き，和を積分に書き換える．

$$V\int_0^{\hbar\omega_{\mathrm{D}}}\frac{1}{2\epsilon - \Delta E}N(\epsilon)\mathrm{d}\epsilon = 1 \tag{3.28}$$

$N(\epsilon)$ は状態密度関数である．積分はフェルミ準位の近傍 $\hbar\omega_{\mathrm{D}}$ 程度の狭い範囲に限られるのでそこでは $N(\epsilon)$ は一定と考えて，フェルミ面の状態密度 $N(0)$ で置き換えると，積分が実行できる．

$$\frac{1}{2}N(0)V\ln\left(\frac{2\hbar\omega_{\mathrm{D}} - \Delta E}{-\Delta E}\right) = 1 \tag{3.29}$$

束縛エネルギーは $\hbar\omega_{\mathrm{D}}$ に比べて小さい ($|\Delta E| \ll \hbar\omega_{\mathrm{D}}$) ものとして，

$$\Delta E \approx -2\hbar\omega_{\rm D} \exp\left(-\frac{2}{N(0)V}\right) \tag{3.30}$$

という表式が得られる．ΔE は負であるから，2 つの電子は束縛状態 (クーパー対) を形成する．この束縛状態の形成は V がいかに小さくても起こることを上式は示している．このことは真空中 (あるいは絶縁体中) の 2 個の電子が引力相互作用を及ぼしあう場合 (つまりフェルミ面以下を埋める他の電子が存在しない場合) とは大いに異なる．後者の場合，引力相互作用がある程度以上の強さでなければ束縛状態は形成されないことが知られている．

3.4 BCS 基底状態

3.4.1 対状態の占有

自由電子モデルでは，絶対零度における電子の分布はフェルミ準位 $\varepsilon_{\rm F}$ 以下の状態が完全に詰まり，$\varepsilon_{\rm F}$ 以上は完全に空いている，というものである．これはパウリ原理を満たしつつ全運動エネルギーを最小にする分布になっている．これが常伝導金属の基底状態である．しかしながら前節でみたように，$\varepsilon_{\rm F}$ 近傍の電子間に引力相互作用が働く場合，このフェルミ面は不安定であり，ある種の再分布が起こる．すなわち，運動エネルギーを多少損しても，それ以上に引力相互作用の恩恵を享受するような状態占有の仕方が可能である．その場合，$\varepsilon_{\rm F}$ 以上の状態が一部占有されるとともに $\varepsilon_{\rm F}$ 以下の状態の一部が非占有となるわけであるが，前節の議論からわかるように，引力相互作用を考慮したこの再分布は，$\mathbf{k}$ と $-\mathbf{k}$ が一対となって占有される (あるいは非占有となる) という形で起こる．ただし，$\mathbf{k}$ の電子と $-\mathbf{k}$ の電子のスピン状態として 1 重項を考えることは以前に述べたとおりである．

以下では，上述のような対単位での占有／非占有のみを考えることにする．対状態 $\mathbf{k}$ と $-\mathbf{k}$ が占有される確率振幅を $v_{\mathbf{k}}$，非占有である確率振幅を $u_{\mathbf{k}}$ とする．両者の間には当然のことながら

$$u_{\mathbf{k}}^2 + v_{\mathbf{k}}^2 = 1 \tag{3.31}$$

という関係がある．常伝導基底状態では

$$v_{\mathbf{k}}^2 = \begin{cases} 1 & (\varepsilon < \varepsilon_{\mathrm{F}}) \\ 0 & (\varepsilon > \varepsilon_{\mathrm{F}}) \end{cases} \tag{3.32}$$

である．

対状態 $(\mathbf{k}, -\mathbf{k})$ が占有されて $(\mathbf{k}', -\mathbf{k}')$ が非占有である確率振幅は $v_{\mathbf{k}} u_{\mathbf{k}'}$ である．これとは逆に，対状態 $(\mathbf{k}', -\mathbf{k}')$ が占有されて $(\mathbf{k}, -\mathbf{k})$ が非占有である確率振幅は $v_{\mathbf{k}'} u_{\mathbf{k}}$ である．相互作用 $V_{\mathbf{k},\mathbf{k}'}$ は $(\mathbf{k}', -\mathbf{k}')$ の対状態から $(\mathbf{k}, -\mathbf{k})$ の対状態への散乱過程とみることができる．

系の全自由エネルギー $U = E - \mu N$ は次のように書くことができる．

$$U = \sum_{\mathbf{k}} 2\epsilon_{\mathbf{k}} v_{\mathbf{k}}^2 + \sum_{\mathbf{k}} \sum_{\mathbf{k}'} V_{\mathbf{k},\mathbf{k}'} u_{\mathbf{k}'} v_{\mathbf{k}} u_{\mathbf{k}} v_{\mathbf{k}'} \tag{3.33}$$

$\epsilon_{\mathbf{k}} = \varepsilon_{\mathbf{k}} - \mu$ はフェルミ準位から測ったエネルギーである．

この自由エネルギーを最小にするような $u_{\mathbf{k}}^2$, $v_{\mathbf{k}}^2$ (ただし両者の間には (3.31) 式の拘束条件がある) を求めることが課題である．$V_{\mathbf{k},\mathbf{k}'}$ について，前節と同様に，フェルミ準位近傍 $\hbar\omega_{\mathrm{D}}$ の範囲でのみ定数の引力相互作用であると仮定する．$\partial U / \partial v_{\mathbf{k}}^2 = 0$ という条件から

$$2\epsilon_{\mathbf{k}} - \frac{V}{L^3} \frac{1 - 2v_{\mathbf{k}}^2}{v_{\mathbf{k}} u_{\mathbf{k}}} \sum_{|\epsilon_{\mathbf{k}'}| < \hbar\omega_{\mathrm{D}}} u_{\mathbf{k}'} v_{\mathbf{k}'} = 0 \tag{3.34}$$

$\mathbf{k}'$ について和をとったものは定数であるから，これを

$$\Delta \equiv \frac{V}{L^3} \sum_{|\epsilon_{\mathbf{k}}| < \hbar\omega_{\mathrm{D}}} u_{\mathbf{k}} v_{\mathbf{k}} \tag{3.35}$$

と書くことにすると，上式は

$$\frac{v_{\mathbf{k}} u_{\mathbf{k}}}{1 - 2v_{\mathbf{k}}^2} = \frac{\Delta}{2\epsilon_{\mathbf{k}}} \tag{3.36}$$

となる．(3.31) 式を用いて，これを $v_{\mathbf{k}}^2$ のみで書くと，

$$v_{\mathbf{k}}^4 - v_{\mathbf{k}}^2 + \frac{\Delta^2}{4E_{\mathbf{k}}^2} = 0 \tag{3.37}$$

$$E_{\mathbf{k}} = \sqrt{\epsilon_{\mathbf{k}}^2 + \Delta^2}$$

という，$v_{\mathbf{k}}^2$ に対する 2 次方程式が得られる．これを解いて

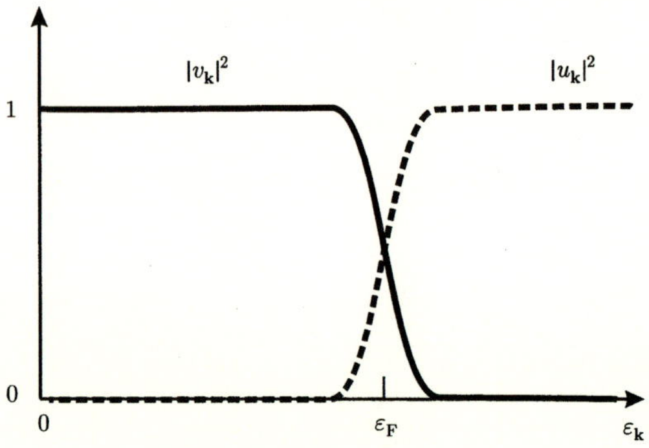

図 3.3 $u_{\mathbf{k}}^2$ と $v_{\mathbf{k}}^2$ のエネルギー依存性を模式的に示したもの．$u_{\mathbf{k}}^2$ および $v_{\mathbf{k}}^2$ の変化はフェルミ準位の周りの Δ 程度の幅で起こる．

$$
\begin{cases}
u_{\mathbf{k}}^2 = \dfrac{1}{2}\left(1 + \dfrac{\epsilon_{\mathbf{k}}}{E_{\mathbf{k}}}\right) \\
v_{\mathbf{k}}^2 = \dfrac{1}{2}\left(1 - \dfrac{\epsilon_{\mathbf{k}}}{E_{\mathbf{k}}}\right)
\end{cases}
\tag{3.38}
$$

が得られる．図 3.3 は $u_{\mathbf{k}}^2$ と $v_{\mathbf{k}}^2$ のエネルギー依存性を模式的に示したものである．

3.4.2 超伝導ギャップ

次に Δ の値を求める．(3.38) 式を (3.35) 式に代入して

$$
\begin{aligned}
\Delta &= \frac{V}{L^3} \sum_{|\epsilon_{\mathbf{k}}|<\hbar\omega_{\mathrm{D}}} \left[\frac{1}{2}\left(1 - \frac{\epsilon_{\mathbf{k}}}{E_{\mathbf{k}}}\right)\frac{1}{2}\left(1 + \frac{\epsilon_{\mathbf{k}}}{E_{\mathbf{k}}}\right)\right]^{1/2} \\
&= \frac{1}{2}\frac{V}{L^3} \sum_{|\epsilon_{\mathbf{k}}|<\hbar\omega_{\mathrm{D}}} \left(\frac{E_{\mathbf{k}}^2 - \epsilon_{\mathbf{k}}^2}{E_{\mathbf{k}}^2}\right)^{1/2} \\
&= \frac{\Delta}{2}\frac{V}{L^3} \sum_{|\epsilon_{\mathbf{k}}|<\hbar\omega_{\mathrm{D}}} \frac{1}{\left(\epsilon_{\mathbf{k}}^2 + \Delta^2\right)^{1/2}}
\end{aligned}
\tag{3.39}
$$

したがって

$$1=\frac{1}{2}\frac{V}{L^3}\sum_{|\epsilon_{\mathbf{k}}|<\hbar\omega_{\mathrm{D}}}\frac{1}{\left(\epsilon_{\mathbf{k}}^2+\Delta^2\right)^{1/2}} \tag{3.40}$$

という関係式が得られる．これが Δ を決める方程式である．$\mathbf{k}'$ に関する和を積分に代えて，

$$\begin{aligned}1&=\frac{N(0)V}{2}\int_{-\hbar\omega_{\mathrm{D}}}^{\hbar\omega_{\mathrm{D}}}\frac{1}{\left(\epsilon^2+\Delta^2\right)^{1/2}}\mathrm{d}\epsilon\\&=N(0)V\int_0^{\hbar\omega_{\mathrm{D}}}\frac{1}{\left(\epsilon^2+\Delta^2\right)^{1/2}}\mathrm{d}\epsilon\\&=N(0)V\sinh^{-1}\left(\frac{\hbar\omega_{\mathrm{D}}}{\Delta}\right)\end{aligned} \tag{3.41}$$

となる．したがって

$$\begin{aligned}\frac{\hbar\omega_{\mathrm{D}}}{\Delta}&=\sinh\left(\frac{1}{N(0)V}\right)\\&=\frac{1}{2}\exp\left(\frac{1}{N(0)V}\right)\end{aligned} \tag{3.42}$$

である．1行目から2行目に移る際，現実の超伝導体において $N(0)V \ll 1$ (弱結合) であることを用いている．このようにして

$$\Delta=2\hbar\omega_{\mathrm{D}}\exp\left(-\frac{1}{N(0)V}\right) \tag{3.43}$$

という結果が得られる．

ここで求めた Δ は $T=0$ の基底状態の値であるから，以後 $\Delta(0)$ と書くことにする．$\Delta(0)$ の典型的な値を計算してみよう．右辺に登場する $\hbar\omega_{\mathrm{D}}$ は $k_{\mathrm{B}}\Theta_{\mathrm{D}}$ とも書かれる．Θ_{D} はフォノンのデバイ温度で典型的には 100 K から 500 K 程度である．電子格子相互作用の強さを表すパラメーター $N(0)V$ は通常 0.1 から 0.3 程度であることが知られている．指数関数の形からわかるように，$\Delta(0)$ は $1/N(0)V$ の値に非常に敏感であって，上記のパラメーターの値に対して $\Delta(0) \sim$ 0.05 から 20 K と大きく変化する．

超伝導基底状態では，フェルミ準位近傍における電子状態の占有の様子がノーマル・フェルミ液体とは異なっている．図 3.3 に示されているように，それは

エネルギー幅にして $\Delta(0)$ 程度の領域である．これは波数の幅に換算して $\delta k \approx k_{\rm F}(\Delta(0)/\varepsilon_{\rm F}) \approx \Delta(0)/\hbar v_{\rm F}$ に相当する．これに対応する実空間の長さスケール

$$\xi_0 = \frac{\hbar v_{\rm F}}{\pi\Delta(0)} \tag{3.44}$$

はピパードの長さ (Pippard length) と呼ばれ，絶対零度におけるコヒーレンス長に相当する．ピパードの長さはクーパー対の空間的広がりのスケールを表している．

3.4.3 電磁応答

電磁場に対する超伝導体の応答を与えるのは (2.13) 式の超伝導電流密度である．空間変化するベクトルポテンシャル $\mathbf{A}(\mathbf{r}) = \sum_{\mathbf{q}} \mathbf{A}_{\mathbf{q}} e^{i\mathbf{q}\cdot\mathbf{r}}$ が与えられたとき，そのフーリエ成分 $\mathbf{A}_{\mathbf{q}}$ に応答する電流密度のフーリエ成分は

$$\begin{aligned}\mathbf{J}_{\mathbf{q}} = \frac{2e^{*2}}{m^{*2}} \sum_{\mathbf{k}} \mathbf{k}(\mathbf{k}\cdot\mathbf{A}_{\mathbf{q}}) \frac{(v_{\mathbf{k}-\mathbf{q}/2}u_{\mathbf{k}+\mathbf{q}/2} - v_{\mathbf{k}+\mathbf{q}/2}u_{\mathbf{k}-\mathbf{q}/2})}{\epsilon_{\mathbf{k}-\mathbf{q}/2} + \epsilon_{\mathbf{k}+\mathbf{q}/2}} \\ - \frac{e^{*2}|\Psi|^2}{m^*}\mathbf{A}_{\mathbf{q}}\end{aligned} \tag{3.45}$$

という形に書くことができる*1)．右辺の第 1 項は (2.13) 式の第 1 項 (paramagnetic term) に対応するもので，外場によって基底状態の波動関数が変化した分の寄与を表す．第 2 項は diamagnetic term に対応する．$\mathbf{q} \to 0$ すなわち空間的にゆっくりと変化する磁場に対して第 1 項はゼロである．この場合 (3.45) 式はロンドンの式 ((1.13) 式) に帰着し，完全反磁性を与える．

$|\mathbf{q}|$ の値が大きくなるほど第 1 項の寄与が大きくなって第 2 項を打ち消すように働く．$\mathbf{J}_{\mathbf{q}} = -\Lambda(\mathbf{q})\mathbf{A}_{\mathbf{q}}$ と表したときの $\Lambda(\mathbf{q})$ は，図 3.4-(a) に示したような $|\mathbf{q}|$-依存性を示す．$|\mathbf{q}|$ に対する $\Lambda(\mathbf{q})$ の減少の度合いを特徴づけるのが，ピパードの長さの逆数 $1/\xi_0$ である．ロンドン極限での $\Lambda(\mathbf{q})$ は破線で示したように $|\mathbf{q}|$ によらず一定である．別の言い方をすると，コヒーレンス長を $\xi \to 0$ としたのがロンドン極限である．

$\Lambda(\mathbf{q})$ をフーリエ変換した $\Lambda(\mathbf{r})$ は

---

*1) 摂動 $\mathbf{A}_{\mathbf{q}} c^\dagger_{\mathbf{k}+\mathbf{q}} c_{\mathbf{k}}$ に，3.6 節に登場するボゴリューボフ変換を適用することによって計算できる．

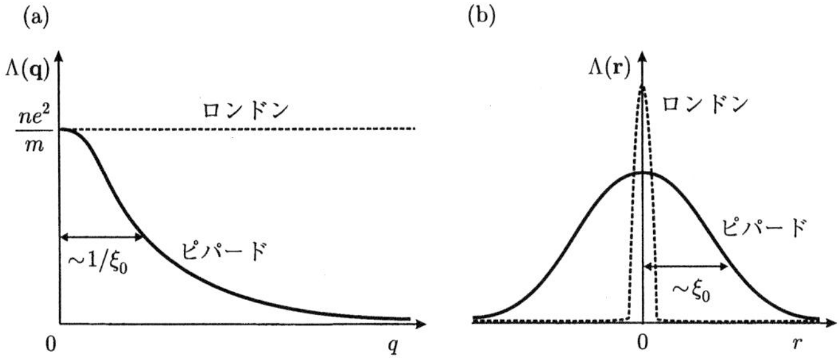

図 3.4 (a) 超伝導体の電磁応答を与える $\Lambda(\mathbf{q})$ と，(b) それをフーリエ変換した実空間の応答関数 $\Lambda(\mathbf{r})$.

$$\mathbf{J}(\mathbf{r}) = \int \Lambda(\mathbf{r}-\mathbf{r}')\mathbf{A}(\mathbf{r}')\mathrm{d}\mathbf{r}' \tag{3.46}$$

によって実空間の応答を与える．$\Lambda(\mathbf{r})$ のふるまいは図 3.4-(b) に示したようなものである．ロンドン極限での超伝導電流密度が局所的 (すなわち $\mathbf{J}(\mathbf{r})$ がその場所の $\mathbf{A}(\mathbf{r})$ によって決まる) のに対して，ピパード・モデルの電磁応答は非局所的であり，そのスケールを与えるのがコヒーレンス長 (ピパードの長さ) なのである．

ξ_0 に比べて，散乱による電子の平均自由行程 ℓ が同程度ないしは短い場合，電磁応答の空間スケールを決めるコヒーレンス長は

$$\frac{1}{\xi} = \frac{1}{\xi_0} + 0.87\frac{1}{\ell} \tag{3.47}$$

で与えられる．$\ell \ll \xi_0$ の場合をダーティ極限 (dirty limit)，$\xi_0 \ll \ell$ の場合をクリーン極限 (clean limit) の超伝導体という．ダーティな超伝導体の電磁応答は局所的である．

3.4.4 凝縮エネルギー

常伝導基底状態と超伝導基底状態の単位体積あたりのエネルギーはそれぞれ

$$\mathcal{F}_{\mathrm{n}} = \sum_{k<k_{\mathrm{F}}} 2\epsilon_{\mathbf{k}} \tag{3.48}$$

$$\mathcal{F}_{\rm s} = \sum_{\mathbf{k}} 2\epsilon_{\mathbf{k}} v_{\mathbf{k}}^2 - \frac{V}{L^3} \sum_{|\epsilon_{\mathbf{k}}|<\hbar\omega_{\rm D}} \sum_{|\epsilon_{\mathbf{k}'}|<\hbar\omega_{\rm D}} v_{\mathbf{k}} u_{\mathbf{k}} v_{\mathbf{k}'} u_{\mathbf{k}'} \tag{3.49}$$

であるから，それらの差である超伝導凝縮エネルギーは

$$\begin{aligned}\mathcal{F}_{\rm s} - \mathcal{F}_{\rm n} &= \sum_{k<k_{\rm F}} 2\epsilon_{\mathbf{k}}\left(v_{\mathbf{k}}^2 - 1\right) + \sum_{k>k_{\rm F}} 2\epsilon_{\mathbf{k}} v_{\mathbf{k}}^2 - \frac{V}{L^3} \sum_{|\epsilon_{\mathbf{k}}|<\hbar\omega_{\rm D}} \sum_{|\epsilon_{\mathbf{k}'}|<\hbar\omega_{\rm D}} v_{\mathbf{k}} u_{\mathbf{k}} v_{\mathbf{k}'} u_{\mathbf{k}'} \\ &= \sum_{k<k_{\rm F}} |\epsilon_{\mathbf{k}}|\left(1 - \frac{|\epsilon_{\mathbf{k}}|}{E_{\mathbf{k}}}\right) + \sum_{k>k_{\rm F}} \epsilon_{\mathbf{k}}\left(1 - \frac{\epsilon_{\mathbf{k}}}{E_{\mathbf{k}}}\right) \\ &\quad - \frac{V}{L^3} \sum_{|\epsilon_{\mathbf{k}}|<\hbar\omega_{\rm D}} \sum_{|\epsilon_{\mathbf{k}'}|<\hbar\omega_{\rm D}} v_{\mathbf{k}} u_{\mathbf{k}} v_{\mathbf{k}'} u_{\mathbf{k}'} \\ &= 2\sum_{k>k_{\rm F}} \epsilon_{\mathbf{k}}\left(1 - \frac{\epsilon_{\mathbf{k}}}{E_{\mathbf{k}}}\right) - \frac{V}{L^3} \sum_{|\epsilon_{\mathbf{k}}|<\hbar\omega_{\rm D}} \sum_{|\epsilon_{\mathbf{k}'}|<\hbar\omega_{\rm D}} v_{\mathbf{k}} u_{\mathbf{k}} v_{\mathbf{k}'} u_{\mathbf{k}'}\end{aligned} \tag{3.50}$$

以下繁雑を避けるため，$L^3 = 1$ とする．$\Delta(0)$ の定義 ((3.35) 式) より

$$\sum_{|\epsilon_{\mathbf{k}}|<\hbar\omega_{\rm D}} \sum_{|\epsilon_{\mathbf{k}'}|<\hbar\omega_{\rm D}} v_{\mathbf{k}} u_{\mathbf{k}} v_{\mathbf{k}'} u_{\mathbf{k}'} = \frac{\Delta^2(0)}{V^2} \tag{3.51}$$

であるから，

$$\mathcal{F}_{\rm s} - \mathcal{F}_{\rm n} = 2\sum_{k>k_{\rm F}} \epsilon_{\mathbf{k}}\left(1 - \frac{\epsilon_{\mathbf{k}}}{E_{\mathbf{k}}}\right) - \frac{\Delta^2(0)}{V} \tag{3.52}$$

第 1 項の和を積分に直して

$$\mathcal{F}_{\rm s} - \mathcal{F}_{\rm n} = 2N(0)\int_0^{\hbar\omega_{\rm D}} \epsilon\left(1 - \frac{\epsilon}{\sqrt{\epsilon^2 + \Delta^2(0)}}\right) {\rm d}\epsilon - \frac{\Delta^2(0)}{V} \tag{3.53}$$

この積分を実行すると*1)

$$\begin{aligned}\mathcal{F}_{\rm s} - \mathcal{F}_{\rm n} = N(0)\Delta^2(0)&\left[-\frac{\hbar\omega_{\rm D}}{\Delta(0)}\sqrt{1 + \left(\frac{\hbar\omega_{\rm D}}{\Delta(0)}\right)^2} + \sinh^{-1}\left(\frac{\hbar\omega_{\rm D}}{\Delta(0)}\right)\right] \\ &- \frac{\Delta^2(0)}{V}\end{aligned} \tag{3.55}$$

---

*1)

$$\int \frac{x^2}{\sqrt{x^2+1}} {\rm d}x = \frac{1}{2}\left[x\sqrt{1+x^2} - \sinh^{-1} x\right] \tag{3.54}$$

$\Delta(0) \ll \hbar\omega_{\rm D}$ であることと，(3.42) 式とを用いて，

$$\mathcal{F}_{\rm s} - \mathcal{F}_{\rm n} = N(0)\Delta^2(0)\left(-\frac{1}{2} + \frac{1}{N(0)V}\right) - \frac{\Delta^2(0)}{V}$$
$$= -\frac{1}{2}N(0)\Delta^2(0) \tag{3.56}$$

という結果が得られる．超伝導凝縮エネルギー $\Delta(0)$ は $T = 0$ での熱力学的臨界磁場 $H_{\rm c}(0)$ と (1.3) 式の関係にあるから，

$$\frac{\mu_0}{2}H_{\rm c}^2(0) = \frac{1}{2}N(0)\Delta^2(0) \tag{3.57}$$

である．左辺は超伝導体の磁場応答の熱力学的考察から凝縮エネルギーを表したものであり，右辺はそれを超伝導体の電子構造と引力相互作用を表すパラメーター $N(0)$ および V によって表したものである．

3.5 BCS 状態からの素励起

前節で超伝導の BCS 基底状態を求めた．次になすべきことは基底状態からの励起スペクトルを求めることである．それにはまず，ある特定の電子対 $(\mathbf{k}, -\mathbf{k})$ に着目して，基底状態エネルギーへのその電子対の寄与 $\mathcal{F}_{\mathbf{k}}$ を考えよう．

$$\mathcal{F}_{\mathbf{k}} = 2\epsilon_{\mathbf{k}}v_{\mathbf{k}}^2 - 2Vv_{\mathbf{k}}u_{\mathbf{k}}\sum_{|\epsilon_{\mathbf{k}'}|<\hbar\omega_{\rm D}} v_{\mathbf{k}'}u_{\mathbf{k}'} \tag{3.58}$$

第 1 項は電子対 $(\mathbf{k}, -\mathbf{k})$ の運動エネルギー，第 2 項は引力相互作用によるエネルギー利得への寄与分である．第 2 項の前の係数 2 は，(3.49) 式において和をとるときに $(\mathbf{k}', -\mathbf{k}')$ 対が 2 度現れることに対応している．$\Delta(0)$ の定義式 (3.35) 式を用い，$v_{\mathbf{k}'}$, $u_{\mathbf{k}'}$ に (3.38) 式を代入すると

$$\mathcal{F}_{\mathbf{k}} = 2\epsilon_{\mathbf{k}}\frac{1}{2}\left(1 - \frac{\epsilon_{\mathbf{k}}}{E_{\mathbf{k}}}\right) - 2\left[\frac{1}{4}\left(1 - \frac{\epsilon_{\mathbf{k}}}{E_{\mathbf{k}}}\right)\left(1 + \frac{\epsilon_{\mathbf{k}}}{E_{\mathbf{k}}}\right)\right]^{1/2}\Delta(0)$$
$$= \epsilon_{\mathbf{k}} - \frac{\epsilon_{\mathbf{k}}^2}{E_{\mathbf{k}}} - \frac{\Delta^2(0)}{E_{\mathbf{k}}}$$
$$= \epsilon_{\mathbf{k}} - E_{\mathbf{k}} \tag{3.59}$$

いま仮に対状態 $(\mathbf{k}, -\mathbf{k})$ の一方 $\mathbf{k}$ だけに電子を入れたとしよう．対の一方だけに電子を入れたことによって $(\mathbf{k}, -\mathbf{k})$ 対が基底状態エネルギーに寄与していた分が失われる．このときの全エネルギーの変化分は，この損失分と新たに加えた電子の運動エネルギー $\epsilon_{\mathbf{k}}$ の和として，

$$\begin{aligned} -\mathcal{F}_{\mathbf{k}} + \epsilon_{\mathbf{k}} &= -(\epsilon_{\mathbf{k}} - E_{\mathbf{k}}) + \epsilon_{\mathbf{k}} \\ &= E_{\mathbf{k}} \end{aligned} \tag{3.60}$$

となる．波数 $\mathbf{k}$ をもつこの電子は系の素励起，すなわち準粒子であり，そのエネルギースペクトルは

$$E_{\mathbf{k}} = \sqrt{\epsilon_{\mathbf{k}}^2 + \Delta^2(0)} \tag{3.61}$$

である．この分散関係は図 3.5-(a) に示されている．この式は，超伝導体に余分の電子 1 個を付け加えるには最低でも $\Delta(0)$ だけのエネルギーが必要であることを意味する．つまり励起スペクトルはエネルギーギャップ $\Delta(0)$ をもつ．最低エネルギー励起は $\epsilon_{\mathbf{k}} = 0$，つまり余分の電子をちょうどフェルミ準位のところに付け加える場合である．それ以上でもそれ以下でもより高いエネルギーが必要となる．

余分の電子を外から持ち込むのではなく，基底状態の電子対 $(\mathbf{k}, -\mathbf{k})$ から一方の電子を別の波数 $\mathbf{k}'$ に移すような励起を考える．この種の励起は，たとえば電磁波 (マイクロ波) の吸収によって起こる．この場合には，電子対を形成しない電子が 2 個できることになるので，このような励起には最小でも $2\Delta(0)$ だけのエネルギーが必要であることが理解されよう．

素励起 (準粒子) の状態密度 $N_{\mathrm{s}}(E)$ は，エネルギー範囲 $E \sim E + \mathrm{d}E$ の中にあるエネルギー準位の数が $N_{\mathrm{s}}(E)\mathrm{d}E$ であるとして定義される．準粒子のエネルギー準位 $E_{\mathbf{k}}$ と常伝導状態の電子エネルギー準位 $\epsilon_{\mathbf{k}}$ との間には一対一対応があるので，

$$N_{\mathrm{s}}(E)\mathrm{d}E = N_{\mathrm{n}}(\epsilon)\mathrm{d}\epsilon \tag{3.62}$$

が成立する．ここから

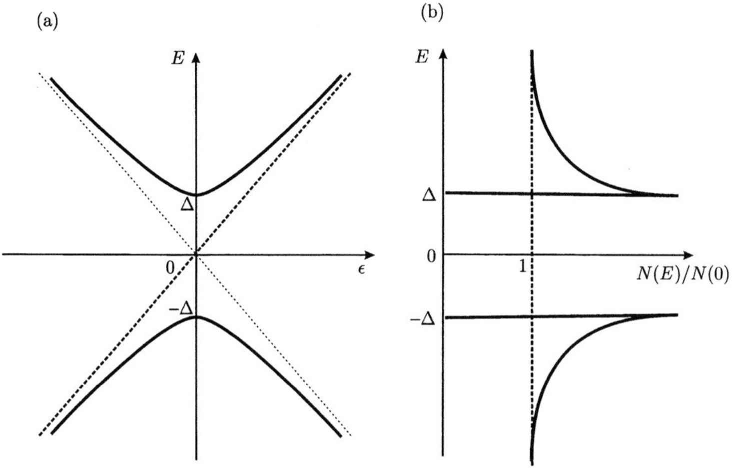

図 3.5 常伝導状態 (破線) および超伝導状態 (実線) の (a) 分散関係と (b) 状態密度.

$$N_{\mathrm{s}}(E) = N_{\mathrm{n}}(E)\frac{\mathrm{d}\epsilon}{\mathrm{d}E} = N_{\mathrm{n}}(E)\frac{\mathrm{d}}{\mathrm{d}E}\sqrt{E^2 - \Delta^2(0)} \tag{3.63}$$

フェルミ準位近傍を問題にしているので常伝導状態密度はフェルミ準位の状態密度で置き換えて $N_{\mathrm{n}}(E) = N(0)$ とすることにより

$$\frac{N_{\mathrm{s}}(E)}{N(0)} = \begin{cases} 0 & (|E| < \Delta(0)) \\ \dfrac{|E|}{\sqrt{E^2 - \Delta^2(0)}} & (|E| > \Delta(0)) \end{cases} \tag{3.64}$$

という超伝導状態密度が得られる．図 3.5-(b) はそれを示したものである．フェルミ準位の周りにエネルギーギャップ $\Delta(0)$ が開き，常伝導状態でその部分にあった状態が $\Delta(0)$ の直上に積み上げられた形となっている．

3.6 BCS ハミルトニアン

以上のことを，第2量子化表示を用いたやり方でもう一度繰り返してみよう．電子の消滅 (生成) 演算子を $c_{\mathbf{k},\sigma}$ $(c^\dagger_{\mathbf{k},\sigma})$ と書く．これらは以下のような反交換関係に従う．

$$\left[c_{\mathbf{k},\sigma}, c^\dagger_{\mathbf{k}',\sigma'}\right]_+ \equiv c_{\mathbf{k},\sigma}c^\dagger_{\mathbf{k}',\sigma'} + c^\dagger_{\mathbf{k}',\sigma'}c_{\mathbf{k},\sigma} = \delta_{\mathbf{k},\mathbf{k}'}\delta_{\sigma,\sigma'}$$
$$\left[c_{\mathbf{k},\sigma}, c_{\mathbf{k}',\sigma'}\right]_+ = \left[c^\dagger_{\mathbf{k},\sigma}, c^\dagger_{\mathbf{k}',\sigma'}\right]_+ = 0 \tag{3.65}$$

電子間相互作用を含んだ一般的なハミルトニアンは

$$\mathcal{H} = \sum_{\mathbf{k},\sigma}\varepsilon_{\mathbf{k}}c^\dagger_{\mathbf{k},\sigma}c_{\mathbf{k},\sigma} + \frac{1}{2}\sum_{\mathbf{k},\mathbf{k}',\mathbf{q},\sigma,\sigma'} V_{\mathbf{k},\mathbf{k}',\mathbf{q},\sigma,\sigma'}c^\dagger_{\mathbf{k}-\mathbf{q},\sigma}c^\dagger_{\mathbf{k}'+\mathbf{q},\sigma'}c_{\mathbf{k}',\sigma'}c_{\mathbf{k},\sigma} \tag{3.66}$$

と書くことができる．$V_{\mathbf{k},\mathbf{k}',\mathbf{q},\sigma,\sigma'}$ は，3.2 節で議論した電子間相互作用，すなわちフォノンを媒介とする相互作用と (遮蔽された) クーロン相互作用とを合わせたものである．

常伝導基底状態，すなわちフェルミ球 $(k < k_{\mathrm{F}})$ 内部が占有された状態は

$$|\Psi_0\rangle = \prod_{|\mathbf{k}|<k_{\mathrm{F}}} c^\dagger_{\mathbf{k},\uparrow}c^\dagger_{\mathbf{k},\downarrow}|0\rangle \tag{3.67}$$

と書くことができる．ここで，$|0\rangle$ は真空状態である．クーパー問題で考えたのは，このフェルミ球に加えて $|\mathbf{q},\sigma\rangle$ と $|-\mathbf{q},-\sigma\rangle$ とが対で占有されている状態

$$|\Psi_{\mathrm{Cooper}}\rangle = c^\dagger_{\mathbf{q},\uparrow}c^\dagger_{-\mathbf{q},\downarrow}|\Psi_0\rangle \tag{3.68}$$

であった．これを拡張して，$N/2$ 個の対占有状態からなる多体波動関数を構築すると

$$|\Psi_N\rangle = \left(\sum_{\mathbf{k}} g(\mathbf{k})c^\dagger_{\mathbf{k},\uparrow}c^\dagger_{-\mathbf{k},\downarrow}\right)^{N/2}|0\rangle \tag{3.69}$$

となる．しかしながら，この波動関数で諸量の計算を行うことは困難である．

そこで BCS モデルでは次のような波動関数を考える．

$$|\Psi_{\rm BCS}\rangle = \prod_{\mathbf{k}} \left(u_{\mathbf{k}} + v_{\mathbf{k}} c^{\dagger}_{\mathbf{k},\uparrow} c^{\dagger}_{-\mathbf{k},\downarrow}\right)|0\rangle \tag{3.70}$$

係数 $u_{\mathbf{k}}$ および $v_{\mathbf{k}}$ は一般に複素数で，規格化条件 $\langle\Psi_{\rm BCS}|\Psi_{\rm BCS}\rangle = 1$ により，

$$|u_{\mathbf{k}}|^2 + |v_{\mathbf{k}}|^2 = 1 \tag{3.71}$$

という条件がつく．常伝導基底状態 ((3.67) 式) は (3.69) 式で

$$g(\mathbf{k}) = \begin{cases} 1 & (|\mathbf{k}| < k_{\rm F}) \\ 0 & (|\mathbf{k}| > k_{\rm F}) \end{cases} \tag{3.72}$$

あるいは (3.70) 式で

$$\begin{cases} u_{\mathbf{k}} = 0, \quad v_{\mathbf{k}} = 1 & (|\mathbf{k}| < k_{\rm F}) \\ u_{\mathbf{k}} = 1, \quad v_{\mathbf{k}} = 0 & (|\mathbf{k}| > k_{\rm F}) \end{cases} \tag{3.73}$$

とした場合に対応する．

(3.69) 式は全電子数 N が確定した状態，言い換えると，全電子数の演算子 $N_{\rm op} \equiv \sum_{\mathbf{k},\sigma} c^{\dagger}_{\mathbf{k},\sigma} c_{\mathbf{k},\sigma}$ の固有状態である．それに対して BCS 波動関数 ((3.70) 式) では，$(\mathbf{k},\uparrow)$ と $(-\mathbf{k},\downarrow)$ の対状態が占有されている場合 (係数 $v_{\mathbf{k}}$) と占有されていない場合 (係数 $u_{\mathbf{k}}$) とがともに含まれている．つまり，(3.70) 式は電子の数が $\cdots$, $N-2$, N, $N+2$, $\cdots$ (クーパー対の数が $\cdots$, $N/2-1$, $N/2$, $N/2+1$, $\cdots$) の状態の重ね合わせになっている．ハミルトニアン ((3.66) 式) 自体は粒子数を保存する ($\mathcal{H}$ と $N_{\rm op}$ は交換する) ので，全電子数が不確定な状態というのは奇異に感じられるかもしれない．BCS 波動関数は，$\mathcal{H}$ と $N_{\rm op}$ 両方の固有関数の完全系の中から，位相 θ がある特定の値をとるものだけから構成されている．位相の値が異なる状態は巨視的に異なる状態であり，それらの間の遷移確率は天文学的な時間がかかるほどに小さい．このことは 2.3 節で述べた，超伝導相転移にともなう対称性の破れ (ゲージ不変性の破れ) を反映したものである．クーパー対の数と位相は互いに共役な変数であり，両者の間には不確定性関係

$$\delta N \delta\theta \approx 1 \tag{3.74}$$

がある．

全電子数が不確定といっても，実際のマクロな試料ではその不確定さはほとんど問題にならない程度である．BCS 状態の電子数の期待値 (平均値) は

$$\langle N\rangle = \langle\Psi_{\mathrm{BCS}}|N_{\mathrm{op}}|\Psi_{\mathrm{BCS}}\rangle = \sum_{\mathbf{k}} 2|v_{\mathbf{k}}|^2 \tag{3.75}$$

である．一方，平均値からのゆらぎは

$$\begin{aligned}\langle\delta N^2\rangle &\equiv \langle(N-\langle N\rangle)^2\rangle = \langle N^2\rangle - \langle N\rangle^2 \\ &= \langle\Psi_{\mathrm{BCS}}|N_{\mathrm{op}}^2|\Psi_{\mathrm{BCS}}\rangle - \langle\Psi_{\mathrm{BCS}}|N_{\mathrm{op}}|\Psi_{\mathrm{BCS}}\rangle^2 \\ &= \sum_{\mathbf{k}} 4|u_{\mathbf{k}}|^2|v_{\mathbf{k}}|^2 \\ &\approx \langle N\rangle(\Delta/E_{\mathrm{F}})\end{aligned} \tag{3.76}$$

であるから*1)，相対的なゆらぎは

$$\frac{\sqrt{\langle\delta N^2\rangle}}{\langle N\rangle} \approx \langle N\rangle^{-1/2}(\Delta/E_{\mathrm{F}})^{1/2} \tag{3.77}$$

である．典型的な金属の電子密度は $\sim 10^{23}\ \mathrm{cm}^{-3}$ 程度であるから，試料の大きさが $1\ \mathrm{mm}^3$ であるとして電子数を $\langle N\rangle \sim 10^{20}$ と見積もると，$\sqrt{\langle\delta N^2\rangle}/\langle N\rangle \sim 10^{-11}$ となり電子数一定としたのと実質的に違いはない．

次のステップは，BCS 波動関数 ((3.70) 式) を試行関数として，(3.66) 式の基底状態を求めることである．(3.66) 式の相互作用項のうち対形成に関与する部分だけを残すことにする．それには，$\mathbf{k}'$ を $-\mathbf{k}$，$\mathbf{k}+\mathbf{q}$ を $\mathbf{k}'$ とおき，$\sigma=\uparrow$，$\sigma'=\downarrow$ とおいて

$$\mathcal{H}' = \sum_{\mathbf{k},\sigma} \epsilon_k c_{\mathbf{k}\sigma}^\dagger c_{\mathbf{k}\sigma} + \sum_{\mathbf{k},\mathbf{k}'} V_{\mathbf{k}\mathbf{k}'} c_{\mathbf{k}\uparrow}^\dagger c_{-\mathbf{k}\downarrow}^\dagger c_{-\mathbf{k}'\downarrow} c_{\mathbf{k}'\uparrow} \tag{3.78}$$

としたもの (BCS ハミルトニアン) を考える．

このBCS ハミルトニアンに対して平均場近似を適用する．すなわち，$c_{-\mathbf{k}\downarrow}c_{\mathbf{k}\uparrow}$

*1) 図 3.3 からわかるように，$|u_{\mathbf{k}}|^2|v_{\mathbf{k}}|^2$ が 0 でないのは Δ 程度のエネルギー幅のみであるので $\sum_{\mathbf{k}} 4|u_{\mathbf{k}}|^2|v_{\mathbf{k}}|^2 \approx \langle N\rangle(\Delta/E_{\mathrm{F}})$.

をその平均値 $b_{\mathbf{k}} = \langle c_{-\mathbf{k}\downarrow} c_{\mathbf{k}\uparrow} \rangle$ とそこからのずれに分けて書き直し，

$$c_{-\mathbf{k}\downarrow} c_{\mathbf{k}\uparrow} = b_{\mathbf{k}} + \left(c_{-\mathbf{k}\downarrow} c_{\mathbf{k}\uparrow} - b_{\mathbf{k}} \right) \tag{3.79}$$

これを BCS ハミルトニアンに代入する．平均値からのずれ (微小量) の 2 次の項を落とすことにすると

$$\begin{aligned} \mathcal{H}' = &\sum_{\mathbf{k},\sigma} \epsilon_k c^\dagger_{\mathbf{k}\sigma} c_{\mathbf{k}\sigma} \\ &+ \sum_{\mathbf{k},\mathbf{k}'} V_{\mathbf{k},\mathbf{k}'} \left(c^\dagger_{\mathbf{k}\uparrow} c^\dagger_{-\mathbf{k}\downarrow} b_{\mathbf{k}'} + b^*_{\mathbf{k}} c_{-\mathbf{k}'\downarrow} c_{\mathbf{k}'\uparrow} - b^*_{\mathbf{k}} b_{\mathbf{k}'} \right) \end{aligned} \tag{3.80}$$

が得られる．ここで

$$\begin{aligned} \Delta_{\mathbf{k}} &= -\sum_{\mathbf{k}'} V_{\mathbf{k},\mathbf{k}'} b_{\mathbf{k}'} \\ &= -\sum_{\mathbf{k}'} V_{\mathbf{k},\mathbf{k}'} \langle c_{-\mathbf{k}'\downarrow} c_{\mathbf{k}'\uparrow} \rangle \end{aligned} \tag{3.81}$$

で定義した $\Delta_{\mathbf{k}}$ を用いると，

$$\begin{aligned} \mathcal{H}' = &\sum_{\mathbf{k},\sigma} \epsilon_k c^\dagger_{\mathbf{k}\sigma} c_{\mathbf{k}\sigma} \\ &- \sum_{\mathbf{k}} \left(\Delta_{\mathbf{k}} c^\dagger_{\mathbf{k}\uparrow} c^\dagger_{-\mathbf{k}\downarrow} + \Delta^*_{\mathbf{k}} c_{-\mathbf{k}\downarrow} c_{\mathbf{k}\uparrow} - \Delta_{\mathbf{k}} b^*_{\mathbf{k}} \right) \end{aligned} \tag{3.82}$$

が得られる．このように単純化されたハミルトニアンは，次のボゴリューボフ (Bogoliubov) 変換によって対角化できる．

$$\begin{cases} c_{\mathbf{k},\uparrow} = u^*_{\mathbf{k}} \gamma_{\mathbf{k}0} + v_{\mathbf{k}} \gamma^\dagger_{\mathbf{k}1} \\ c^\dagger_{-\mathbf{k}\downarrow} = -v^*_{\mathbf{k}} \gamma_{\mathbf{k}0} + u_{\mathbf{k}} \gamma^\dagger_{\mathbf{k}1} \end{cases} \tag{3.83}$$

上式を (3.82) 式に代入すると

$$\begin{aligned} \mathcal{H}' = \sum_{\mathbf{k}} \Big[&\epsilon_k \left(|u_{\mathbf{k}}|^2 - |v_{\mathbf{k}}|^2 \right) \left(\gamma^\dagger_{\mathbf{k}0} \gamma_{\mathbf{k}0} + \gamma^\dagger_{\mathbf{k}1} \gamma_{\mathbf{k}1} \right) + 2\epsilon_k |v^2_{\mathbf{k}}| \\ &+ \left(\Delta_{\mathbf{k}} u_{\mathbf{k}} v^*_{\mathbf{k}} + \Delta^*_{\mathbf{k}} u^*_{\mathbf{k}} v_{\mathbf{k}} \right) \left(\gamma^\dagger_{\mathbf{k}0} \gamma_{\mathbf{k}0} + \gamma^\dagger_{\mathbf{k}1} \gamma_{\mathbf{k}1} - 1 \right) \\ &+ \left(2\epsilon_k u^*_{\mathbf{k}} v^*_{\mathbf{k}} + \Delta_{\mathbf{k}} v^{*2}_{\mathbf{k}} - \Delta^*_{\mathbf{k}} u^{*2}_{\mathbf{k}} \right) \gamma_{\mathbf{k}1} \gamma_{\mathbf{k}0} \end{aligned}$$

$$+\left(2\epsilon_k u_{\mathbf{k}} v_{\mathbf{k}} + \Delta_{\mathbf{k}}^* v_{\mathbf{k}}^2 - \Delta_{\mathbf{k}} u_{\mathbf{k}}^2\right)\gamma_{\mathbf{k}0}^\dagger \gamma_{\mathbf{k}1}^\dagger + \Delta_{\mathbf{k}} b_{\mathbf{k}}^* \Big] \tag{3.84}$$

となる．この形からわかるように，

$$2\epsilon_{\mathbf{k}} u_{\mathbf{k}} v_{\mathbf{k}} + \Delta_{\mathbf{k}}^* v_{\mathbf{k}}^2 - \Delta_{\mathbf{k}} u_{\mathbf{k}}^2 = 0 \tag{3.85}$$

を満たすように $u_{\mathbf{k}}, v_{\mathbf{k}}$ を選べば上式は対角化される．この条件を書き直すと，

$$\begin{aligned}\frac{\Delta_{\mathbf{k}}^* v_{\mathbf{k}}}{u_{\mathbf{k}}} &= \sqrt{\epsilon_{\mathbf{k}}^2 + |\Delta_{\mathbf{k}}|^2} - \epsilon_{\mathbf{k}} \\ &= E_{\mathbf{k}} - \epsilon_{\mathbf{k}}\end{aligned} \tag{3.86}$$

となる．条件 $|u_{\mathbf{k}}|^2 + |v_{\mathbf{k}}|^2 = 1$ と合わせてこれを解くことにより

$$\begin{cases} |u_{\mathbf{k}}|^2 = \dfrac{1}{2}\left(1 + \dfrac{\epsilon_{\mathbf{k}}}{E_{\mathbf{k}}}\right) \\ |v_{\mathbf{k}}|^2 = \dfrac{1}{2}\left(1 - \dfrac{\epsilon_{\mathbf{k}}}{E_{\mathbf{k}}}\right) \end{cases} \tag{3.87}$$

が得られる．対角化されたハミルトニアンは

$$\mathcal{H}' = \sum_{\mathbf{k}} \left(\epsilon_{\mathbf{k}} - E_{\mathbf{k}} + \Delta_{\mathbf{k}} b_{\mathbf{k}}^*\right) + \sum_{\mathbf{k}} E_{\mathbf{k}} \left(\gamma_{\mathbf{k}0}^\dagger \gamma_{\mathbf{k}0} + \gamma_{\mathbf{k}1}^\dagger \gamma_{\mathbf{k}1}\right) \tag{3.88}$$

という形である．第 1 項は定数で，超伝導凝縮エネルギー ($T = 0$ での) を表す．第 2 項は基底状態からの励起を表し，系が $\gamma_{\mathbf{k}0}$ および $\gamma_{\mathbf{k}1}$ で表される準粒子 (運動量 $\hbar\mathbf{k}$，エネルギー $E_{\mathbf{k}} = \sqrt{\epsilon_{\mathbf{k}}^2 + |\Delta_{\mathbf{k}}|^2}$) の気体とみなせることを示している．エネルギーギャップ $\Delta_{\mathbf{k}}$ を決める式は，(3.81) 式に (3.83) 式を代入して，

$$\begin{aligned}\Delta_{\mathbf{k}} &= -\sum_{\mathbf{k}'} V_{\mathbf{k},\mathbf{k}'} \langle c_{-\mathbf{k}'\downarrow} c_{\mathbf{k}'\uparrow} \rangle \\ &= -\sum_{\mathbf{k}'} V_{\mathbf{k},\mathbf{k}'} u_{\mathbf{k}'}^* v_{\mathbf{k}'} \langle 1 - \gamma_{\mathbf{k}'0}^\dagger \gamma_{\mathbf{k}'0} - \gamma_{\mathbf{k}'1}^\dagger \gamma_{\mathbf{k}'1} \rangle\end{aligned} \tag{3.89}$$

となる．$T = 0$ では準粒子の密度は $\langle \gamma_{\mathbf{k}0}^\dagger \gamma_{\mathbf{k}0} \rangle = \langle \gamma_{\mathbf{k}1}^\dagger \gamma_{\mathbf{k}1} \rangle = 0$ であるから，

$$\Delta_{\mathbf{k}} = -\sum_{\mathbf{k}'} V_{\mathbf{k},\mathbf{k}'} u_{\mathbf{k}'}^* v_{\mathbf{k}'} \tag{3.90}$$

となる．この式は先に登場した (3.35) 式と本質的に同じものである．

3.7　有限温度での超伝導ギャップ

超伝導ギャップは $\Delta(T)$ は $T=0$ での値 $\Delta(0)$ から，温度の上昇とともに減少し $T=T_\mathrm{c}$ において消失する．前節でみたように，クーパー対を壊して 2 個の素励起 (準粒子) をつくるには少なくとも 2Δ のエネルギーが必要である．温度が $k_\mathrm{B}T \approx 2\Delta(0)$ 程度になれば，かなりの数のクーパー対が壊れて素励起がつくられるであろう．クーパー対の数が減少するということは，超伝導凝縮エネルギーへの寄与がその分だけ減少することを意味し，Δ の減少をもたらす．Δ が減少すればさらに熱励起による素励起が増え，Δ の減少が加速される．このような考察から，Δ の温度依存性は，T_c 近くでの急激な減少という形で現れることが予想される．有限温度でのふるまいは前節の (3.89) 式によって扱うことができる．

準粒子は電子と同じくフェルミ統計に従う．温度 T において $\mathbf{k}$ 状態が占有されている確率は

$$f(E_\mathbf{k}) = \frac{1}{\exp(E_\mathbf{k}/k_\mathrm{B}T)+1} \tag{3.91}$$

で与えられる．温度 T では $\langle\gamma^\dagger_{\mathbf{k}0}\gamma_{\mathbf{k}0}\rangle = \langle\gamma^\dagger_{\mathbf{k}1}\gamma_{\mathbf{k}1}\rangle = f(E_\mathbf{k})$ であるから，(3.81) 式は

$$\begin{aligned}\Delta_\mathbf{k} &= -\sum_{\mathbf{k}'} V_{\mathbf{k},\mathbf{k}'} u^*_{\mathbf{k}'} v_{\mathbf{k}'} \left[1-2f(E_{\mathbf{k}'})\right] \\ &= -\sum_{\mathbf{k}'} V_{\mathbf{k},\mathbf{k}'} \frac{\Delta_{\mathbf{k}'}}{2E_{\mathbf{k}'}} \tanh\frac{E_{\mathbf{k}'}}{2k_\mathrm{B}T} \end{aligned} \tag{3.92}$$

となる．ここで先と同様，$V_{\mathbf{k},\mathbf{k}'}$ としては，$\mathbf{k}$, $\mathbf{k}'$ がともにフェルミ準位付近にあるときにのみ引力 $-V$ が働く，とする近似を採る．この場合，$\Delta_\mathbf{k}$ は $\mathbf{k}$ によらない定数となるので，$E_\mathbf{k} = \sqrt{\epsilon_k^2+\Delta^2}$ として

$$\frac{1}{V} = \frac{1}{2}\sum_\mathbf{k} \frac{\tanh\left(E_\mathbf{k}/2k_\mathrm{B}T\right)}{E_\mathbf{k}} \tag{3.93}$$

と書くことができる．さらに和を積分に置き換えて

$$\frac{1}{N(0)V} = \int_0^{\hbar\omega_D} \frac{\tanh\left(\sqrt{\epsilon^2+\Delta^2}/2k_BT_c\right)}{\sqrt{\epsilon^2+\Delta^2}}d\epsilon \tag{3.94}$$

これが有限温度でのギャップ $\Delta(T)$ を与える式である．

上式を使って，T_c を求めよう．T_c においては $\Delta(T)\to 0$ であるから，上式において $E_{\mathbf{k}}=\epsilon$ とすることにより，

$$\frac{1}{N(0)V} = \int_0^{\hbar\omega_D} \frac{\tanh(\epsilon/2k_BT_c)}{\epsilon}d\epsilon \tag{3.95}$$

これより T_c は

$$k_BT_c = 1.14\hbar\omega_D \exp\left(-\frac{1}{N(0)V}\right) \tag{3.96}$$

と求められる*1)．この式を (3.43) と比較すると, $T=0$ におけるギャップ $\Delta(0)$ と T_c の間には

$$2\Delta(0) = 3.52k_BT_c \tag{3.97}$$

という関係があることがわかる．

図 3.6 は (3.94) 式を数値的に計算して求めた超伝導ギャップの温度依存性である．T_c 以下で比較的急速にギャップが発達する ($T=0.8T_c$ で $\Delta(0)$ の約

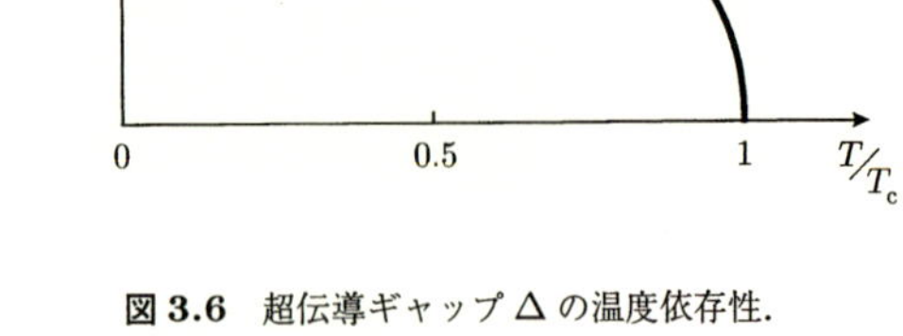

図 3.6　超伝導ギャップ Δ の温度依存性．

*1)　$\int_0^{\hbar\omega_D}[\tanh(\epsilon/2k_BT_c)/\epsilon]d\epsilon=\ln(\hbar\omega_D/k_BT_c)+C$ で，積分定数は $C=\ln(2e^\gamma/\pi)=\ln 1.14$ ($\gamma=0.577$ はオイラー定数) となる．

70%) ことがみてとれる．T_c 近傍での温度依存性は

$$\frac{\Delta(T)}{\Delta(0)} \approx 1.74\left(1-\frac{T}{T_\mathrm{c}}\right)^{1/2} \tag{3.98}$$

と近似できる．

3.8 BCS 状態における熱力学量

3.8.1 比　　熱

第 1 章でみたように，常伝導金属は $C=\gamma T$ という電子比熱を示す．BCS 状態での比熱は，ギャップの開いた状態密度を反映したものになる．準粒子のフェルミ気体のエントロピーは

$$S = -2k_\mathrm{B}\sum_{\mathbf{k}}[f_\mathbf{k}\ln f_\mathbf{k} + (1-f_\mathbf{k})\ln(1-f_\mathbf{k})] \tag{3.99}$$

である．比熱は

$$\begin{aligned}
C(T) &= T\frac{\mathrm{d}S}{\mathrm{d}T} \\
&= -2k_\mathrm{B}T\sum_{\mathbf{k}}[\ln f_\mathbf{k} - \ln(1-f_\mathbf{k})]\left(\frac{\mathrm{d}f_\mathbf{k}}{\mathrm{d}T}\right) \\
&= 2k_\mathrm{B}T\sum_{\mathbf{k}}\frac{E_\mathbf{k}}{k_\mathrm{B}T}\left(\frac{\mathrm{d}f_\mathbf{k}}{\mathrm{d}T}\right) \\
&= \frac{2}{k_\mathrm{B}T^2}\sum_{\mathbf{k}} f_\mathbf{k}(1-f_\mathbf{k})\left(E_\mathbf{k}^2 - T\Delta_\mathbf{k}\frac{\mathrm{d}\Delta_\mathbf{k}}{\mathrm{d}T}\right)
\end{aligned} \tag{3.100}$$

で与えられ，その温度依存性は図 1.3-(c) に示したようなものになる．$T=T_\mathrm{c}$ において比熱は跳びを示す．跳びの大きさは

$$\Delta C(T_\mathrm{c}) = 1.43C_\mathrm{n}(T_\mathrm{c}) = 1.43\gamma T_\mathrm{c} \tag{3.101}$$

である．十分にギャップが開いた低温では低エネルギー励起が消失するため，比熱は指数関数的に減少する．低温極限の比熱は次式で与えられる．

$$C(T) \propto \exp\left(-\frac{\Delta(0)}{k_\mathrm{B}T}\right) \qquad T\to 0. \tag{3.102}$$

3.8.2 スピン磁化率

BCS 状態では上向きスピンと下向きスピンが 1 重項対 (singlet pair) を形成する．このことを端的に反映するのがスピン磁化率である．常伝導金属のスピンに由来する磁化率はパウリ常磁性と呼ばれる．磁場 H がかかったとき，上向きスピンと下向きスピンの電子のエネルギーは

$$\begin{aligned}\Delta E &= \pm\frac{1}{2}g\mu_{\mathrm{B}}H \\ &= \pm\mu_{\mathrm{B}}H \end{aligned}\tag{3.103}$$

だけシフトする．スピン磁化率は，このことにともなって上向きスピンと下向きスピンの数のバランスがわずかに崩れることからくるもので，

$$\begin{aligned}\chi_{\mathrm{n}} &= \frac{\mu_{\mathrm{B}}}{H}\sum_{\mathbf{k}}\left[f\big(\varepsilon_{\mathbf{k}}-\mu_{\mathrm{B}}H\big)-f\big(\varepsilon_{\mathbf{k}}+\mu_{\mathrm{B}}H\big)\right] \\ &= 2\mu_{\mathrm{B}}^2N(0)\end{aligned}\tag{3.104}$$

という温度によらない常磁性 (パウリ常磁性) を与える．

超伝導状態でのスピン磁化率は

$$\begin{aligned}\chi_{\mathrm{s}}(T) &= -2\mu_{\mathrm{B}}^2\sum_{\mathbf{k}}f_{\mathbf{k}}(1-f_{\mathbf{k}}) \\ &= 4\mu_{\mathrm{B}}^2\int_0^{\infty}N_{\mathrm{s}}(E)\left(-\frac{\mathrm{d}f(E)}{\mathrm{d}E}\right)\mathrm{d}E \\ &= \chi_{\mathrm{n}}\int_0^{\infty}\frac{1}{2k_{\mathrm{B}}T}\cosh^{-2}\left(\frac{\sqrt{\epsilon^2+\Delta^2}}{2k_{\mathrm{B}}T}\right)\mathrm{d}\epsilon\end{aligned}\tag{3.105}$$

で与えられる．BCS 状態のスピン磁化率の温度依存性を与えるこの式は芳田関数 (Yosida function) と呼ばれ，図 3.7 の破線のようなふるまいを示す．

磁化率への種々の寄与のうち，スピン磁化率のみを選択的に測定する方法として核磁気共鳴 (NMR) のナイト・シフト (Knight shift) が利用される．金属の NMR ナイト・シフトはスピン磁化率に比例する．アルミニウムについての実験結果が図 3.7 に示されている．T_{c} 以下でナイト・シフトが減少しているのがわかる．Hg や Sn でも T_{c} 以下でスピン磁化率の減少がみられ，その温度依存性の形は芳田関数とよく一致している．ただし，絶対零度でもゼロにはなら

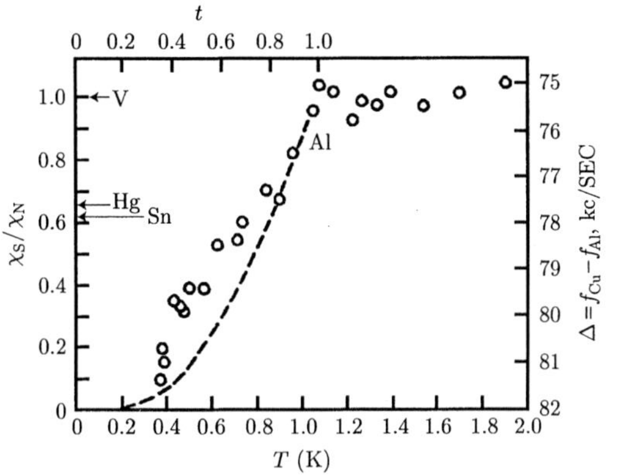

図 3.7 超伝導体のスピン磁化率の温度依存性を表す芳田関数 (破線). 実験点はアルミニウムの NMR ナイト・シフトのデータ. [R. H. Hammond and G. M. Kelly, Phys. Rev. Lett. **18** (1967) 156]

ず有限の値にとどまる. この原因は, スピン軌道相互作用に起因するスピン反転散乱によって上向きスピンと下向きスピンの状態が混ざり合うことによるものと理解されている. スピン軌道相互作用の弱い軽元素である Al については $T \to 0$ でナイト・シフトがゼロに向かうふるまいがみられるわけである.

3.9 準粒子トンネル

超伝導ギャップを観測する直接的な方法の 1 つにトンネル分光がある. 図 3.8 のように, ごく薄い絶縁層を介して 2 つの金属が接した系 (トンネル接合) を考える. 接合の両端にバイアス電圧を印加すると, 電子はある確率で絶縁層をトンネルし, 回路には微小な電流 (トンネル電流) が流れる. バイアス電圧と電流の関係 (I-V 特性), あるいはそれを微分して得られるトンネルコンダクタンススペクトル, は両側の金属のフェルミ準位付近の電子状態に関する情報を与える.

両側の金属の電子状態密度を $N_1(\epsilon)$, $N_2(\epsilon)$, トンネル過程の遷移行列要素を $\mathcal{T}$ とすると, トンネル電流は

$$I = \mathcal{A}\int_{-\infty}^{\infty} |\mathcal{T}|^2 N_1(\epsilon) N_2(\epsilon + eV)\big[f(\epsilon) - f(\epsilon + eV)\big]\mathrm{d}\epsilon \qquad (3.106)$$

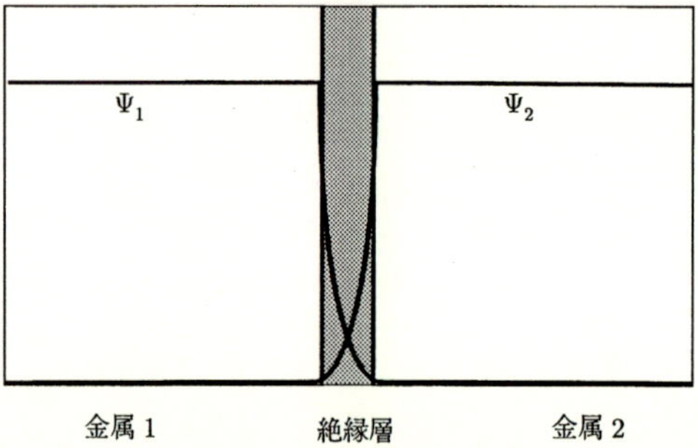

図 3.8 トンネル接合の模式図.

という式で与えられる．$\mathcal{A}$ は接合面積などを反映する比例定数である．以下，代表的な 3 種の接合についてトンネル特性をみてゆこう．

3.9.1 常伝導/常伝導トンネル接合 (NIN 接合)

まずもっとも単純な場合として両側の金属がともに常伝導状態である場合を考えよう．ゼロバイアスでは接合の両側の金属のフェルミ準位 (電気化学ポテンシャル) は一致する．バイアス電圧 V が印加されると，図 3.9-(a) のように eV だけの電気化学ポテンシャルの差が生じ，トンネル電流が流れる．ε_{F} の周り eV 程度のエネルギー領域において状態密度が一定であるとすると，バイアス電圧 V に比例したトンネル電流が流れる．すなわち図 3.9-(c) に示したように，I-V 特性は直線 (オーミック) である．

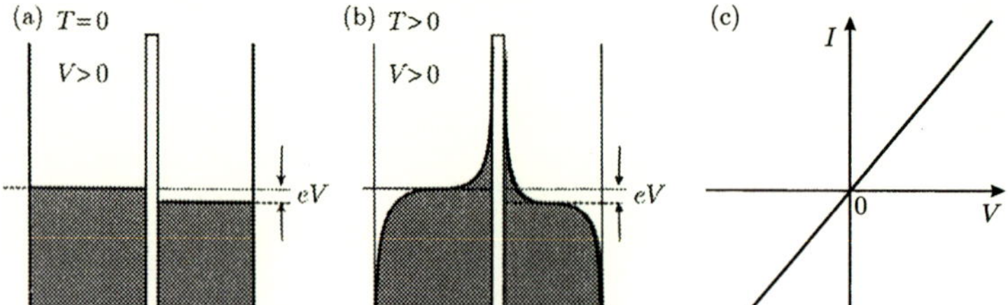

図 3.9 (a) 常伝導/常伝導トンネル接合 (NIN 接合) のエネルギー状態密度 ($T=0$). (b) 有限温度の電子分布. (c) 電流電圧 (I-V) 特性.

これを (3.106) 式にもとづいて求めよう．トンネル確率および状態密度は一定であるとして積分の外に出すと

$$
\begin{aligned}
I &= \mathcal{A}|\mathcal{T}|^2 N_1(0)N_2(0)\int_{-\infty}^{\infty}\bigl[f(\epsilon)-f(\epsilon+eV)\bigr]\mathrm{d}\epsilon \\
&= \mathcal{A}|\mathcal{T}|^2 N_1(0)N_2(0)eV \\
&\equiv G_{\mathrm{NIN}}V
\end{aligned}
\tag{3.107}
$$

が得られる．この式からわかるように，NIN 接合のトンネルコンダクタンスはフェルミ準位の状態密度 (両側の金属の性質) とトンネル確率 (主に絶縁層の性質) で決まり，温度には依存しない．有限温度では図 3.9-(b) のようにフェルミ分布にしたがってフェルミ準位付近の電子分布にぼけが生じるが，(3.107) 式では $\bigl[f(\epsilon)-f(\epsilon+eV)\bigr]$ として現れるのでそれらはキャンセルする．

3.9.2 超伝導/常伝導トンネル接合 (SIN 接合)

一方の金属が超伝導である場合，図 3.10-(a) からわかるように，$T=0$ では $|eV|<\Delta(0)$ の範囲ではトンネルは起こらず，バイアス電圧 $|eV|$ が$\Delta(0)$ を超えてはじめてトンネル電流が流れ出す (図 3.10-(c))．

有限温度では図 3.10-(b) に示したように，ギャップを超えた準粒子励起が起こる．このため，I-V 特性は図 3.10-(c) の実線のように多少なまった形となる．

金属 1 が超伝導 (S)，金属 2 が常伝導 (N) であるとすると，この SIN 接合を流れるトンネル電流は

$$
\begin{aligned}
I &= \mathcal{A}|\mathcal{T}|^2 N_2(0)\int_{-\infty}^{\infty} N_1^{(\mathrm{s})}(E)\bigl[f(E)-f(E+eV)\bigr]\mathrm{d}E \\
&= \frac{G_{\mathrm{NIN}}}{e}\int_{-\infty}^{\infty}\frac{N_1^{(\mathrm{s})}(E)}{N_1(0)}\bigl[f(E)-f(E+eV)\bigr]\mathrm{d}E
\end{aligned}
\tag{3.108}
$$

と書かれる．G_{NIN} は金属 1 も常伝導の場合のコンダクタンスである．超伝導状態密度 $N^{(\mathrm{s})}(E)$ は (3.64) 式で与えられている．微分コンダクタンス $G_{\mathrm{SIN}}\equiv \mathrm{d}I/\mathrm{d}V$ は

$$
G_{\mathrm{SIN}} = G_{\mathrm{NIN}}\int_{-\infty}^{\infty}\frac{N_1^{(s)}(E)}{N_1(0)}\left[-\frac{\partial f(E+eV)}{\partial(eV)}\right]\mathrm{d}\epsilon \tag{3.109}
$$

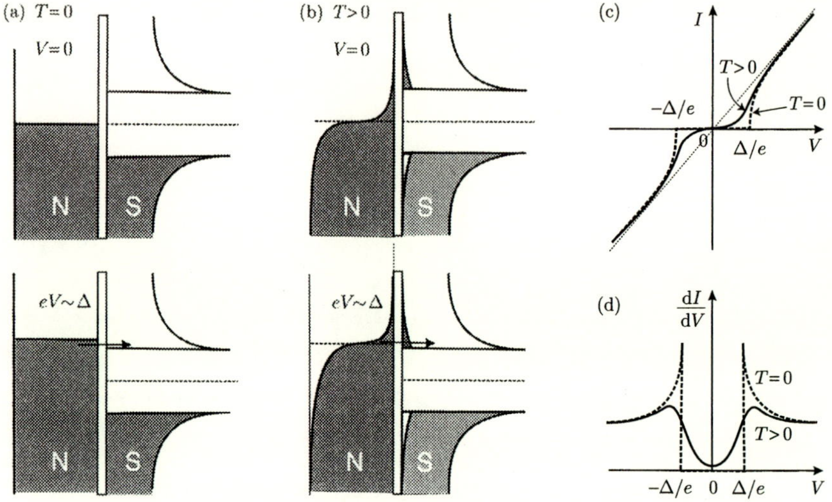

図 3.10 (a) 超伝導/常伝導トンネル接合 (SIN 接合) のエネルギー状態密度 ($T=0$). (b) 有限温度での電子分布. (c) 電流電圧 (I-V) 特性. (d) トンネルコンダクタンス.

被積分関数中の $[-\partial f(E+eV)/\partial(eV)]$ は，中心が $E=-eV$ で幅が $\sim 4k_{\mathrm{B}}T$ 程度のピークになっており，$T\to 0$ ではデルタ関数 $\delta(E+eV)$ となるから，十分低温における SIN 接合の微分コンダクタンス (図 3.10-(d)) は超伝導状態密度 $N_1^{(\mathrm{s})}(E)$ をそのまま反映したものになる.

3.9.3 超伝導/超伝導トンネル接合 (SIS 接合)

次に，両方の金属が超伝導である場合を考えよう．両者の超伝導ギャップを Δ_1，Δ_2 とする．図 3.11-(a) からわかるように，$T=0$ では $|eV|<\Delta_1+\Delta_2$ の範囲ではトンネル電流は流れない．(ここでは準粒子トンネル電流のみを考えている．SIS 接合におけるジョセフソン電流つまりクーパー対のトンネル効果については次節で扱う.) $T>0$ では，図 3.11-(b) に示したように，熱励起された準粒子によるトンネル電流が $eV=|\Delta_1-\Delta_2|$ 付近で流れるため，図 3.11-(c) の実線のような I-V 特性となる．SIS 接合のトンネル電流は

$$I=\frac{G_{\mathrm{NIN}}}{e}\int_{-\infty}^{\infty}\frac{N_1^{(\mathrm{s})}(E)}{N_1(0)}\frac{N_2^{(\mathrm{s})}(E+eV)}{N_2(0)}[f(E)-f(E+eV)]\mathrm{d}E$$

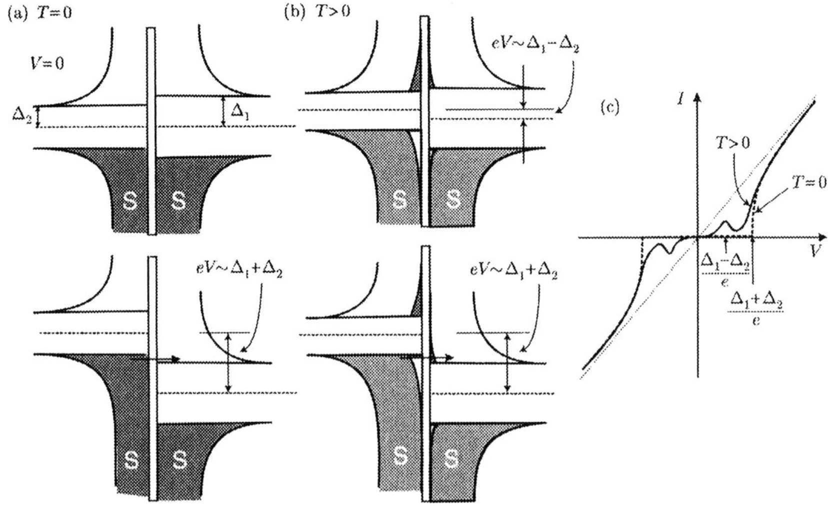

図 3.11 (a) 超伝導/超伝導トンネル接合 (SIS 接合) のエネルギー状態密度 ($T=0$). (b) 有限温度での電子分布. (c) 電流電圧 (I-V) 特性.

$$=\frac{G_{\rm NIN}}{e}\int_{-\infty}^{\infty}\frac{|E|}{\left(E^2-\Delta_1^2\right)^{1/2}}\frac{|E+eV|}{\left((E+eV)^2-\Delta_2^2\right)^{1/2}}\left[f(E)-f(E+eV)\right]{\rm d}E \tag{3.110}$$

で与えられる.

3.9.4 フォノンスペクトルの反映

トンネルコンダクタンスが超伝導状態密度を反映することを先に述べたが,電子フォノン結合の強い超伝導体 (強結合超伝導体) では,トンネルスペクトルにフォノンのスペクトルを反映した微細構造が現れる.重要なのは $\alpha^2F(\omega)$ という量,すなわち電子フォノン結合の強さとフォノン状態密度の積である.図 3.12 は強結合超伝導体の典型である鉛のトンネルスペクトルであるが,単純な BCS 状態密度ではなく微細構造が現れている.これらの微細構造はフォノンスペクトルを反映するものである.実際,トンネルスペクトルの微分から求められるフォノンスペクトルは,中性子散乱実験から求められたフォノンスペクトル $F(\omega)$ とよく一致している.

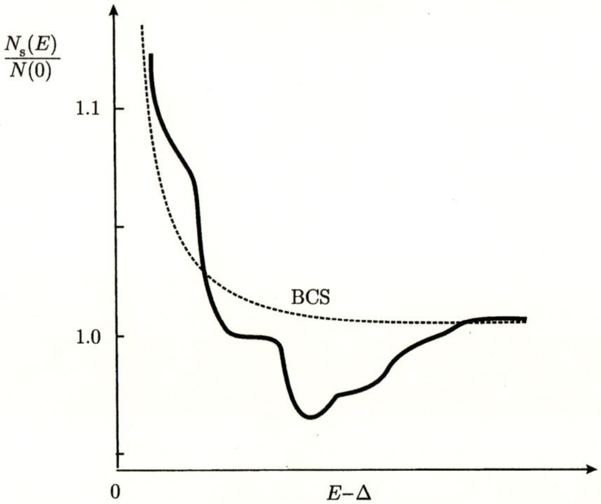

図 3.12 鉛のトンネルスペクトルに現れるフォノン構造．破線は BCS 状態密度，実線は実験から求められた状態密度である．状態密度に現れている微細構造はフォノンスペクトルを反映したものである．[W. L. McMillan and J. M. Rowell, in "Superconductivity" ed. R. D. Parks (Marcel Dekker, New York, 1969) chap. 11]

3.10 準粒子と正孔

準粒子についてもう少し詳しく考えてみよう．(3.83) 式から

$$\begin{cases} \gamma_{\mathbf{k}0} = u_{\mathbf{k}} c_{\mathbf{k}\uparrow} - v_{\mathbf{k}} c^{\dagger}_{-\mathbf{k}\downarrow} \\ \gamma^{\dagger}_{\mathbf{k}1} = u^*_{\mathbf{k}} c^{\dagger}_{-\mathbf{k}\downarrow} + v^*_{\mathbf{k}} c_{\mathbf{k}\uparrow} \end{cases}$$

が得られる．系が常伝導基底状態のときは

$$|u_{\mathbf{k}}|^2 = \begin{cases} 0 & (\epsilon < 0) \\ 1 & (\epsilon > 0) \end{cases}, \qquad |v_{\mathbf{k}}|^2 = \begin{cases} 1 & (\epsilon < 0) \\ 0 & (\epsilon > 0) \end{cases} \tag{3.111}$$

であるから，

$$\gamma^{\dagger}_{\mathbf{k}0} = \begin{cases} -c_{-\mathbf{k}\downarrow} & (\epsilon < 0) \\ c^{\dagger}_{\mathbf{k}\uparrow} & (\epsilon > 0) \end{cases}, \qquad \gamma^{\dagger}_{\mathbf{k}1} = \begin{cases} c_{\mathbf{k}\uparrow} & (\epsilon < 0) \\ c^{\dagger}_{-\mathbf{k}\downarrow} & (\epsilon > 0) \end{cases} \tag{3.112}$$

である．つまりこの場合，たとえば $\gamma^\dagger_{\mathbf{k}0}$ という演算子は $\epsilon > 0$ $(\varepsilon > \varepsilon_{\mathrm{F}})$ では $(\mathbf{k},\uparrow)$ の電子を生成する一方，$\epsilon < 0$ $(\varepsilon < \varepsilon_{\mathrm{F}})$ では，$(\mathbf{k},\uparrow)$ の電子がペアを組むべき相手である $(-\mathbf{k},\downarrow)$ の電子を消滅させる働きをもつ．完全に詰まったフェルミの海から $(-\mathbf{k},\downarrow)$ の電子を取り除くわけであるから，電子系全体の電荷は $+e$，運動量は $\mathbf{k}$，スピンは $+1/2$ となる．見方を変えると，これは $(\mathbf{k},\uparrow)$ の正孔が生成されたものと考えることができる．

超伝導状態ではもう少し事情が複雑である．超伝導の基底状態では，$(\mathbf{k},\uparrow)$ と $(-\mathbf{k},\downarrow)$ のペア状態が占有されている確率が $|v_{\mathbf{k}}|^2$ で与えられる．この場合，$\gamma^\dagger_{\mathbf{k}0}$ には $(\mathbf{k},\uparrow)$ の電子を生成する成分と $(-\mathbf{k},\downarrow)$ の電子を消滅させる成分とが(エネルギー ϵ に依存する割合で) 両方含まれている．つまり超伝導状態の準粒子は，電子的なふるまいと正孔的なふるまいを合わせ持っている．フェルミ準位から十分に離れたところでは，常伝導状態の場合と同じく，準粒子は純粋に電子的または純粋に正孔的である．

図 3.13-(a) は超伝導体の準粒子のエネルギースペクトル $E_{\mathbf{k}}$ を示したものである．準粒子の群速度は

$$\mathbf{v}_{\mathbf{k}} = \frac{1}{\hbar}\frac{\mathrm{d}E_{\mathbf{k}}}{\mathrm{d}\mathbf{k}} \tag{3.113}$$

で与えられる．$\mathbf{k}$ が $|\mathbf{k}| \ll k_{\mathrm{F}}$ から $|\mathbf{k}| \gg k_{\mathrm{F}}$ へと変化するにつれて，準粒子は純粋な正孔的ふるまいから純粋な電子的ふるまいへと連続的に移行する．

波数 $\mathbf{k}$ の準粒子が運ぶ電荷は図 3.13-(b) に示したように，

$$\begin{aligned} e^*_{\mathbf{k}} &= -|e|\bigl(|u_{\mathbf{k}}|^2 - |v_{\mathbf{k}}|^2\bigr) \\ &= -|e|\frac{\epsilon_{\mathbf{k}}}{E_{\mathbf{k}}} \\ &= -|e|\frac{\epsilon_{\mathbf{k}}}{\sqrt{\epsilon_{\mathbf{k}}^2 + \Delta^2}} \end{aligned} \tag{3.114}$$

となっていて，$\mathbf{k}$ が $|\mathbf{k}| \ll k_{\mathrm{F}}$ から $|\mathbf{k}| \gg k_{\mathrm{F}}$ へと変化するにつれて $+|e|$ から $-|e|$ へと移り変わる．

これは一見奇妙な結果に思える．超伝導体に 1 個の電子を付け加えたとすると，系の全電荷は $-|e|$ だけ変化する．しかしながら，超伝導体中に生成された波数 $\mathbf{k}$ の準粒子の電荷は $e^*_{\mathbf{k}}$ である．残りの分はいったいどうなったかという

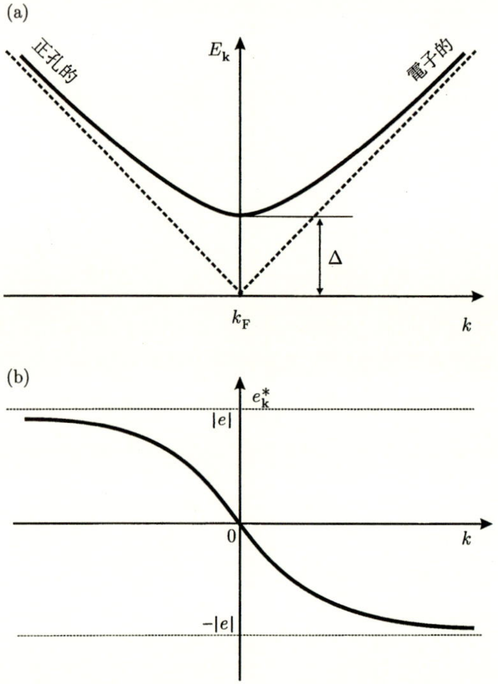

図 3.13 (a) 準粒子のエネルギースペクトル．実線は超伝導状態，破線は常伝導状態を表す．(b) 準粒子が運ぶ電荷．

と，差の分は超伝導電子 (クーパー対) が担っているのである．

3.11 摂動に対する応答

3.11.1 コヒーレンス因子

超伝導体に対して外部から摂動を加えたときの応答を準粒子描像で考えよう．摂動によって電子が $(\mathbf{k}, \sigma)$ の状態から $(\mathbf{k}', \sigma')$ の状態に散乱される素過程，

$$\mathcal{H}' = \sum_{\mathbf{k}\sigma, \mathbf{k}'\sigma'} B_{\mathbf{k}'\sigma', \mathbf{k}\sigma} c^\dagger_{\mathbf{k}'\sigma'} c_{\mathbf{k}\sigma} \tag{3.115}$$

を考える．常伝導状態では上式の和の各項に対応する散乱過程は互いに独立として扱えばよく，遷移確率はそれぞれの行列要素 $B_{\mathbf{k}'\sigma', \mathbf{k}\sigma}$ の 2 乗の和として

求められる．これに対して超伝導状態では事情が異なる．BCS 状態には異なる占有状態のコヒーレントな重ね合わせが含まれるので，干渉効果が問題となるのである．実際，たとえば上式の和のうち $c^\dagger_{\mathbf{k}'\uparrow}c_{\mathbf{k}\uparrow}$ の項と $c^\dagger_{-\mathbf{k}\downarrow}c_{-\mathbf{k}'\downarrow}$ の項を準粒子の生成消滅演算子 ($\gamma^\dagger_{\mathbf{k}0}$ や $\gamma^\dagger_{\mathbf{k}1}$) で展開すると

$$
\begin{aligned}
c^\dagger_{\mathbf{k}'\uparrow}c_{\mathbf{k}\uparrow} &= u_{\mathbf{k}'}u^*_{\mathbf{k}}\gamma^\dagger_{\mathbf{k}'0}\gamma_{\mathbf{k}0} - v_{\mathbf{k}'}v^*_{\mathbf{k}}\gamma^\dagger_{\mathbf{k}1}\gamma_{\mathbf{k}'1} \\
&\quad + u_{\mathbf{k}'}v_{\mathbf{k}}\gamma^\dagger_{\mathbf{k}'0}\gamma^\dagger_{\mathbf{k}1} + v^*_{\mathbf{k}'}u^*_{\mathbf{k}}\gamma_{\mathbf{k}',1}\gamma_{\mathbf{k}0} \\
c^\dagger_{-\mathbf{k}\downarrow}c_{-\mathbf{k}'\downarrow} &= -v^*_{\mathbf{k}}v_{\mathbf{k}'}\gamma^\dagger_{\mathbf{k}'0}\gamma_{\mathbf{k}0} + u_{\mathbf{k}}u^*_{\mathbf{k}'}\gamma^\dagger_{\mathbf{k}1}\gamma_{\mathbf{k}'1} \\
&\quad + u_{\mathbf{k}}v_{\mathbf{k}'}\gamma^\dagger_{\mathbf{k}'0}\gamma^\dagger_{\mathbf{k}1} + v^*_{\mathbf{k}}u^*_{\mathbf{k}'}\gamma_{\mathbf{k}'1}\gamma_{\mathbf{k}0}
\end{aligned}
\tag{3.116}
$$

となり，同じ組み合わせの項が両方に含まれている．これらの行列要素は和をとった上で 2 乗しなければならない．

このように，$c^\dagger_{\mathbf{k}'\sigma'}c_{\mathbf{k}\sigma}$ 項と $c^\dagger_{-\mathbf{k}-\sigma}c_{-\mathbf{k}'-\sigma'}$ 項といった組み合わせが問題になるわけだが，それらの係数 $B_{\mathbf{k}'\sigma',\mathbf{k}\sigma}$ と $B_{-\mathbf{k}-\sigma,-\mathbf{k}'-\sigma'}$ とは絶対値が等しく，摂動の種類によって同符号か逆符号かになる．変形ポテンシャルを介した電子–フォノン相互作用は $\mathbf{k}$ や σ の向きに依存しないので，同符号となる場合の典型である．それに対して，$e\mathbf{p}\cdot\mathbf{A}$ を介した電子–フォトン (電磁場) 相互作用は逆符号となる場合の典型である．一般に時間反転に対して対称な相互作用に対しては同符号，反対称なものに対しては逆符号となる．BCS 理論では前者を case Ⅰ，後者を case Ⅱ と呼んでいる．前者の代表は超音波吸収の実験，後者の代表は赤外吸収や核磁気緩和の実験である．

上で述べたことから，遷移確率の計算では

$$
B_{\mathbf{k}'\uparrow,\mathbf{k}\uparrow}\left[c^\dagger_{\mathbf{k}'\uparrow}c_{\mathbf{k}\uparrow} \pm c^\dagger_{-\mathbf{k}\downarrow}c_{-\mathbf{k}'\downarrow}\right] \tag{3.117}
$$

といった形の組み合わせに留意する必要があることがわかる．準粒子の演算子で書き直すと

$$
\begin{aligned}
B_{\mathbf{k}'\uparrow,\mathbf{k}\uparrow}\Big[&\big(u_{\mathbf{k}'}u_{\mathbf{k}} \mp v_{\mathbf{k}'}v_{\mathbf{k}}\big)\big(\gamma^\dagger_{\mathbf{k}'0}\gamma_{\mathbf{k}0} + \gamma^\dagger_{\mathbf{k}'1}\gamma_{\mathbf{k}1}\big) \\
&+ \big(u_{\mathbf{k}'}v_{\mathbf{k}} \pm u_{\mathbf{k}}v_{\mathbf{k}'}\big)\big(\gamma^\dagger_{\mathbf{k}'0}\gamma^\dagger_{-\mathbf{k}1} + \gamma_{-\mathbf{k}'1}\gamma_{\mathbf{k}0}\big)\Big]
\end{aligned}
\tag{3.118}
$$

となる．ここで $u_{\mathbf{k}}$ および $v_{\mathbf{k}}$ は実数とした．ここに現れる係数の 2 乗

$$
\begin{aligned}
&\left(u_{\mathbf{k}'}u_{\mathbf{k}} \mp v_{\mathbf{k}'}v_{\mathbf{k}}\right)^2 \\
&\quad = \frac{1}{4}\left[\left(1+\frac{\epsilon_{\mathbf{k}'}}{E_{\mathbf{k}'}}\right)^{1/2}\left(1+\frac{\epsilon_{\mathbf{k}}}{E_{\mathbf{k}}}\right)^{1/2} \mp \left(1-\frac{\epsilon_{\mathbf{k}'}}{E_{\mathbf{k}'}}\right)^{1/2}\left(1-\frac{\epsilon_{\mathbf{k}}}{E_{\mathbf{k}}}\right)^{1/2}\right]^2 \\
&\quad = \frac{1}{2}\left(1+\frac{\epsilon_{\mathbf{k}}\epsilon_{\mathbf{k}'}}{E_{\mathbf{k}}E_{\mathbf{k}'}} \mp \frac{\Delta^2}{E_{\mathbf{k}}E_{\mathbf{k}'}}\right)
\end{aligned}
\tag{3.119}
$$

はコヒーレンス因子 (coherence factor) と呼ばれる．遷移確率の計算では ϵ について積分を行うので，上式のうち ϵ の奇関数である第 2 項の寄与は積分で消える．したがって実効的なコヒーレンス因子としては

$$
\begin{aligned}
C_{\mathbf{k},\mathbf{k}'} &= \left(u_{\mathbf{k}'}u_{\mathbf{k}} \mp v_{\mathbf{k}'}v_{\mathbf{k}}\right)^2 \\
&= \frac{1}{2}\left(1 \mp \frac{\Delta^2}{E_{\mathbf{k}}E_{\mathbf{k}'}}\right)
\end{aligned}
\tag{3.120}
$$

を考えればよい．(3.118) 式の第 1 項は，準粒子 (あるいは準正孔) の散乱過程に対応する．一方，(3.118) 式の第 2 項は準粒子・準正孔の対生成過程に対応するもので，$(u_{\mathbf{k}'}v_{\mathbf{k}} \pm u_{\mathbf{k}}v_{\mathbf{k}'})^2 = (1/2)[1 \pm (\Delta^2/E_{\mathbf{k}}E_{\mathbf{k}'})]$ となるが，「半導体モデル」を採って準正孔のエネルギーを負と定義すれば複号が逆になって (3.120) 式と同じになり，統一的に扱うことができる．

コヒーレンス因子が大きく効くのは $E_{\mathbf{k}}$ や $E_{\mathbf{k}'}$ がギャップ Δ の近傍にくる場合で，$C_{\mathbf{k},\mathbf{k}'} \approx 0$ または ≈ 1 となる．どちらになるかは，複号のどちらが適用されるか (すなわち case I か case II か) と，$E_{\mathbf{k}}$ および $E_{\mathbf{k}'}$ の符号とによって決まる．摂動のエネルギー $\hbar\omega$ がギャップ Δ に比べて小さい場合は準粒子準正孔対の生成は起こらず $E_{\mathbf{k}}$ と $E_{\mathbf{k}'}$ は同符号になる．この場合，case I ならば $C_{\mathbf{k},\mathbf{k}'} \approx 0$，case II ならば $C_{\mathbf{k},\mathbf{k}'} \approx 1$ となる．逆に摂動のエネルギーがギャップと同程度 ($\hbar\omega \approx 2\Delta$) で，準粒子準正孔対生成が重要となる場合は，case I が $C_{\mathbf{k},\mathbf{k}'} \approx 1$，case II が $C_{\mathbf{k},\mathbf{k}'} \approx 0$ と逆になる．摂動エネルギーがギャップよりはるかに大きい場合 ($\hbar\omega \gg 2\Delta$) は，case I，case II いずれにしてもコヒーレンス因子は重要でなくなる．

3.11.2 遷 移 確 率

コヒーレンス因子も含めると，遷移確率の表式は次のような形になる．

$$
\begin{aligned}
W_{\mathrm{s}} &= \int |B|^2 C(\Delta, E, E+\hbar\omega) N_{\mathrm{s}}(E) N_{\mathrm{s}}(E+\hbar\omega)[f(E)-f(E+\hbar\omega)]\mathrm{d}E \\
&= |B|^2 N^2(0) \int_{-\infty}^{\infty} \left| 1 \mp \frac{\Delta^2}{E(E+\hbar\omega)} \right| \\
&\quad \times \frac{|E|}{\sqrt{E^2-\Delta^2}} \frac{|E+\hbar\omega|}{\sqrt{(E+\hbar\omega)^2-\Delta^2}} [f(E)-f(E+\hbar\omega)]\mathrm{d}E \\
&= |B|^2 N^2(0) \int_{-\infty}^{\infty} \frac{|E(E+\hbar\omega) \mp \Delta^2|}{\sqrt{E^2-\Delta^2}\sqrt{(E+\hbar\omega)^2-\Delta^2}} [f(E)-f(E+\hbar\omega)]\mathrm{d}E
\end{aligned}
\tag{3.121}
$$

(ただし，もちろん $|E|, |E+\hbar\omega| < \Delta$ のところは積分範囲から除く.) 実験では多くの場合，常伝導状態からの変化が問題になる．常伝導状態での遷移確率は $W_{\mathrm{n}} = |B|^2 N^2(0)\hbar\omega$ と書けるので，超伝導状態と常伝導状態の値の比は

$$
\frac{W_{\mathrm{s}}}{W_{\mathrm{n}}} = \frac{1}{\hbar\omega} \int_{-\infty}^{\infty} \frac{|E(E+\hbar\omega) \mp \Delta^2|}{\sqrt{E^2-\Delta^2}\sqrt{(E+\hbar\omega)^2-\Delta^2}} [f(E)-f(E+\hbar\omega)]\mathrm{d}E
\tag{3.122}
$$

という形に書くことができる．実験的には，たとえば磁場で超伝導状態を壊すことによって同じ温度での常伝導状態を実現してそれと比較するのが常套手段である．ただし，その場合磁場が超伝導を壊すだけの働きをすることが前提となる．常伝導状態でのその物理量が強い磁場依存性をもつ場合や，高温超伝導物質のように超伝導を壊すのに非常に強い磁場が必要な場合にはこの方法は使えない．

a. 超音波吸収

具体的な実験についてみてみよう．超音波吸収は case I の典型であり，かつ励起エネルギーがギャップに比べてはるかに小さい場合にあたるので，コヒーレンス因子は (3.122) 式で複号の上側 (負号) をとったものになる．$\hbar\omega \ll \Delta, k_{\mathrm{B}}T$ であるから，$\hbar\omega \to 0$ の極限をとることにより，超伝導状態と常伝導状態の超音波吸収係数の比は次のようになる．

$$
\frac{\alpha_{\mathrm{s}}}{\alpha_{\mathrm{n}}} = \lim_{\hbar\omega\to 0} \frac{1}{\hbar\omega} \int_{-\infty}^{\infty} [f(E)-f(E+\hbar\omega)]\mathrm{d}E
$$

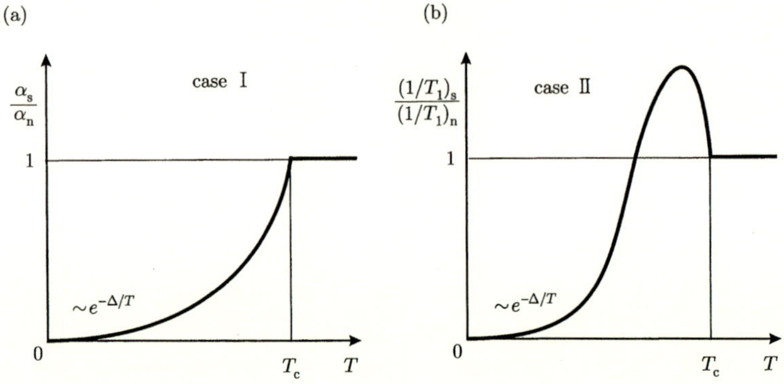

図 3.14　超伝導体のコヒーレンス因子．(a) 超音波吸収．(b) 核磁気緩和率．

$$
\begin{aligned}
&= -\int_{|E|\geq\Delta} \frac{\partial f(E)}{\partial E}\mathrm{d}E \\
&= f(-\infty) - f(-\Delta) + f(\Delta) - f(\infty) \\
&= \frac{2}{1+e^{\Delta/k_\mathrm{B}T}} \qquad (3.123)
\end{aligned}
$$

この温度依存性は図 3.14-(a) のようになる．

b.　核磁気共鳴

核磁気共鳴の核スピン格子緩和時間は caseⅡの代表例である．また，共鳴周波数はラジオ波の領域であるから $\hbar\omega \ll \Delta$ の場合にあたる．常伝導金属の核スピン格子緩和時間の温度依存性は $1/T_1 \propto T$ というコリンハ (Korringa) 則に従う．超伝導状態と常伝導状態の $1/T_1$ の比は，(3.122) 式において複号の下側 (正号) をとって

$$
\begin{aligned}
\frac{(1/T_1)_\mathrm{s}}{(1/T_1)_\mathrm{n}} &= \lim_{\hbar\omega\to 0}\frac{1}{\hbar\omega}\int_{|E|\geq\Delta}\frac{E(E+\hbar\omega)+\Delta^2}{\sqrt{E^2-\Delta^2}\sqrt{(E+\hbar\omega)^2-\Delta^2}} \\
&\qquad \times [f(E)-f(E+\hbar\omega)]\mathrm{d}E \\
&= 2\int_\Delta^\infty \frac{E(E+\hbar\omega)+\Delta^2}{\sqrt{E^2-\Delta^2}\sqrt{(E+\hbar\omega)^2-\Delta^2}}\left(-\frac{\partial f(E)}{\partial E}\right)\mathrm{d}E \\
&= 2\int_\Delta^\infty \frac{E^2+\Delta^2}{E^2-\Delta^2}\left(-\frac{\partial f(E)}{\partial E}\right)\mathrm{d}E \qquad (3.124)
\end{aligned}
$$

と表される．$T \approx T_c$ では $\left(-\partial f(E)/\partial E\right)$ の幅は $k_B T_c \sim \Delta$ 程度であるから，$E = \Delta$ での分母の発散を反映して，核スピン緩和率 $1/T_1$ は T_c 直下で常伝導状態の値よりも増大する．一方，$T \to 0$ では，$\left(-\partial f(E)/\partial E\right)$ はデルタ関数となり，フェルミ準位付近の状態密度がなくなる超伝導状態での低温での核スピン緩和率は $1/T_1 \propto e^{-\Delta/T}$ に従って指数関数的に小さくなる．すなわち，温度依存性は図 3.14-(b) のようなものになる．

ところで (3.124) 式を文字通りにとると，$\hbar\omega \to 0$ の極限で対数的な発散が起こることになる．この発散は BCS 理論のモデル超伝導状態密度 ((3.64) 式) が $E = \pm\Delta$ においてもつ発散に起因するものである．現実の系では，結晶方位によるギャップの異方性や電子散乱による寿命などの効果で (3.64) 式にあるような鋭い発散は丸められるので，$1/T_1$ の増大は抑制される．T_c 直下での $1/T_1$ のピークは最初にそれを観測した実験家にちなんでヘーベル (Hebel)–スリクター (Slichter)・ピークと呼ばれる．

超音波吸収と核磁気緩和の温度依存性の違いは，超伝導コヒーレンス因子の存在を紛れもなく示すものであり，BCS 理論の正しさを裏付ける決定的証拠の 1 つとなった*1)．

c. 電磁波応答

超伝導ギャップの大きさは，物質にもよるが，電磁波でいうとだいたいマイクロ波から遠赤外の領域に相当する．この領域の電磁波に対する応答は caseⅡのもう 1 つの代表例である．(摂動ハミルトニアンは $e\mathbf{p}\cdot\mathbf{A}$ であるので $\mathbf{k} \to -\mathbf{k}$ で符号を変える.) ただし，核磁気共鳴の場合とは違って $\hbar\omega$ がギャップと同程度以上にまで達する広い範囲が問題となる．超伝導状態の光学伝導度は $\sigma_{1s}(\omega) + i\sigma_{2s}(\omega)$ という複素数で表される．実部 $\sigma_{1s}(\omega)$ は吸収を表す．$T = 0$ の場合，熱励起された準粒子は存在しないので，$\hbar\omega < 2\Delta$ の範囲では吸収は起こらず，$\hbar\omega \geq 2\Delta$ となってはじめて吸収が起こる．電磁波吸収による遷移が起こるためには初期状態のエネルギーが $E \leq -\Delta$ でかつ終状態が $E + \hbar\omega \geq \Delta$，すなわち

---

*1) 「ヘーベル–スリクター・ピークはコヒーレンス因子の現れである」という書き方をしている解説がよく見受けられるが，細かいことをいうと ((3.124) 式をみればわかるように) T_c 直下の $1/T_1$ の増大自体はコヒーレンス因子の効果というよりは，超伝導状態密度の反映である．むしろ超音波吸収の場合 ((3.123) 式) のほうが状態密度の発散とコヒーレンス因子との相殺が起こっているのである．

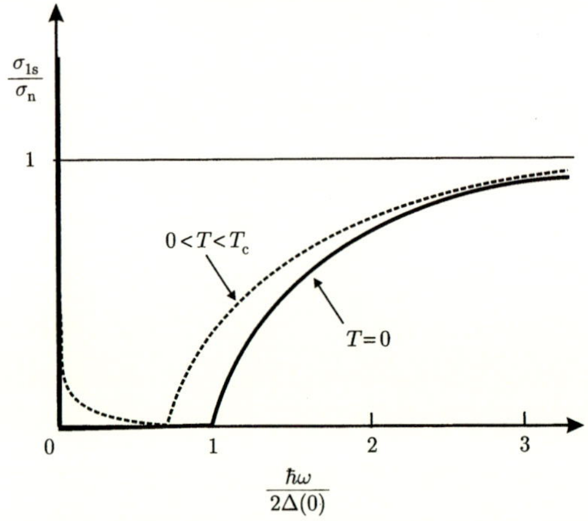

図 3.15 超伝導体の電磁波吸収スペクトルを表す光学伝導度の実部．実線は $T = 0$, 破線は $0 < T < T_c$ でのふるまいを表す．このスペクトルは常伝導状態での吸収確率との比で表示されていることに注意．

$\Delta - \hbar\omega \leq E \leq -\Delta$ でなければならない．したがって超伝導状態の光学伝導度の実部は

$$\frac{\sigma_{1s}}{\sigma_n} = \frac{1}{\hbar\omega}\int_{\Delta-\hbar\omega}^{-\Delta} \frac{|E(E+\hbar\omega)+\Delta^2|}{\sqrt{E^2-\Delta^2}\sqrt{(E+\hbar\omega)^2-\Delta^2}}\mathrm{d}E \tag{3.125}$$

と表される．図 3.15 の実線は超伝導体の光学 (電磁波) 吸収スペクトルの模式図である．

$T = 0$ の場合，$\hbar\omega < 2\Delta(0)$ では吸収は起こらず，$\hbar\omega = 2\Delta(0)$ からスペクトルが立ち上がる．$0 < T < T_c$ では，ギャップ $\Delta(T)$ が $\Delta(0)$ よりも減少することにともなう変化と同時に，準粒子による吸収が $\hbar\omega < 2\Delta(0)$ の領域に生じる．図 3.15 において，常伝導状態でのスペクトルと超伝導状態のそれとを比較すると後者のほうが低エネルギー領域で欠損しており，一見すると振動子強度の総和則を満たしていないようにみえる．この欠損部分は実は $\omega = 0$ のところにデルタ関数として存在しており，無限大の直流伝導度に対応している．

4

超伝導の位相と干渉

巨視的量子状態としての超伝導の特徴は「位相」に関わる現象に顕著に現れる．その代表例がジョセフソン (Josephson) 効果である．ジョセフソン効果は超伝導現象の本質の理解に重要であるばかりでなく，SQUID など超伝導応用にとってもきわめて重要な効果である．

4.1　ジョセフソン効果

4.1.1　ジョセフソン接合

超伝導状態の電子系 (凝縮体) は単一の波動関数で記述される．いま，互いに隔絶された 2 つの超伝導体を想定しよう．簡単のために，それらは同じ超伝導物質で温度も同じであるとすると，それらを記述する超伝導波動関数 $\Psi = |\Psi|e^{i\theta}$ の振幅 $|\Psi|$ は同じであるが，位相 θ は互いに任意である．一方，これら 2 つの超伝導体をくっつけて完全に一体の超伝導体にしてしまえば，全体にわたって位相がそろうはずである．これらの中間として，2 つの超伝導体が弱く結合した場合に興味深いふるまいがみられる．そのような超伝導体間の弱い結合 (weak link) をジョセフソン接合 (Josephson junction) と呼ぶ．

ジョセフソン接合は図 4.1 に示したようなさまざまな方法で実現される．薄い絶縁層 (酸化膜など) を介したトンネル接合 (SIS 接合) はその 1 つである．そのほかに，常伝導金属層を間にはさんだ SNS 接合，超伝導体の (互いに結晶方位が異なる) 結晶粒間に形成される粒界接合，超伝導体を部分的にくびれさせたマイクロブリッジ (microbridge)，などにおいても弱い結合が実現される．

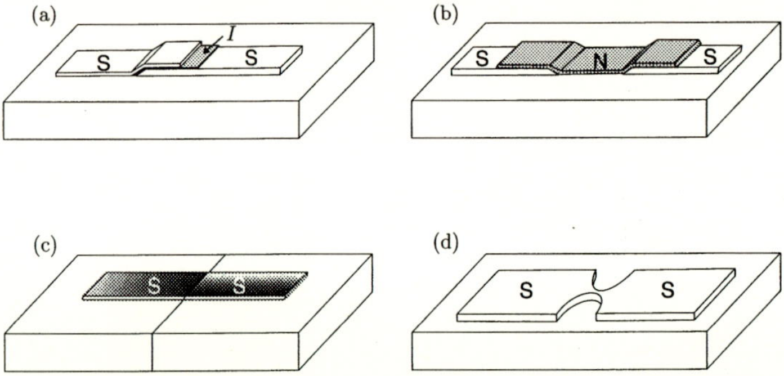

図 4.1 ジョセフソン接合のいろいろ．(a) SIS トンネル接合，(b) SNS 接合，(c) 粒界接合，(d) マイクロブリッジ．

4.1.2 ジョセフソン電流

a. SIS 接合

ジョセフソン接合には，ある条件のもとで超伝導電流が流れる．はじめに，図 4.1-(a) のような SIS トンネル接合を考えよう．両側の超伝導体は同じ物質とする．図 4.2 に実線で示したように，準粒子トンネルによる I-V 特性 (3.9 節) に加えて，クーパー対のトンネルによるジョセフソン電流がゼロ電圧のところに存在する．接合を流れる電流がある臨界値 (ジョセフソン臨界電流 I_{c}) を超えると，ゼロ電圧状態から有限電圧の状態 (電圧状態 (voltage state)) へのジャンプが起こる．

ジョセフソン接合の I-V 特性の詳細は，接合固有の特性だけでなく，シャント抵抗やキャパシタンスなど外付け回路にもよる．図 4.2-(a) の実線はジョセフソン接合を理想的な電流源で駆動した理想的な場合の直流特性を表している．しかしながら現実の系では，より複雑なふるまいがしばしばみられる．たとえば交流ジョセフソン効果のところでみるように，電圧状態においては接合に高周波のジョセフソン電流が流れる．この交流成分が (外付け回路に依存した) 複雑なフィードバック効果をもたらすことによって，系の直流特性は非線形かつ複雑なふるまいをみせる．

ジョセフソン接合のふるまいを解析するためのモデルとして，図 4.2-(b) のように接合に並列にシャント抵抗 R やキャパシタンス C を入れた回路 (RCSJ

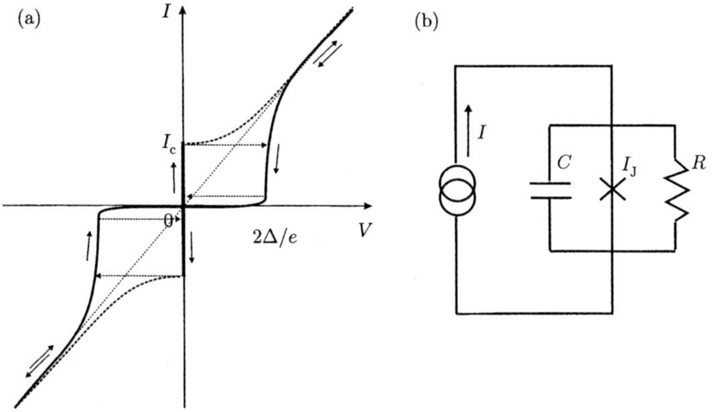

図 4.2 ジョセフソン接合の I-V 特性．図 3.11 に示した準粒子トンネル電流による I-V 特性に加えて，クーパー対のトンネルによるジョセフソン電流がある．I-V 特性の詳細はシャント抵抗やキャパシタンスなど外付け回路による．実線はアンダーダンプト，破線はオーバーダンプトの場合．

(resistively and capacitively shunted junction) と呼ばれる) がよく用いられる．R や C の値によって系の I-V 特性はさまざまに変化する．図 4.2-(a) の実線に近い特性が得られるのはキャパシタンス C が大きい場合である．この場合には高周波成分がシャントされてしまうため，交流ジョセフソン効果の影響が無視できるのである．このような状況は，アンダーダンプト・ジョセフソン接合 (underdamped Josephson junction) と呼ばれているが，そのための条件は $\omega_{\mathrm{J}}C \gg 1/R$ である (ω_{J} はジョセフソン角振動数)．後述するように

$$\omega_{\mathrm{J}} = \frac{2|e|}{\hbar}V \approx \frac{2|e|}{\hbar}I_{\mathrm{c}}R_{\mathrm{n}} \tag{4.1}$$

であるから，上記の条件は

$$\beta_{\mathrm{c}} = \frac{2|e|}{\hbar}I_{\mathrm{c}}R_{\mathrm{n}}RC \gg 1 \tag{4.2}$$

となる．パラメーター β_{c} はマッカンバー (McCumber)・パラメーターと呼ばれる．$\beta_{\mathrm{c}} \gg 1$ のとき，ある電流に対してゼロ電圧状態と電圧状態が双安定 (bistable) になり，系のふるまいは図 4.2-(a) の実線のように履歴を示す．

逆に $\beta_{\mathrm{c}} \ll 1$ の場合，すなわち C が小さくかつ接合を低抵抗でシャントしたような場合はオーバーダンプト・ジョセフソン接合 (overdamped Josephson junction) と呼ばれ，その I-V 特性は図 4.2-(a) の破線のようになり，非履歴的である．シャント抵抗 R としてはもちろん実際の外付け抵抗の場合もあるが，熱励起された準粒子によるトンネル電流の効果もこのようなモデルで記述することができる．

b. ジョセフソン電流と位相

2.6 節で学んだように，超伝導体/絶縁体 (SI) 界面における境界条件は，

$$\hat{\mathbf{n}} \cdot \left(\frac{\hbar}{i} \nabla - e^* \mathbf{A} \right) \Psi(\mathbf{r}) = 0 \tag{4.3}$$

である．これは界面を通して電流が流れないという条件にほかならない．SIS 接合においては，絶縁層を介した反対側の超伝導体との間に弱い結合があるので，上式は若干変更されて

$$\begin{cases} \hat{\mathbf{n}} \cdot \left(\dfrac{\hbar}{i} \nabla - e^* \mathbf{A} \right) \Psi_1(\mathbf{r}) = \dfrac{\hbar}{i} \gamma \Psi_2(\mathbf{r}) \\ \hat{\mathbf{n}} \cdot \left(\dfrac{\hbar}{i} \nabla - e^* \mathbf{A} \right) \Psi_2(\mathbf{r}) = -\dfrac{\hbar}{i} \gamma \Psi_1(\mathbf{r}) \end{cases} \tag{4.4}$$

となる．γ は超伝導体間の結合の強さを表すパラメーターである．界面を yz 平面にとることにすると，上式は

$$\begin{cases} \dfrac{\partial}{\partial x} \Psi_1 - i \dfrac{e^*}{\hbar} A_x \Psi_1 = \gamma \Psi_2 \\ \dfrac{\partial}{\partial x} \Psi_2 - i \dfrac{e^*}{\hbar} A_x \Psi_2 = -\gamma \Psi_1 \end{cases} \tag{4.5}$$

と書かれる．電流密度の表式 ((1.16) 式) の微分項を上式を用いて書き直すことにより

$$\begin{aligned} J_x &= -i \frac{e^* \hbar}{2m^*} \left(\Psi_1^* \frac{\partial \Psi_1}{\partial x} - \Psi_1 \frac{\partial \Psi_1^*}{\partial x} \right) - \frac{e^{*2}}{m^*} |\Psi_1|^2 A_x \\ &= -i \frac{e^* \hbar}{2m^*} \left[\Psi_1^* \left(\gamma \Psi_2 + i \frac{e^*}{\hbar} A_x \Psi_1 \right) - \Psi_1 \left(\gamma \Psi_2^* - i \frac{e^*}{\hbar} A_x \Psi_1^* \right) \right] \\ &\quad - \frac{e^{*2}}{m^*} |\Psi_1|^2 A_x \end{aligned} \tag{4.6}$$

が得られる．磁場がない場合 ($\mathbf{A} = 0$) には

$$J_x = -i\frac{e^*\hbar}{2m^*}\gamma\big(\Psi_1^*\Psi_2 - \Psi_1\Psi_2^*\big) \tag{4.7}$$

である．これに $\Psi_1 = |\Psi_1|e^{i\theta_1}$，$\Psi_2 = |\Psi_2|e^{i\theta_2}$ を代入すると，

$$J_x = J_\mathrm{c}\sin(\theta_2 - \theta_1), \qquad J_\mathrm{c} \equiv \gamma\frac{e^*\hbar}{m^*}|\Psi_1||\Psi_2| \tag{4.8}$$

という関係が得られる．J_c はこの SIS 接合を流れる最大の電流密度である．

c. マイクロブリッジ

次に，図 4.1-(d) のようなマイクロブリッジの場合を考えよう．超伝導波動関数は GL 方程式

$$-\xi^2\nabla^2\Psi - \Psi + \Psi\frac{|\Psi|^2}{|\Psi_\infty|^2} = 0 \tag{4.9}$$

に従う．Ψ は超伝導体内部では一定値 (Ψ_∞) で，マイクロブリッジの部分で急激に変化する．両側の超伝導体内部での波動関数を $|\Psi_1|e^{i\theta_1}$，$|\Psi_2|e^{i\theta_2}$ と書くことにする．

マイクロブリッジ部分の波動関数はどのようになるだろうか．マイクロブリッジの長さ L がコヒーレンス長 ξ よりも十分に短ければ上式の第 1 項は他に比べて大きい．つまり，マイクロブリッジの部分では上式はラプラス方程式

$$\nabla^2\Psi = 0 \tag{4.10}$$

の形をとる．そこで，マイクロブリッジ部分の波動関数を

$$\Psi(\mathbf{r}) = a(\mathbf{r})|\Psi_1|e^{i\theta_1} + \big(1 - a(\mathbf{r})\big)|\Psi_2|e^{i\theta_2} \tag{4.11}$$

という形に書くことにする．超伝導体 1 の側では $a(\mathbf{r}) \to 1$ 超伝導体 2 の側では $a(\mathbf{r}) \to 0$ である．$a(\mathbf{r})$ がラプラス方程式 $\nabla^2 a(\mathbf{r}) = 0$ を満たすならば，上式の $\Psi(\mathbf{r})$ が (4.10) 式を満たすことは容易に確かめられる．マイクロブリッジを流れる電流は

$$\begin{aligned}\mathbf{J}_\mathrm{s} &= -i\frac{e^*\hbar}{2m^*}\big(\Psi^*(\mathbf{r})\nabla\Psi(\mathbf{r}) - \Psi(\mathbf{r})\nabla\Psi^*(\mathbf{r})\big)\\ &= \frac{e^*\hbar}{m^*}|\Psi_1||\Psi_2|\big(\nabla a(\mathbf{r})\big)\sin(\theta_1 - \theta_2)\end{aligned} \tag{4.12}$$

となり，(4.8) 式と同じ形になる．このように，ジョセフソン接合においては，

両側の超伝導体の位相差に依存する超伝導電流が流れる．

4.1.3 臨界電流の温度依存性

ジョセフソン接合を流れる最大の超伝導電流（ジョセフソン臨界電流）は $I_\mathrm{c} \equiv \gamma(e^*\hbar/m^*)|\Psi_1||\Psi_2|S$ で与えられる（S は接合面積）．ジョセフソン接合の特性は，それを構成する超伝導物質の特性と，接合部分の特性（接合面積，幾何学的形状など）とによって決まる．後者は接合が常伝導状態にあるときの伝導度 G_n にも同じように入るので，臨界電流値 I_c と G_n の比，すなわち I_c と常伝導抵抗値 $R_\mathrm{n} = 1/G_\mathrm{n}$ の積 $I_\mathrm{c}R_\mathrm{n}$ は接合の形状によらず接合を形成する超伝導物質のみによって決まる量となる．アンベガオカー (Ambegaokar) とバラトフ (Baratoff) は BCS 理論にもとづく計算によって，トンネル接合の I_c の温度依存性として

$$I_\mathrm{c}R_\mathrm{n} = \frac{\pi\Delta(T)}{2e}\tanh\frac{\Delta(T)}{k_\mathrm{B}T} \tag{4.13}$$

を得た．(図 4.3 参照.) マイクロブリッジなど他のジョセフソン接合にも，この式は少なくとも近似的には適用できる．

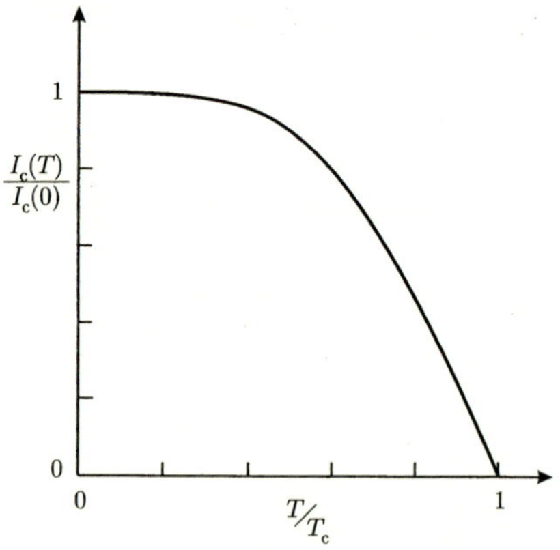

図 4.3 アンベガオカー–バラトフによるジョセフソン臨界電流の温度依存性 $I_\mathrm{c}(T)$.

4.2 ジョセフソン接合の磁場応答

(4.8) 式を導く上では，接合部には磁場も電場も存在しないものとした．磁場（ベクトルポテンシャル）が存在する場合，位相差 $\Delta\theta = \theta_2 - \theta_1$ は，ゲージ不変な位相差

$$\Delta\tilde{\theta} = \theta_2 - \theta_1 + \frac{2e}{\hbar}\int_1^2 \mathbf{A}\cdot \mathrm{ds} \tag{4.14}$$

に置き換わる．

図 4.4-(a) のように，ある程度の長さ (幅) をもつジョセフソン接合に磁場がかかっている場合を考えよう．接合面を yz 面として，磁場は z 方向にかかっているものとする．ベクトルポテンシャルを $\mathbf{A} = (-B(x)y, 0, 0)$ ととる．$B(x)$ は接合部ではほぼ一定で，両側の超伝導体内部では $\exp(-|x|/\lambda)$ に従って減衰する．したがって接合部に垂直な方向の磁場分布は，$d + 2\lambda$ 程度の幅 (d は絶縁層の厚さ) にわたって一定磁場 $B(0)$ があるものとして近似することができる．このように近似すると (4.14) 式に現れるベクトルポテンシャルの線積分は

$$\int_1^2 A_x(x, y)\mathrm{d}x = B(0)(d + 2\lambda)y \tag{4.15}$$

となる．$\Delta\tilde{\theta}$ の表式をジョセフソン電流の式 ((4.8) 式) に代入すると，接合部

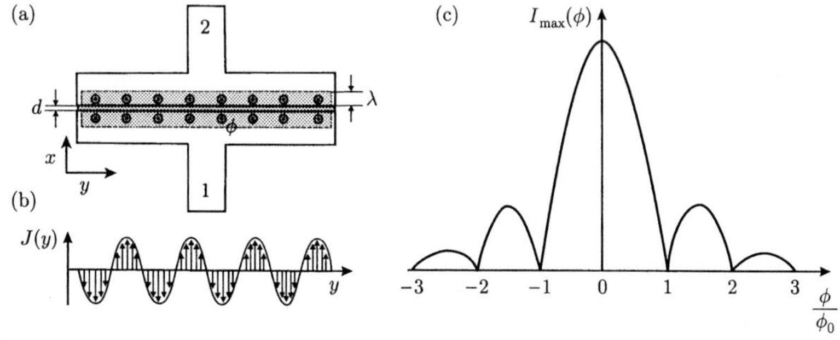

図 4.4 (a) ある程度の長さ (幅) をもつジョセフソン接合．(b) 電流分布．(c) 接合にかかる磁束に対する最大電流の変化．

の局所電流密度として

$$J(y) = J_c \sin\left(\theta_2 - \theta_1 + \frac{2\pi B(0)(d+2\lambda)}{\phi_0} y\right) \tag{4.16}$$

を得る．図 4.4-(b) に示したように $J(y)$ は y 方向に周期的に変化する．その周期 Δy は $B(0)\Delta y(d+2\lambda) = \phi_0$ で与えられる．接合を流れる全電流は，(4.16) 式を接合の y 方向の幅 L_y にわたって積分することによって求められる．

$$\begin{aligned} I_c &= L_z \int_{-L_y/2}^{L_y/2} J_c \sin\left(\theta_2 - \theta_1 + \frac{2\pi B(0)(d+2\lambda)}{\phi_0} y\right) \mathrm{d}y \\ &= J_c \frac{\phi_0 L_z}{2\pi B(0)(d+2\lambda)} \left[\cos\left(\Delta\theta - \frac{\pi B(0) L_y (d+2\lambda)}{\phi_0}\right)\right. \\ &\qquad\qquad \left. - \cos\left(\Delta\theta + \frac{\pi B(0) L_y (d+2\lambda)}{\phi_0}\right)\right] \\ &= I_{c0} \frac{\sin \pi\phi/\phi_0}{\pi\phi/\phi_0} \sin\Delta\theta \end{aligned} \tag{4.17}$$

ここで，$I_{c0} = J_c L_z L_y$，$\phi = B(0)(d+2\lambda)L_y$ である．接合に流れる全電流の最大値は

$$I_{\max} = I_{c0} \left| \frac{\sin \pi\phi/\phi_0}{\pi\phi/\phi_0} \right| \tag{4.18}$$

で与えられ，図 4.4-(c) のような変化を示す．これは光学スリットによる光の回折を表すフラウンホーファー (Fraunhofer)・パターンと同型である．

ここまでは簡単のため接合に流れる電流による磁場 (遮蔽効果) は無視してきた．次にそれを取り入れて，有限幅のジョセフソン接合における位相の空間変化を支配する式を求めよう．局所磁場と位相の勾配の関係は

$$\theta(y+\delta y) - \theta(y) = \frac{2\pi B(0,y)}{\phi_0}(d+2\lambda)\delta y \tag{4.19}$$

したがって

$$B(0,y) = \frac{\phi_0}{2\pi(d+2\lambda)} \frac{\partial\theta}{\partial y} \tag{4.20}$$

である．これと，マックスウェル方程式 $\mu_0 J_x = \partial B/\partial y$，ジョセフソン電流の式 $J = J_c \sin\theta$ とから

$$\frac{\partial^2\theta}{\partial y^2} = \frac{1}{\lambda_{\mathrm{J}}^2}\sin\theta \tag{4.21}$$

という式が得られる．λ_{J} はジョセフソン磁場侵入長と呼ばれる量で

$$\lambda_{\mathrm{J}} = \left(\frac{\phi_0}{2\pi\mu_0 J_{\mathrm{c}}(d+2\lambda)}\right)^{1/2} \tag{4.22}$$

で与えられる．バルク超伝導体への磁場侵入を特徴づけるのが侵入長 λ であるのに対応して，λ_{J} はジョセフソン接合への磁場侵入を特徴づける長さスケールである．下部臨界磁場に対応するのは

$$H_{\mathrm{c1}}^{(\mathrm{J})} = \frac{2}{\pi^2}\frac{\phi_0}{\mu_0\lambda_{\mathrm{J}}(d+2\lambda)} \tag{4.23}$$

である．なお，(4.21) 式は 1 次元のサイン・ゴルドン (sine Gordon) 方程式の形をしており，ソリトン解をもつ．

4.3 交流ジョセフソン効果

ジョセフソン接合に流れる電流が臨界電流以下の場合，接合部に電位差は発生せず，位相差は時間に対して一定である．電流が臨界電流を超えると接合の両端に電位差 V が生じる．このとき，両側の超伝導体の化学ポテンシャルの間に $\mu_2 - \mu_1 = e^*V = 2eV$ という差が生じ，波動関数 $\Phi_1(t) \propto \exp(-i\mu_1 t/\hbar)$, $\Phi_2(t) \propto \exp(-i\mu_2 t/\hbar)$ の位相差は

$$\Delta\theta = \theta_2 - \theta_1 = -\frac{2eV}{\hbar}t = \frac{2|e|V}{\hbar}t$$

$$\frac{\mathrm{d}\Delta\theta}{\mathrm{d}t} = \frac{2|e|V}{\hbar} \tag{4.24}$$

に従って時間発展する．電位差が一定ならば位相差は時間に対して

$$J = J_c \sin\left(\omega_{\mathrm{J}} t + \Delta\theta_0\right) \tag{4.25}$$

$$\omega_{\mathrm{J}} = \frac{2|e|V}{\hbar}$$

となる．ジョセフソン振動数

$$f_\mathrm{J} = \frac{\omega_\mathrm{J}}{2\pi} = \frac{2|e|V}{h} = \frac{V}{\phi_0} \tag{4.26}$$

は $V = 1\,\mathrm{mV}$ のとき $f_\mathrm{J} = 483.6\,\mathrm{GHz}$ という値である．電圧と振動数との間のこの関係は物質によらない普遍定数だけで決まっている．実際，Nb と Pb という 2 つの異なる超伝導物質でできたジョセフソン接合の f_J を比較した実験では，$|\Delta f_\mathrm{J}|/f_\mathrm{J} < 10^{-16}$ という高精度で普遍性が成立していることが実証されている．現在，電圧の国際標準はこの交流ジョセフソン効果 ((4.26) 式) を利用することにより定められている．

ジョセフソン接合の両端に電位差 V が発生している状態において接合を流れる電流 J は，ジョセフソン電流と (準粒子による) オーミック電流とからなる．

$$\begin{aligned} J &= J_\mathrm{c}\sin\Delta\theta + \frac{V}{R} \\ &= J_\mathrm{c}\sin\Delta\theta + \frac{\hbar}{2|e|R}\frac{\mathrm{d}\Delta\theta}{\mathrm{d}t} \end{aligned} \tag{4.27}$$

これを $\Delta\theta$ について解くと，

$$\Delta\theta = 2\tan^{-1}\left(\sqrt{1-\left(\frac{J_\mathrm{c}}{J}\right)^2}\tan\left[\frac{2|e|}{\hbar}Rt\sqrt{J^2-J_\mathrm{c}^2}\right] + \frac{J_\mathrm{c}}{J}\right) \tag{4.28}$$

となる．したがって接合の両端に発生する電圧は

$$\begin{aligned} V(t) &= \frac{\hbar}{2|e|}\frac{\mathrm{d}\Delta\theta}{\mathrm{d}t} \\ &= R\frac{J^2-J_\mathrm{c}^2}{J + J_\mathrm{c}\cos\left(\omega(J)t - \Delta\theta_0\right)} \\ \omega(J) &= \frac{2|e|}{\hbar}R\sqrt{J^2-J_\mathrm{c}^2}, \qquad \Delta\theta_0 = \cos^{-1}\left(\frac{J_\mathrm{c}}{J}\right) \end{aligned} \tag{4.29}$$

である．$J \gg J_\mathrm{c}$ ならば，(4.29) 式は

$$V(t) \approx RJ\left(1 - \frac{J_\mathrm{c}}{J}\sin\omega(J)t\right) \tag{4.30}$$

となり，オーミックな直流成分 $V = RJ$ に小振幅の交流が重畳した形となる．一方 $J \approx J_\mathrm{c}$ のときは，$V(t)$ の時間平均，すなわち直流成分が，

$$\overline{V(t)} \approx R\sqrt{J^2 - J_{\mathrm{c}}^2} = \frac{\hbar\omega(J)}{2|e|} \tag{4.31}$$

となる．

次に，上とは逆に，ジョセフソン接合に交流電圧 $V(t) = V_0 + V_1 \cos(\omega t)$ を印加する場合を考えよう．この場合，位相差が

$$\Delta\theta(t) = \frac{2\pi}{\phi_0}\left(V_0 t + \frac{V_1}{\omega}\sin\omega t\right) + \Delta\theta_0 \tag{4.32}$$

となるので，電流は

$$\begin{aligned} J(t) = J_{\mathrm{c}}\Bigg[&\sin\left(\frac{2|e|}{\hbar}(V_0 t + \Delta\theta_0)\right)\cos\left(\frac{2|e|V_1}{\hbar\omega}\sin(\omega t)\right) \\ &+ \cos\left(\frac{2|e|}{\hbar}(V_0 t + \Delta\theta_0)\right)\sin\left(\frac{2|e|V_1}{\hbar\omega}\sin(\omega t)\right)\Bigg] \end{aligned} \tag{4.33}$$

となる．三角関数の公式

$$\begin{aligned} \cos(a\sin x) &= \mathcal{J}_0(a) + 2\mathcal{J}_2(a)\cos 2x + 2\mathcal{J}_4(a)\cos 4x + \cdots \\ \sin(a\sin x) &= 2\mathcal{J}_1(a)\sin x + 2\mathcal{J}_3(a)\sin 3x + \cdots \end{aligned} \tag{4.34}$$

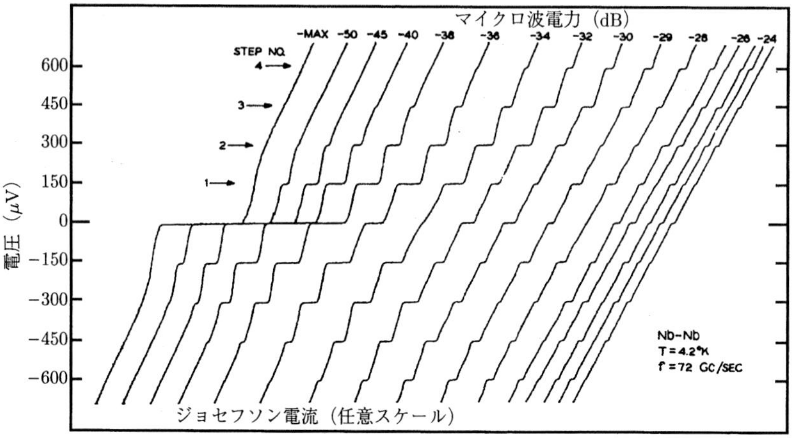

図 4.5 ジョセフソン接合に交流を印加したときの電流電圧特性．$2|e|V_0 = n\hbar\Omega$ (n は整数) という条件のところでステップがみられる (シャピロ・ステップ)．[C. C. Grimes and S. Shapiro, Phys. Rev. **169** (1968) 397]

を用いると*1)，電流に

$$J_{\mathrm{c}}\mathcal{J}_n\Big(\frac{2|e|V_1}{\hbar\omega}\Big)\sin\bigg(\Big(\frac{2|e|V_0}{\hbar}\pm n\omega\Big)t+\Delta\theta_0\bigg) \tag{4.35}$$

という形の項が含まれることがわかる．印加電圧が $2|e|V_0=n\hbar\omega$ (n は整数) という条件を満たすごとに，$\overline{J(t)}=J_{\mathrm{c}}\mathcal{J}_n(2|e|V_1/\hbar\omega)\sin\Delta\theta_0$ という直流成分が現れる．しかしながら通常の実験条件では，電源のインピーダンスが接合の抵抗よりも大きいために電流源として動作するので，上記の効果は上の条件に対応する電圧のところでの電流電圧特性の階段状の変化として現れる．図 4.5 は，接合に交流 (マイクロ波) を印加しつつ直流電流を掃引して直流電圧を測定した実験データで，$V=n(\hbar/2|e|)\omega$ のところに平坦部をつくるような階段状の変化を示している．この階段状の変化はシャピロ (Shapiro)・ステップと呼ばれる．

4.4 超伝導量子干渉計 (SQUID)

4.4.1 dc-SQUID

ジョセフソン接合を利用した超伝導量子干渉計 (Superconducting QUantum Interference Device: SQUID) と呼ばれる素子がある．図 4.6 に示したような 2 つのジョセフソン接合をもつ素子は直流 SQUID (dc-SQUID) と呼ばれる．

この回路に流れる全電流は，接合 1 と 2 を流れる電流の和として

$$\begin{aligned} I &= I_1+I_2 \\ &= I_{\mathrm{c1}}\sin\Delta\theta_1+I_{\mathrm{c2}}\sin\Delta\theta_2 \end{aligned} \tag{4.36}$$

と書かれるが，これはこのループを貫く磁束によって変化する．

図 4.6 に点線で示した積分経路に沿った $\nabla\theta$ の一周積分は 2π の整数倍になる．

$$\oint_{\mathrm{loop}}\nabla\theta\cdot\mathrm{ds}=2\pi n \tag{4.37}$$

*1) $\mathcal{J}_n(z)$ はベッセル関数である．J_{c} と紛らわしくなるのでこのような書体で表すことにする．

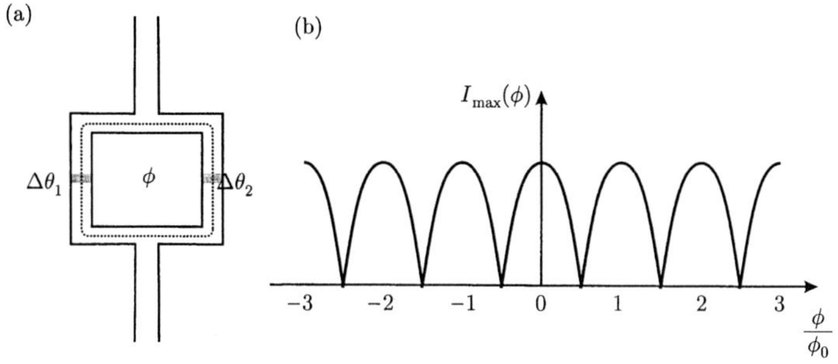

図 4.6 (a) dc-SQUID 構造. 点線は (4.38) 式の積分経路を表す. (b) ループを貫く磁束による臨界電流値の変化.

ここで $\nabla\theta = (m^*\mathbf{v}_s + e^*\mathbf{A})/\hbar$ であるが, 接合部以外では積分経路を超伝導体の十分内部にとればそこでは $\mathbf{v}_s = 0$ であるから, $\nabla\theta = (e^*/\hbar)\mathbf{A}$ とすればよく,

$$
\begin{aligned}
2\pi n &= \frac{e^*}{\hbar}\int_{\text{wire}} \mathbf{A}\cdot d\mathbf{s} + \int_{\text{junctions}} \nabla\theta\cdot d\mathbf{s} \\
&= \frac{e^*}{\hbar}\oint_{\text{loop}} \mathbf{A}\cdot d\mathbf{s} + \int_{\text{junctions}} \left(\nabla\theta - \frac{e^*}{\hbar}\mathbf{A}\right)\cdot d\mathbf{s} \\
&= 2\pi\frac{\phi}{\phi_0} + \Delta\tilde{\theta}_1 - \Delta\tilde{\theta}_2 \qquad (4.38)
\end{aligned}
$$

が得られる. ここで $\Delta\tilde{\theta}$ は次式で表される「ゲージ不変な位相」の値の接合両端における差分である.

$$
\Delta\tilde{\theta}_i = \Delta\theta_i - \int_{\text{junction(i)}} \left(\nabla\theta - \frac{e^*}{\hbar}\mathbf{A}\right)\cdot d\mathbf{s} \qquad (4.39)
$$

(4.38) 式が示すように 2 つの接合の位相差とループを貫く磁束との関係は

$$
\Delta\tilde{\theta}_1 - \Delta\tilde{\theta}_2 = 2\pi\frac{\phi}{\phi_0} \quad (\text{modulo} \ \ 2\pi) \qquad (4.40)
$$

である.

この関係を用いると, 回路を流れる電流は, (簡単のため 2 つの接合の臨界電流値が等しいものとして)

$$I = 2I_c \cos\left(\frac{\Delta\tilde{\theta}_1 - \Delta\tilde{\theta}_2}{2}\right) \sin\left(\frac{\Delta\tilde{\theta}_1 + \Delta\tilde{\theta}_2}{2}\right)$$
$$= 2I_c \cos\left(\frac{\pi\phi}{\phi_0}\right) \sin\left(\Delta\tilde{\theta}_1 + \frac{\pi\phi}{\phi_0}\right) \tag{4.41}$$

と表される．回路を流れる最大電流は

$$I_{\max} = 2I_c \left|\cos\left(\frac{\pi\phi}{\phi_0}\right)\right| \tag{4.42}$$

となり，ループを貫く磁束 ϕ に対して図 4.6-(b) に示したように周期的な変化を示す．周期は磁束量子 $\phi_0 = h/2e$ である．このことから SQUID が高感度の磁束計として働くことが理解できよう．特に，$\phi = (n+1/2)\phi_0$ (磁束量子の半整数倍) のところはカスプ状になっており，そこでの臨界電流はループを貫く磁束に敏感である．

4.4.2 遮蔽効果

(4.42) 式はループを貫く磁束 ϕ と SQUID 回路に流れる電流の関係を与えている．しかしながら，実験で制御するパラメーターは外部磁場 (磁束密度 B) であるから，外部からかけた磁束 $\phi_{\text{ext}} = BS$ とループを貫く磁束 ϕ との関係を考える必要がある．後者は前者からループを流れる電流による遮蔽効果の分 LI を差し引いたものになる．

$$\phi = \phi_{\text{ext}} - LI_c \sin\left(2\pi\frac{\phi}{\phi_0}\right) \tag{4.43}$$

ただし L は SQUID ループの自己インダクタンスである．これを図示したものが図 4.7 である．

4.4.3 rf-SQUID

これまで議論したのは dc-SQUID，すなわち 2 つのジョセフソン接合をもつループ構造であるが，SQUID 素子としてはこの他に，図 4.8-(a) のようにジョセフソン接合を 1 個だけもつ rf-SQUID というものがあり，実用的にはむしろこちらのほうが多く用いられている．接合が 1 個のループなので，ジョセフソン接合へのバイアス電圧は直流で印加することができず，コイルとの誘導結合

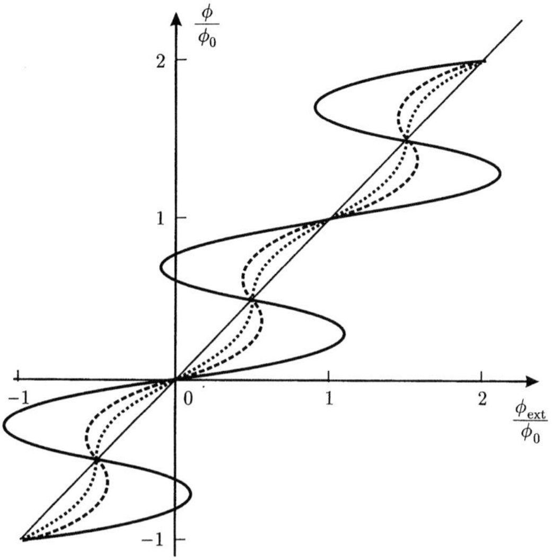

図 4.7 SQUID 素子に外部からかけた磁束 ϕ_{ext} とループを貫く磁束 ϕ との関係. 直線は遮蔽効果がない場合で，点線，破線，実線の順に LI_c の値を大きくした場合を示している.

によって高周波 (radio frequency) で与えることになる．これが rf-SQUID という名の由来である．

rf-SQUID の動作原理を図 4.8-(b),(c),(d) にもとづいて考えよう．図 4.7 からわかるように，LI_c がある程度以上大きくなると，ϕ は ϕ_{ext} の多価関数となる．この場合，図 4.8-(b) に示したように，ϕ_{ext} をある程度大きな振幅の交流で変調すると系の応答は履歴 (hysteresis) を示す．

rf-SQUID 回路の制御パラメーターは，(1) 磁場コイルによって調整される外部磁束 ϕ_{ext} と，(2) 高周波コイルに流す高周波電流の振幅 I_{rf}，の 2 つである．図 4.8-(c) は，ϕ_{ext} を固定して，I_{rf} を変化させたときの V_{rf} のふるまいを示したものである．I_{rf} をゼロから増加させてゆくとき，はじめのうちは V_{rf} は I_{rf} に比例して増加してゆく．振幅がある程度大きくなって履歴ループを描くようになると，高周波パワーが食われるため V_{rf} の増加は頭打ちになり，図 4.8-(c) にみられるように平坦になる．次に再び V_{rf} が増加し始めるのは，履歴ループによるパワー損失を高周波の 1 サイクルで補えるほどに I_{rf} が大きくなったとこ

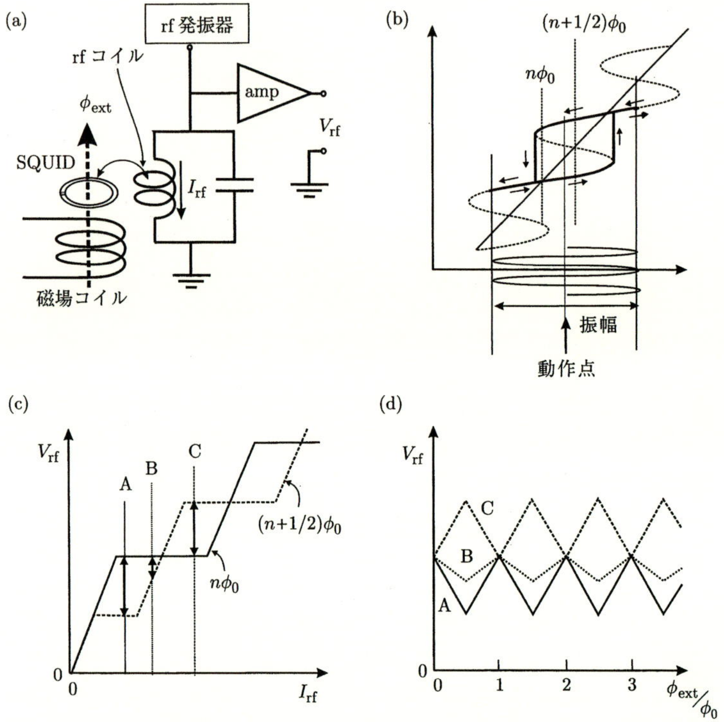

図 4.8 (a) 典型的な rf-SQUID 回路．高周波コイルとの誘導結合により SQUID ループに交流磁束が印加される．磁場コイルと表示されたコイルは静磁場を印加するためのものである．(b) 外部磁束を交流で変化させた場合の SQUID ループの応答．(c) ϕ_{ext} の値を固定して I_{rf} を変化させたとき V_{rf} が階段状に変化するようす．実線は $\phi_{ext} = n\phi_0$ の場合，破線は $\phi_{ext} = (n + 1/2)\phi_0$ の場合を示す．(d) I_{rf} の値を図 (c) の A,B,C の点に固定して ϕ_{ext} を変化させたときに得られる三角パターン．

ろからである．さらに I_{rf} が増加してより大きな履歴ループを描くような点に達すると再び V_{rf} は平坦になる．このように $V_{rf}(I_{rf})$ は図 4.8-(c) のような階段状の関数になる．$V_{rf}(I_{rf})$ は ϕ_{ext} の値，つまり rf-SQUID の動作点によって変化する．図 4.8-(c) の実線は $\phi_{ext} = n\phi_0$ の場合，破線は $\phi_{ext} = (n + 1/2)\phi_0$ の場合を示している．

I_{rf} の値を固定して ϕ_{ext} を変化させた場合には，図 4.8-(d) のような三角パターンが得られる．図 4.8-(d) の A, B, C のカーブは，図 4.8-(c) において I_{rf}

の値をそれぞれ A, B, C の点に固定した場合を示している．SQUID 素子の応答がこのように磁束量子 ϕ_0 を単位とした周期性を示すことを利用して SQUID 素子は高感度の磁束計として用いられる．磁束の変化にともなう応答をデジタル的にカウントすることももちろん可能であるが，図 4.8-(d) の三角パターンの 1 点にロックするようなフィードバック回路を用いることによって，磁束量子のさらに 1/100 といった高分解能を得ることも可能である．

SQUID を用いた磁化率測定装置は商品化され，物性研究には欠かせない装置の 1 つとなっている．また最近では走査プローブの先端に微細化した SQUID をつくって局所的な磁場分布を測定する走査 SQUID 顕微鏡も開発されている．SQUID 素子は医療分野への応用も開発が進められており，心電図ならぬ心磁図や脳波など生体関連の微弱な電磁シグナルを検出するプローブとして用いられるようになっている．

5

渦糸系の物理

第II種超伝導体に下部臨界磁場 H_{c1} 以上の磁場をかけると，磁場が量子磁束 (渦糸 (vortex line)) の形で侵入する．第II種超伝導体の混合状態 ($H_{c1} < H < H_{c2}$) の諸性質には，渦糸の多体系としての性質が反映される．渦糸の多体系のふるまいは，渦糸間の相互作用，渦糸と系の乱れ (不純物や欠陥など) との相互作用，および電流が渦糸に及ぼすローレンツ力，の兼ね合いで決まる．

5.1　渦糸間の相互作用

図 5.1-(a) のような 2 本の平行な渦糸を考え，それらの間の相互作用を求めよう．磁場分布はそれぞれの渦糸が発生する磁場 ((2.56) 式) の重ね合わせで表される．

$$h(\mathbf{r}) = \frac{\phi_0}{2\pi\lambda^2}\left[K_0\left(\frac{|\mathbf{r}-\mathbf{r}_1|}{\lambda}\right) + K_0\left(\frac{|\mathbf{r}-\mathbf{r}_2|}{\lambda}\right)\right] \tag{5.1}$$

渦糸間の相互作用エネルギーは渦糸 2 がつくる磁場中に置かれた渦糸 1 のエネルギー，およびその逆を合わせて

$$\begin{aligned} F_{12}(\mathbf{r}_1, \mathbf{r}_2) &= 2\frac{\phi_0}{2\mu_0}h(|\mathbf{r}_2-\mathbf{r}_1|) \\ &= \frac{1}{\mu_0}\frac{\phi_0^2}{2\pi\lambda^2}K_0\left(\frac{r_{12}}{\lambda}\right) \end{aligned} \tag{5.2}$$

と表される．この式は，渦糸間距離が侵入長に比べて小さい領域と大きい領域でそれぞれ

$$F_{12}(r_{12}) \propto \begin{cases} \ln\left(\frac{r_{12}}{\lambda}\right) & (\xi \ll r_{12} \ll \lambda) \\ \exp\left(-\frac{r_{12}}{\lambda}\right) & (\lambda \ll r_{12}) \end{cases} \tag{5.3}$$

となる．(5.2) 式は渦糸間距離 r_{12} の減少関数であるから，渦糸間の相互作用は斥力である．渦糸 2 が渦糸 1 から受ける力は

$$\begin{aligned} \mathbf{f} &= -\nabla F_{12} \\ &= \mathbf{J}_1(\mathbf{r}_2) \times \phi_0 \hat{\mathbf{z}} \end{aligned} \tag{5.4}$$

となる．この式に現れた $\mathbf{J}_1(\mathbf{r}_2)$ は，渦糸 1 がつくる超伝導電流密度 (つまり「流れの場」) $\mathbf{J}_1(\mathbf{r})$ の渦糸 2 の中心位置 $\mathbf{r}_2$ における値，という意味をもつ．このように表すと，渦糸間に働く力は，電流が渦糸に及ぼすローレンツ力 ((5.15) 式) とみることができる．

5.2 アブリコソフ格子

前節でみたように 2 本の渦糸間には斥力が働く．$H_{c1} < H < H_{c2}$ の混合状態では多数の渦糸が存在するが，それらはどのような安定配置をとるだろうか．単位面積あたりの渦糸の数 n_L が一定という条件のもとで，相互作用エネルギーを最小にする配置は (容易に推測されるように) 図 5.1-(b), (c) のような三角格子である．このことを線形化された GL 方程式を用いて少し定量的に検証しよう．

$\mathbf{A} = (0, Hx, 0)$ という条件下で，線形化された GL 方程式

$$-\frac{\hbar^2}{2m^*}\left[\nabla - \frac{ie^*}{\hbar}\mathbf{A}(\mathbf{r})\right]^2 \Psi(\mathbf{r}) + \alpha\Psi(\mathbf{r}) = 0 \tag{5.5}$$

は

$$\begin{aligned} \Psi_{\mathbf{k}}(\mathbf{r}) &\propto e^{ik_y y} \exp\left[-\frac{(x-x_0)^2}{2\xi^2(T)}\right] \\ x_0 &= \frac{\hbar k_y}{e^* H} \end{aligned} \tag{5.6}$$

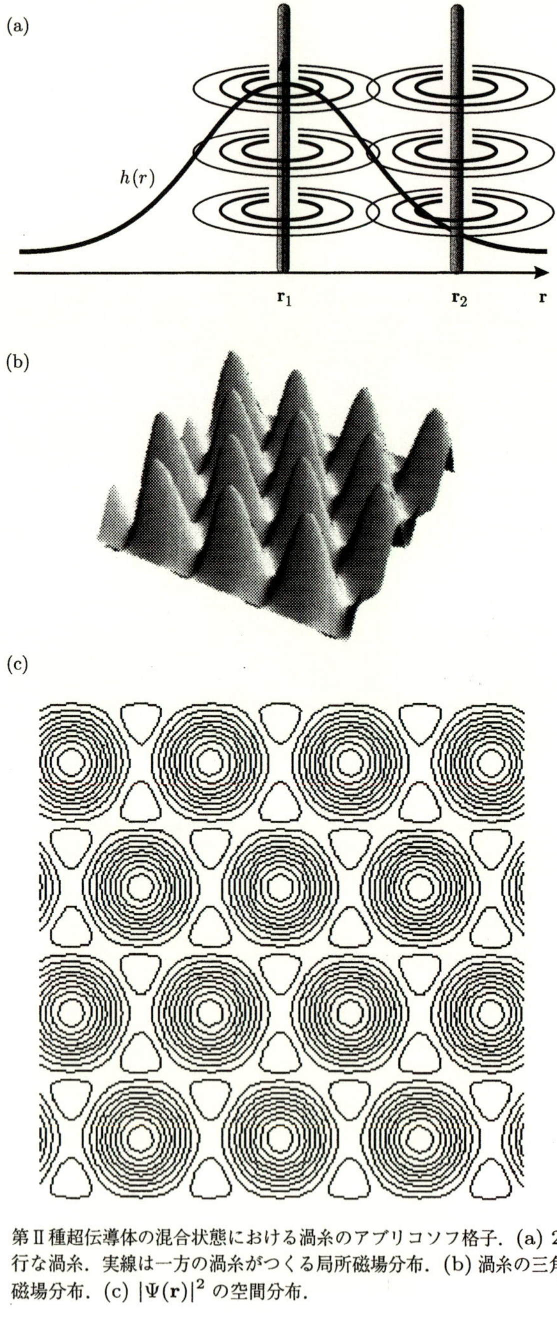

図 5.1　第II種超伝導体の混合状態における渦糸のアブリコソフ格子．(a) 2本の平行な渦糸．実線は一方の渦糸がつくる局所磁場分布．(b) 渦糸の三角格子の磁場分布．(c) $|\Psi(\mathbf{r})|^2$ の空間分布．

という形の解をもつ．これらの解は k_y の値に対して縮退している．

渦糸集団が規則格子を形成することを想定して，x_0 (すなわち k_y) が等間隔にならぶように $k_y = nq$ とする．これらを基底として，一般解を

$$\Psi_{\mathbf{k}}(\mathbf{r}) = \sum_n C_n e^{inqy} \exp\left[-\frac{(x-x_n)^2}{2\xi^2(T)}\right]$$
$$x_n = \frac{\hbar nq}{e^* H} \tag{5.7}$$

という形に書く．y 方向に $2\pi/q$ の周期をもつことはすでに折り込み済みであるが，係数 C_n を n の適当な周期関数に選べば x 方向にも周期的となる*1)．線形化された GL 方程式の範囲では (そもそも縮退した基底から構成したものであるから) どの構造も同じエネルギーであるが，非線形項 $(\beta/2)|\Psi|^4$ を考慮すると異なる構造間に差が生じる．異なる構造の渦糸格子の相対的安定性は

$$\beta_{\mathrm{A}} \equiv \frac{\langle|\Psi|^4\rangle}{\langle|\Psi|^2\rangle^2} \tag{5.8}$$

という無次元量によって特徴づけられる．数値計算によれば，正方格子では $\beta_{\mathrm{A}} = 1.18$，三角格子では $\beta_{\mathrm{A}} = 1.16$ となり，三角格子のほうが安定であることが示されている*2)．渦糸系がつくる三角格子はアブリコソフ格子 (Abrikosov lattice) と呼ばれる．

$H_{c1} \ll H \ll H_{c2}$ の領域では，渦糸間の平均距離 $d \approx n_{\mathrm{L}}^{1/2}$ が $\xi \ll d \ll \lambda$ を満たす．磁場分布は (2.54) 式と同様に

$$\mathbf{h}(\mathbf{r}) + \lambda^2 \nabla \times \big(\nabla \times \mathbf{h}(\mathbf{r})\big) = \phi_0 \hat{\mathbf{z}} \sum_i \delta^{(2)}(\mathbf{r} - \mathbf{r}_i) \tag{5.9}$$

によって決まる．右辺はすべての渦糸の位置 $\mathbf{r}_i$ にわたる和である．渦糸が規則格子配置をとることを想定して $\mathbf{h}(\mathbf{r})$ を 2 次元フーリエ級数で表す．

$$\mathbf{h}(\mathbf{r}) = \sum_{\mathbf{G}} \mathbf{h}_{\mathbf{G}}\, e^{-i\mathbf{G}\cdot\mathbf{r}} \tag{5.10}$$

---

*1) たとえば $C_{n+1} = C_n = \mathrm{const}$ とすれば正方格子，$iC_{2m+1} = C_{2m} = \mathrm{const}$ とすれば三角格子となる．

*2) ただし両者の差は大きいものではなく，物質によっては結晶の対称性を反映して渦糸の正方格子が実現する場合もある．

ここで $\mathbf{G}$ は渦糸が作る格子の逆格子ベクトルである．これを (5.9) 式に代入し，$e^{-i\mathbf{G}'\cdot\mathbf{r}}$ を乗じて積分することによって

$$\sum_{\mathbf{G}}(1+\lambda^2G^2)\mathbf{h}_{\mathbf{G}}\delta'_{\mathbf{G},\mathbf{G}} = n_{\mathrm{L}}\phi_0\hat{\mathbf{z}} \tag{5.11}$$

したがって

$$\mathbf{h}_{\mathbf{G}} = \frac{n_L\phi_0}{1+\lambda^2G^2}\hat{\mathbf{z}} = h_{\mathbf{G}}\hat{\mathbf{z}}$$
$$h_{\mathbf{G}} = \frac{B}{1+\lambda^2G^2} \tag{5.12}$$

が得られる ($h_{\mathbf{G}}$ は $\mathbf{h}_{\mathbf{G}}$ の z 成分)．渦糸格子のエネルギー密度は

$$\begin{aligned}\mathcal{E}_{\mathrm{total}} &= \frac{1}{2\mu_0}\int\left(\mathbf{h}^2(\mathbf{r})+\lambda^2\big(\nabla\times\mathbf{h}(\mathbf{r})\big)^2\right)\mathrm{d}^2r \\ &= \frac{1}{2\mu_0}\sum_{\mathbf{G}}(1+\lambda^2G^2)\mathbf{h}_{\mathbf{G}}\mathbf{h}_{-\mathbf{G}} \\ &= \frac{B^2}{2\mu_0}\sum_{\mathbf{G}}\frac{1}{1+\lambda^2G^2}\end{aligned} \tag{5.13}$$

となる．一様磁場成分の寄与を分けて書くことにすると，

$$\mathcal{E}_{\mathrm{total}} = \frac{B^2}{2\mu_0}+\frac{B^2}{2\mu_0}\sum_{\mathbf{G}\neq\mathbf{0}}\frac{1}{1+\lambda^2G^2} \tag{5.14}$$

と表される．渦糸格子は一種の弾性体とみなすことができ，その性質は弾性係数テンソルによって表される．そのことは，高温超伝導体特有の性質に関わる次章でみることにする．

5.3 渦糸格子の観察

第Ⅱ種超伝導体の渦糸格子を直接あるいは間接に観察する方法はいくつか工夫されている．

- **ビッター (Bitter) 法 (強磁性微粒子による修飾)**

  もっとも古くから行われている方法である．第Ⅱ種超伝導体試料の表面付近の空間には渦糸格子を反映した局所磁場分布が形成される．そこに強磁

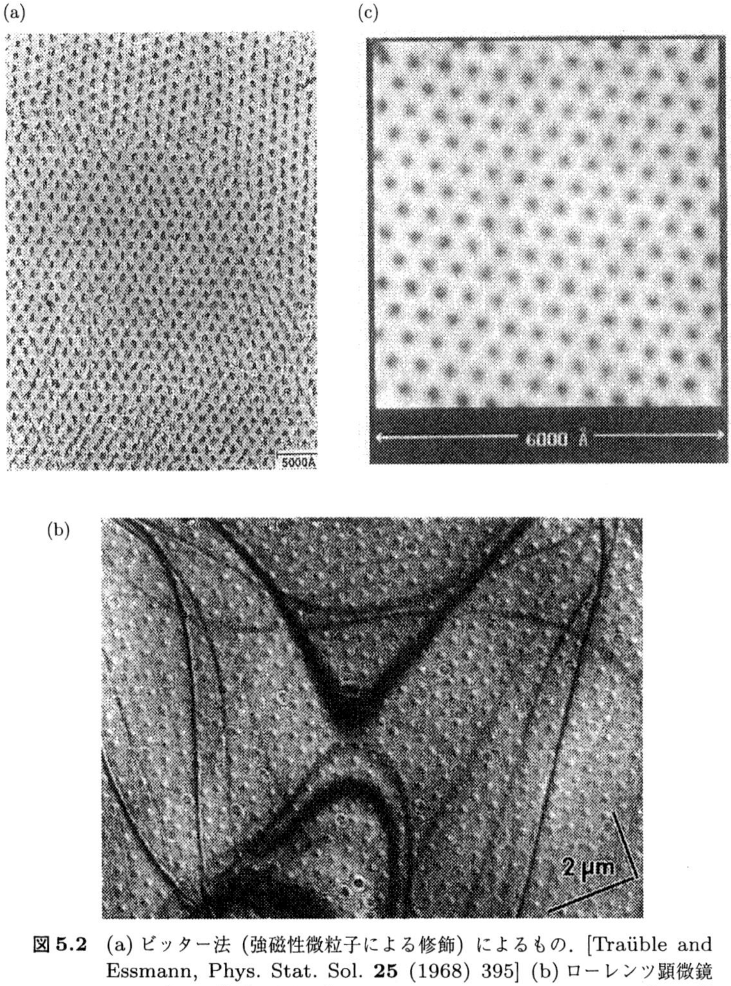

図 5.2 (a) ビッター法 (強磁性微粒子による修飾) によるもの. [Traüble and Essmann, Phys. Stat. Sol. **25** (1968) 395] (b) ローレンツ顕微鏡によるもの. 物質は Nb. [Harada *et al.*, Nature **360**, 51 (1992)] (c) 低温 STM によるもの. 物質は $NbSe_2$. [Hess *et al.*, Phys. Rev. Lett. **62** (1989) 214]

性微粒子をふりかけると*1)，局所磁場が強い渦糸中心部付近に選択的に付着する．それを取り出して走査電子顕微鏡 (SEM) などで観察する．ビッター法は必然的にワンショットの観察であり，動的な情報を得ることはできない．また，空間分解能は微粒子のサイズと局所磁場分布のコントラストで決まり，通常 0.1～1 μm 程度である．図 5.2-(a) は渦糸格子のビッター・パターンである

- **磁気光学効果**

ガーネットなど強磁性体薄膜のファラデー回転*2)を利用して局所磁場分布を視覚化する方法がある．空間分解能は 10 μm 程度であって，渦糸 1 本ずつを観察するほどの分解能はないが，局所磁束密度分布を実時間で観察する方法として利用される．

- **中性子回折**

中性子は磁気モーメントをもつので，局所磁場分布によって散乱される．渦糸格子による周期磁場は中性子のブラッグ回折を引き起こす．回折実験に利用される中性子の典型的なドブローイ波長は 1 nm 程度であり，渦糸格子の典型的な格子定数は 100 nm 程度であるから，観測は小角散乱によって行われる．回折データから得られる形状因子 (form factor) のフーリエ変換によって実空間の磁場分布が求められる．他の多くの手法が超伝導体表面を観察するのに対して，中性子回折は超伝導体内部の渦糸分布を観察するところが特徴である．

- **ローレンツ顕微鏡**

ローレンツ顕微鏡というのは透過型電子顕微鏡 (TEM) において意図的に焦点をぼかして撮像する手法で，磁性体の磁区構造の観察などに用いられてきた．この方法を応用して超伝導体の渦糸格子を撮影することができる．図 5.2-(b) は Nb 薄膜試料の渦糸格子像である．この手法では，超伝導体試料を電子線が透過できるほどの薄さにする必要があるが，透過電子顕微鏡としての観察機能と合わせて試料中の格子欠陥などミクロ構造と渦糸のピ

---

*1) 具体的には，強磁性金属を低圧のヘリウムガス中で蒸発させて微粒子を生成し，超伝導体試料表面に付着させる．

*2) 偏光した光が磁化を有する物質を透過するときに偏光方向が回転する現象．

ン留めとの関係を調べる強力な手段となる．また，この手法の大きな特徴は渦糸の運動を実時間で観察できる点にある．

- **走査プローブ顕微鏡**

近年とみに発達した各種の走査プローブ顕微鏡技術を用いると，空間分解能をもった種々の測定を行うことができる．表面の磁場分布を測定するという手法としては，磁気力顕微鏡 (MFM) が代表的であるが，SQUID 素子や半導体ホール素子をプローブ先端に取り付けた走査プローブ顕微鏡も開発されている．

それに対して，走査トンネル顕微鏡 (STM) では局所電子状態すなわち超伝導のギャップスペクトルの局所測定 (走査トンネルスペクトロスコピー (STS)) を行う．つまり STM による磁束格子の観察では，超伝導ギャップの空間変化を観察するわけである．図 5.2-(c) は STM による磁束格子の観察例である．STM/STS による測定で特に興味深いのは，渦糸のコア (渦芯) 部分における準粒子スペクトルを高い空間分解能をもって測定できることである．この点については第 8 章で立ち帰ることにする*1)．

5.4 ローレンツ力と磁束フロー

渦糸の配列や運動は，渦糸に働く各種の力の釣り合いによって決まる．この章のはじめに渦糸間に働く力について学んだが，渦糸に働く力としてはこの他にもいろいろなものがある．重要なのは本節で学ぶローレンツ力と次節で学ぶピン留め力である．

超伝導体中を流れる電流密度 $\mathbf{J}$ の一様な電流の中に置かれた 1 本の渦糸には単位長さあたり，次式で与えられるローレンツ (Lorentz) 力が働く．

$$\mathbf{f} = \mathbf{J} \times \hat{\mathbf{z}}\phi_0 \tag{5.15}$$

$\hat{\mathbf{z}}$ は z 方向の単位ベクトルである．磁束密度 $\mathbf{B} = n_{\mathrm{L}}\phi_0\hat{\mathbf{z}}$ (n_{L} は単位面積あたりの渦糸の数) を用いて書き直すと，単位体積あたりのローレンツ力は

*1) 第 8 章の図 8.7-(b) は渦芯近傍の各点における超伝導ギャップスペクトルの実験結果である．このような測定から準粒子の束縛状態に関する興味深い情報がもたらされる．

$$\mathbf{F} = \mathbf{J} \times \mathbf{B} \tag{5.16}$$

となる．$\mathbf{J} \times \mathbf{B}$ というベクトル積で表されていることからわかるように，ローレンツ力は渦糸を電流に対して垂直方向に駆動する．渦糸が速度 $\mathbf{v}_\mathrm{L}$ で運動すると，電磁誘導によって

$$\mathbf{E} = \mathbf{v}_\mathrm{L} \times \mathbf{B} \tag{5.17}$$

という電場が発生する．この電場は電流と平行である．電流方向に電場が発生するということは有限の電気抵抗 (したがってエネルギー散逸) が発生することにほかならない．これを磁束フロー抵抗と呼ぶ．

渦糸に対するピン留めがないものとすると，渦糸の運動はローレンツ力と摩擦力との釣り合いによって決まる．摩擦力は渦糸の速度 $\mathbf{v}_\mathrm{L}$ に比例するものとしてその比例係数 (摩擦係数) を η と書くことにすると，ローレンツ力と摩擦力の釣り合いの式は

$$\mathbf{J} \times \hat{\mathbf{z}}\phi_0 - \eta \mathbf{v}_\mathrm{L} = 0 \tag{5.18}$$

となる．この式を $\mathbf{v}_\mathrm{L}$ について解いたものを (5.17) 式に代入することによって，

$$\begin{aligned}\mathbf{E} &= \frac{\phi_0}{\eta}(\mathbf{J} \times \hat{\mathbf{z}}) \times \mathbf{B} \\ &= \frac{\phi_0 B}{\eta}\mathbf{J}.\end{aligned} \tag{5.19}$$

したがって，磁束フロー抵抗として

$$\rho_\mathrm{FF} \equiv \frac{\mathbf{E}}{\mathbf{J}} = \frac{\phi_0}{\eta}B \tag{5.20}$$

という式が得られる．摩擦係数 η が磁束密度 (渦糸密度) によらず一定ならば，磁束フロー抵抗は B に比例する．

磁束フロー抵抗を具体的に求めるには，摩擦力の中身を知らなければならない．その簡単なモデルであるバーディーン–シュティーヴン (Bardeen–Stephen: BS)・モデルを紹介する．BS モデルでは渦糸の構造を簡単にモデル化して，(1) 半径 $a \approx \xi$ の円柱の渦芯領域が完全な常伝導状態 ($\Psi = 0$)，(2) その外部は完全な超伝導状態 ($\Psi = \Psi_0$)，とする．そしてエネルギー散逸の機構としては，常

伝導の渦芯部分におけるオーミック散逸を想定する．つまりこのモデルでは，渦芯内部の電場がわかれば常伝導抵抗率 ρ_{n} によってエネルギー散逸が計算できるというわけである．

渦芯の外部 $r > a$ における電場は，ロンドン方程式から

$$\begin{aligned}\mathbf{E}(\mathbf{r}) &= \frac{\partial}{\partial t}\left(\frac{m^*\mathbf{v}_s(\mathbf{r})}{e^*}\right) \\ &= -\mathbf{v}_{\mathrm{L}}\cdot\nabla\left(\frac{m^*\mathbf{v}_s(\mathbf{r})}{e^*}\right) \\ &= -\mathbf{v}_{\mathrm{L}}\cdot\nabla\left(\frac{\hbar}{2e}\frac{\hat{\theta}}{r}\right) \end{aligned} \tag{5.21}$$

と表される．ここで，$\hat{\mathbf{r}}$ および $\hat{\theta}$ はそれぞれ動径および角度方向の単位ベクトルである．渦糸の進行方向を x 軸にとることにする ($\mathbf{v}_{\mathrm{L}} \parallel \hat{\mathbf{x}}$) と，電場は

$$\begin{aligned}\mathbf{E}(\mathbf{r}) &= -v_{\mathrm{L}}\frac{\hbar}{2e}\frac{\partial}{\partial x}\left(\frac{\hat{\theta}}{r}\right) \\ &= v_{\mathrm{L}}\frac{\hbar}{2e}(\hat{\theta}\cos\theta - \hat{\mathbf{r}}\sin\theta)\end{aligned} \tag{5.22}$$

となる．θ は x 軸から測った角度である．

電気力線のパターンは図 5.3 に示したようなもので，これは電気双極子によってつくられる電場と同型である．

渦芯部分 $r < a$ の電場は，境界 $r = a$ における電場の接線成分の連続性の要請から求められ，

$$\mathbf{E}_{(r<a)} = v_{\mathrm{L}}\frac{\hbar}{2e}\frac{1}{a^2}\hat{\mathbf{y}} \tag{5.23}$$

という一様電場となる．$a = \xi$ とおくと

$$\begin{aligned}\mathbf{E}_{(r<a)} &= v_{\mathrm{L}}\frac{\phi_0}{2\pi\xi^2}\hat{\mathbf{y}} \\ &= v_{\mathrm{L}}B_{c2}\hat{\mathbf{y}}\end{aligned} \tag{5.24}$$

と書くこともできる．渦芯部分の常伝導抵抗率を ρ_{n} とすると，渦芯におけるオーミック散逸は

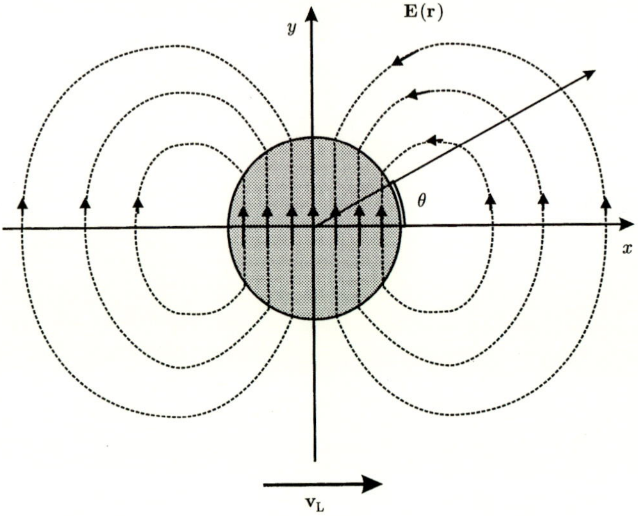

図 5.3 速度 $\mathbf{v}_{\mathrm{L}}$ で x 方向に動く渦糸がつくる局所電場のようす.

$$W = \pi\xi^2 \frac{E^2_{(r<a)}}{\rho_{\mathrm{n}}} = \left(\frac{\hbar}{2e}\right)^2 \frac{\pi v_{\mathrm{L}}^2}{\xi^2 \rho_{\mathrm{n}}} \tag{5.25}$$

となる. バーディーンとシュティーヴンが示したところによると, 渦芯の外の領域の常伝導電流によるエネルギー散逸はちょうど (5.25) 式と同じだけの寄与を与え, トータルのエネルギー散逸としては (5.25) 式の 2 倍になる.

$$W = \left(\frac{\hbar}{2e}\right)^2 \frac{2\pi v_{\mathrm{L}}^2}{\xi^2 \rho_{\mathrm{n}}} \tag{5.26}$$

これを ηv_{L}^2 と等しいとおくことにより, 摩擦係数 η が

$$\begin{aligned} \eta &= \left(\frac{\hbar}{2e}\right)^2 \frac{2\pi}{\xi^2 \rho_{\mathrm{n}}} \\ &= \phi_0 \frac{B_{\mathrm{c2}}}{\rho_{\mathrm{n}}} \end{aligned} \tag{5.27}$$

と求められる. これを (5.20) 式に代入すると, 渦糸の運動による電気抵抗 (磁束フロー抵抗) は

$$\rho_{\mathrm{FF}} = \rho_{\mathrm{n}} \frac{B}{B_{\mathrm{c2}}} \tag{5.28}$$

という簡単な形になる．(5.28) 式は $B = B_{\mathrm{c2}}$ において常伝導抵抗と連続的につながる．

5.5 ピン留め

前節で考察したのは，磁束のピン留め (flux pinning) が無視できて，ローレンツ力と摩擦力との釣り合いのみによって渦糸の運動が決まるような状況であった．しかしながら現実の超伝導体ではそのような状況はむしろ例外的であって[*1)]，渦糸の運動を考える上では常にピン留め効果を考慮する必要がある．特に，超伝導体が実用に供される物理的状況では，ピン留め効果は本質的に重要である．超伝導応用の多くは抵抗ゼロという性質を利用するものであるから，磁束 (渦糸) が動いて抵抗が発生してしまうことは好ましくない．実用超伝導材料においては，大きな外部電流による強いローレンツ力が働いても磁束が動き出さないように強くピン留めされていることが望ましいわけである．

磁束をピン留めする機構について考えてみよう．系が並進対称ならば渦糸の位置によらずエネルギーは一定であるからピン留めは生じない．逆にいうと，磁束のピン留めは何らかの意味の空間的不均一性 (系の乱れ) に起因する．ピン留めの機構として代表的なものは空間的不均一性と渦芯との相互作用である．渦糸の芯の部分は超伝導状態を部分的に壊して ($|\Psi|^2$ の値が小さくなって) いて，その分だけ本来の凝縮エネルギーが失われている．そこでたとえば，超伝導体中に欠陥などすでに局所的に超伝導が壊れている場所があったとすれば，そこに渦芯を置く配置は他の場所に置く配置よりもエネルギー的に得である．

磁束のピン留め中心となる不均一性としては，不純物，格子欠陥，転位，析出物，結晶粒界，表面などさまざまなものがある．ピン留めの強さは不均一性の種類やサイズ・形状によってまちまちである．形状についていえば，不純物や点欠陥は点状，転位や重イオン照射によってつくられる欠陥は直線状，双晶

---

*1) 磁束のピン留めが非常に弱い状況というのは，よく焼きなまして欠陥を減らした純良単結晶，あるいはアモルファス超伝導薄膜などにおいて実現される．

界などは面状であり，析出物は3次元的広がりをもつ．線状や面状の欠陥の場合，それと平行な磁束に対して特に強いピン留めとして働く．また層状超伝導体において，磁場が層に平行な場合には層状構造自身が強いピン留め効果を発揮する．この効果は，固有ピン留め (intrinsic pinning) と呼ばれる．

渦糸は超伝導相の中の1次元的欠陥とみなすことができる．これと似たものとして結晶の転位 (dislocation) がある．超伝導体中の磁束のピン留めの問題は，結晶の転位のピン留めの問題と，基本的な概念において共通するところが多い．転位自身が結晶の周期性の乱れであるが，不純物・格子欠陥など他の種類の乱れと相互作用し，また転位どうしの相互作用によって複雑な転位網をつくることが知られている．また，転位はその並進運動に対してもとの結晶の周期構造を反映したパイエルス・ポテンシャルと呼ばれる周期ポテンシャルを感じる．先に述べた層状構造による磁束の固有ピン留めの問題には，パイエルス・ポテンシャル中の転位のふるまいからの類推が成立する．磁束 (転位) の安定位置は，図5.4-(a) のように，固有ピン留めポテンシャル (パイエルス・ポテンシャル) の谷である．磁束 (転位) の全体が一斉にポテンシャルの山を越えて隣接する谷に移動する過程はエネルギー障壁がきわめて高い．しかしながら図5.4-(b) に示したように，ごく小さなセグメントが熱ゆらぎによって隣の谷に移動してキンク (kink) と反キンク (antikink) の対をつくり，その後それらが逆方向へ拡散する過程によって全体が移動することができる．

実用超伝導材料の研究では，不純物，析出物や重イオン照射による欠陥など，種々の人工的ピン留め中心を導入することによって，できるだけ高い臨界電流密度を得ることに努力が払われる．つまり，超伝導線材を想定した実用超伝導材料の性能の指標となるのが臨界電流密度 J_c である．ピン留めが強い第II種超伝導体は硬い超伝導体 (hard superconductor) と呼ばれる．逆に，ピン留めが非常に弱くて磁束が自由に動けるような状況は，高純度の単結晶をよく焼きなまして欠陥を極力少なくした試料やアモルファス超伝導物質などにおいて近似的に実現される．そのような状況では，非常に小さい電流密度からBSモデルで記述されるような磁束フローが起こる．一般に，さまざまなピン留め中心の存在下での渦糸多体系のふるまいは，非常に複雑な問題である．この問題については，次章において高温超伝導体に関連してさらに議論することになる．

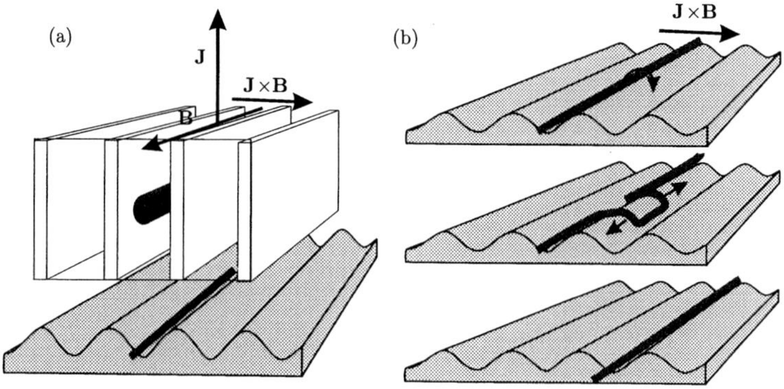

図 5.4 (a) 磁束 (転位) は固有ピン留めポテンシャル (パイエルス・ポテンシャル) の谷に捉えられる. (b) 隣接する谷への移動は, キンク・反キンク対の生成とそれらの拡散によって起こる.

5.6 非平衡磁化過程

硬い超伝導体, すなわち, 磁束のピン留めが強い超伝導体の外部磁場に対する応答を考える. ピン留めが強い場合, 外部磁場をかけても超伝導体内部への磁束の侵入は簡単には起こらない. 逆にいったん内部に侵入した磁束はそこに強くピン留めされるので, 外部磁場を下げても簡単には動かない. このため外部磁場に対する応答 (磁化過程) は顕著な履歴を示すことになる. 磁束の動きはローレンツ力とピン留め力との拮抗によって支配される. いまの場合, 外部から輸送電流を流しているわけではないが, 超伝導体内部に磁束密度の勾配があるということは, 遮蔽電流が流れているということを意味し, この遮蔽電流が磁束にローレンツ力を及ぼすわけである.

ローレンツ力 $\mathbf{F} = \mathbf{J} \times \mathbf{B}$ がピン留め力を上回れば磁束が動き出す. この条件が臨界電流密度 J_c を決める*1). 逆にいうと, 臨界電流密度 J_c は第 II 種超伝導体における磁束のピン留めの強さを表すパラメーターとなる. 前々節で想定

*1) ここでいう臨界電流密度は, 磁束に対するローレンツ力がピン留め力を超えるという条件で決まるもので, クーパー対が壊れるという条件で決まる臨界電流密度は通常これよりも高い. 両者を区別するときには, 前者をデピンニング臨界電流 (depinning critical current), 後者をデペアリング臨界電流 (depairing critical current) と呼ぶ.

したような，ピン留めが非常に弱くて渦糸が自由に動ける状況というのは臨界電流密度が非常に小さい場合に相当する．

硬い超伝導体の非平衡磁化過程は，以下に述べる臨界状態モデルにもとづいて議論することができる．図 5.5 に示したような，厚み d をもつ超伝導体の円筒を考える．磁場がゼロの初期状態から出発して外部磁場を加えていったときに，この円筒状の超伝導体内部に磁束はどのように侵入するだろうか．超伝導体内を流れる遮蔽電流の局所電流密度 $\mathbf{J}(\mathbf{r})$ と局所磁束密度 $\mathbf{B}(\mathbf{r})$ との間にはマックスウェル方程式 $\nabla \times \mathbf{B} = \mu_0 \mathbf{J}$ が成り立つ．いまの場合，$\mathbf{B}$ は z 方向，$\mathbf{J}$ は θ 方向を向き，ともに r のみに依存するから，磁束密度の勾配と遮蔽電流の関係は $\mathrm{d}B(r)/\mathrm{d}r = \mu_0 J(r)$ となる．臨界状態モデルでは，外部磁場をできるだけ短い距離で遮蔽すること，すなわち磁束密度の勾配を最大にするように局所電流密度が決まる．局所電流密度の最大値は臨界電流密度 J_c であるから，結局，磁束密度 B の勾配はその場所での電流密度が臨界電流密度 J_c となるように決まる．臨界電流密度は一般には局所磁場に依存するが，もっとも簡単なモデルであるビーン (Bean)・モデルではそれを無視して J_c は B によらず一定値であるとする．つまりこのモデルでは，磁束密度に空間分布が生ずるとき，その勾配は常に臨界電流密度で決まる一定値となる．

$$\frac{\mathrm{d}B(r)}{\mathrm{d}r} = \pm \mu_0 J_\mathrm{c} \tag{5.29}$$

このように仮定すると，超伝導体内部の状態として可能なのは，遮蔽電流が流れていない領域，$+J_\mathrm{c}$ の遮蔽電流が流れている領域，$-J_\mathrm{c}$ の遮蔽電流が流れている領域，の 3 種類のみとなる．それぞれの領域での磁束密度の勾配 $\mathrm{d}B/\mathrm{d}r$ は，0，$+\mu_0 J_\mathrm{c}$，$-\mu_0 J_\mathrm{c}$ である．

外部磁場をゼロから徐々に上げてゆくとき，磁束密度の勾配が一定という条件からその分布が図 5.5 に示したようになることは明らかであろう．図からわかるように，磁束密度分布の最前線が内径に達するのは外部磁場が $H_\mathrm{ext} = J_\mathrm{c} d$ のときであって，それまでは円筒に囲まれた中空部分内部の磁場はゼロのままにとどまる．外部磁場がさらに増加すると，中空部分の磁場も同じ割合で増加してゆく．次に外部磁場を減少させると，円筒の外周の側から負の磁束密度勾配の領域が発生し徐々に内側へと広がる．外部磁場をゼロに戻しても，中空部

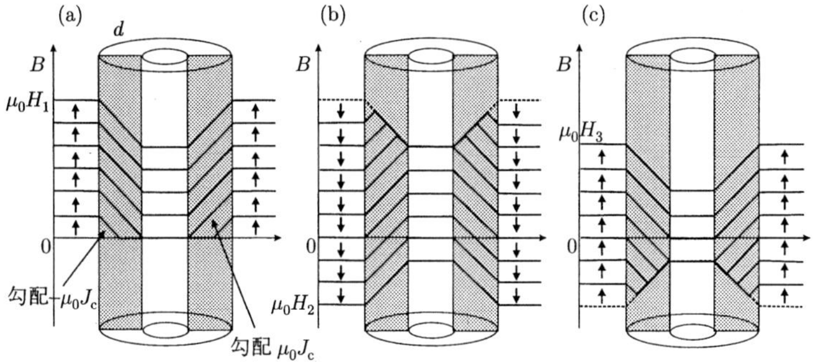

図 5.5 硬い (ピン留めの強い) 超伝導体でできた円筒に外部磁場をかけたときの磁束の侵入のようす. (a) 印加磁場を $H = 0$ から $H = H_1$ まで増加させたときの $B(r)$ の変化. (b) 次に, 磁場を $H = H_1$ から $H = H_2$ まで減少させたときの $B(r)$ の変化. (c) 再び磁場を増加させて, $H = H_2$ から $H = H_3$ まで変えたときの $B(r)$ の変化.

分には磁束がトラップされていることがわかる.

図 5.6 は円柱形状の硬い超伝導体の磁化過程を示したものである. 図 5.6-(a) は, 磁束が試料中心にまで十分に入るような強い磁場をいったんかけた上で, 磁場をゼロに戻したときのようすを示している. 磁場をゼロに戻したとき (図の④) の磁束密度分布は円錐状になっている. このときの磁化 (残留磁化) は, 円錐状の磁束密度分布 ($B(r) = \mu_0 J_c(R - r)$) を積分することによって求めることができる.

$$
\begin{aligned}
M_{\mathrm{rem}} &= \frac{1}{\pi R^2} 2\pi \int_0^R B(r) r \mathrm{d}r \\
&= \frac{1}{\pi R^2} 2\pi \int_0^R \mu_0 J_c (R - r) r \mathrm{d}r \\
&= \frac{2}{R^2} \times \frac{1}{6} \mu_0 J_c R^3 \\
&= \frac{1}{3} \mu_0 J_c R = \frac{1}{6} \mu_0 J_c D \qquad (5.30)
\end{aligned}
$$

となる (D は円柱の直径). 形状が厚さ D の平板の場合には

$$
M_{\mathrm{rem}} = \frac{1}{D} \int_{-D/2}^{D/2} B(x) \mathrm{d}x
$$

$$= \frac{2}{D}\int_0^{D/2} \mu_0 J_{\mathrm{c}} x \mathrm{d}x$$
$$= \frac{1}{4}\mu_0 J_{\mathrm{c}} D \tag{5.31}$$

となる．これらの関係を使って，残留磁化の測定値から臨界電流密度を求めることができる．

図 5.6-(b) は磁化測定において通常行うように外部磁場を掃引したときに得られる磁気履歴曲線を示している．磁気履歴曲線上の各点における磁束密度分布のようすが示されている．

上述のビーン・モデルでは，臨界電流密度の値が磁束密度によらず一定である，というきわめて単純化した仮定をおいたことによって，磁束密度分布は一定勾配の単純な形となり，磁気履歴曲線は図 5.6 のように直線的な形状を示す

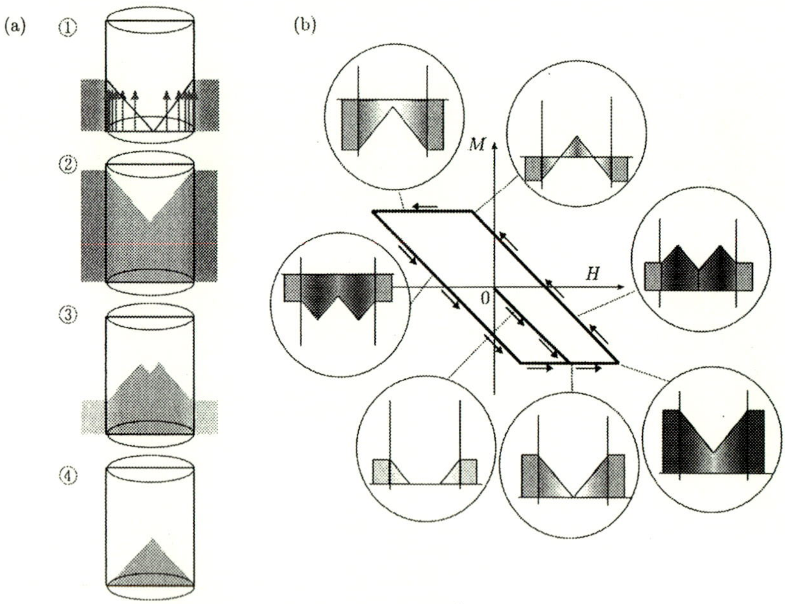

図 5.6　円柱形状の硬い超伝導体に対して磁場をかけたときの磁束密度分布．(a) 十分に強い磁場をいったんかけてから磁場をゼロに戻すときの磁束密度分布．④は最大残留磁化の状態を表す．(b) 磁気履歴曲線とその上の各点における磁束分布．

ことになる．現実には，臨界電流密度は一般に磁場の強さに依存する．その場合，臨界電流密度の局所磁場依存性 $J_{\mathrm{c}}(B)$ を通じて J_{c} が場所に依存することになるので，磁束密度分布を与える方程式 ((5.29) 式) は複雑なものとなり，したがって磁気履歴曲線も複雑な様相を示す．また，ここでは非平衡磁化の時間的変化 (緩和現象) のことを考慮しなかったが，この点は後章で扱う高温超伝導体の磁束のふるまいにおいて非常に重要となる．

6

高温超伝導体特有の性質

銅酸化物系の高温超伝導体はその超伝導特性に関して，金属・合金系の従来型超伝導体と比べてかなり異なるふるまいを示す．それらの多くは従来型超伝導体においても原理的には存在するが，高温超伝導体では超伝導性質を特徴づけるパラメーターの値が従来型超伝導体と極端に異なるために特に顕著に現れるものである．通常の超伝導物質と比較したとき，銅酸化物系の高温超伝導物質の特徴は次のような点にある．

(1) 超伝導転移温度が高いことの必然の帰結として，超伝導ギャップや超伝導凝縮エネルギーが大きい．

(2) 層状の結晶構造に起因する強い 1 軸異方性 (uniaxial anisotropy) を有する．(物質によってはさらに層面内の異方性も問題になる.)

(3) 金属としてはキャリアー密度が比較的低く，常伝導抵抗率が高い．

(4) 電子相関の効果が強く，そのため通常の s 波とは異なる対称性の対形成による超伝導が実現している．

これらのうち，クーパー対の対称性に関わることは後章に譲るとして，本章では特徴の (1)～(3) が高温超伝導体の超伝導特性にどのように反映されるかをみてゆく．

6.1 層状構造と異方性

6.1.1 1軸異方性

はじめに，超伝導を特徴づける長さのスケールについてみてみよう．銅酸化物超伝導物質のキャリアー密度は典型的な超伝導金属に比べて 1 桁以上低い．

したがってフェルミ速度 v_{F} も1桁程度小さい．また，T_{c} が高いことに対応して超伝導ギャップ Δ の値が大きい．これらのことから，コヒーレンス長（ピパードの長さ）$\xi_0 = \hbar v_{\mathrm{F}}/\pi\Delta$ が極端に短い，ということが帰結される．高温超伝導物質を特徴づける基本パラメーターの典型的な値として，$\Delta/k_{\mathrm{B}} \approx 100\,\mathrm{K}$, $v_{\mathrm{F}} \approx 10^5\,\mathrm{m/sec}$ とすると，$\xi_0 \approx 1\,\mathrm{nm}$ が得られる．これはアルミニウムの $\xi_0 \approx 1000\,\mathrm{nm}$ やニオブの $\xi_0 \approx 40\,\mathrm{nm}$ といった値に比べて桁違いに短い．一方，ロンドン侵入長 $\lambda_{\mathrm{L}} = (m/4\pi n_{\mathrm{s}} e^2)^{1/2}$ のほうはキャリアー密度が低いことを反映して，通常の超伝導体よりも長い．したがって，高温超伝導体は $\kappa \equiv \lambda/\xi \gg 1$ の極端な第II種超伝導体である．

実際のところ，高温超伝導物質の代表である YBCO ($YBa_2Cu_3O_7$) や BSCCO ($Bi_2Sr_2CaCu_2O_8$) では，層面内のコヒーレンス長は $\xi_a \approx 1\,\mathrm{nm}$ 程度とかなり短い．さらに層間方向のコヒーレンス長 ξ_{c} は，ξ_a よりも1桁程度あるいはそれ以上に短く，異方性パラメーター γ *1) の値として $\gamma \approx 7$ (YBCO), $\gamma \approx 100$ (BSCCO) といった値が報告されている．層間方向のコヒーレンス長の大雑把な見積もりとして，YBCO について $\xi_c(0) \approx 0.2\,\mathrm{nm}$, BSCCO について $\xi_c(0) \approx 0.01\,\mathrm{nm}$ といった値が得られる．層間距離は $d \approx 1\,\mathrm{nm}$ 程度であるから，次元クロスオーバー温度を求めると，YBCO については $T^* \approx 0.9\,T_{\mathrm{c}}$, BSCCO については $T^* \approx 0.998\,T_{\mathrm{c}}$ となる．このような値は，YBCO が $H_{\mathrm{c2}}(\theta)$ が実験室で得られる磁場範囲に収まるような T_{c} 近傍の温度域では異方的3次元超伝導体とみなせるのに対して，BSCCO は T_{c} 直下からきわめて2次元性の強い系であるという観測事実と整合する．

図6.1は YBCO 単結晶試料に対して層に垂直な磁場をかけた場合と層に並行な磁場をかけた場合の超伝導転移である．ゼロ磁場では転移幅 $\Delta T_{\mathrm{c}} \sim 0.5\,\mathrm{K}$ 程度のシャープな超伝導転移を示しているが，磁場中では転移の幅が顕著に広がる．この点については後節で議論する．異方性については，適当な基準（たとえば，抵抗が常伝導抵抗の半分になるところ）をとって "H_{c2}" を定義すると，この試料の場合 $\gamma = H_{\mathrm{c2}}^{\parallel}/H_{\mathrm{c2}}^{\perp}$ として5程度の値が得られる．角度依存性は有効質量モデルの (2.36) 式でよく表される．つまり磁場の角度をいろいろに変え

*1) 異方性パラメーター γ というのは2.7節で定義した ε の逆数にあたる．高温超伝導の「業界」では γ を使うことが多い．

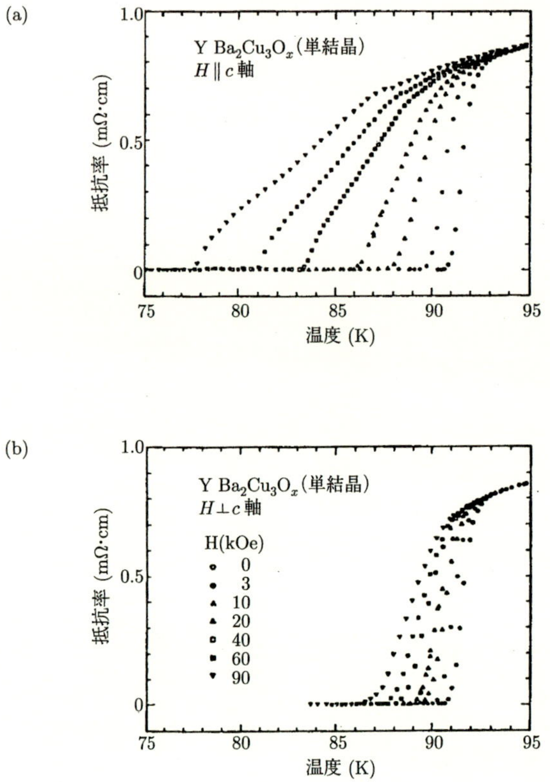

図 6.1 高温超伝導体 YBCO の超伝導転移. (a) $H \parallel c$ ($H \perp$ 層面), (b) $H \perp c$ ($H \parallel$ 層面). [Y. Iye *et al.*, Jpn. J. Appl. Phys. **26** (1988) L1057]

た測定データは磁場を有効磁場 $H(\cos^2\theta + \gamma^{-2}\sin^2\theta)^{1/2}$ で置き換えることによってスケールされる.

一方, 異方性に関して BSCCO はかなり異なるふるまいをみせる. 図 6.2 は BSCCO の超伝導転移領域における抵抗の磁場角度依存性のデータである. $\theta = 90°$ ($H \parallel$ 層面) のところが鋭いカスプになっているのが特徴である. 挿入図に示したように垂直磁場成分 $H\cos\theta$ の関数としてプロットしなおすと異なる磁場に対するデータがすべて 1 つの曲線にのる. このことは (2.36) 式において γ $(= \varepsilon^{-1})$ の値がきわめて大きくて, $\theta = 90°$ のごく近傍を除くすべての角度領

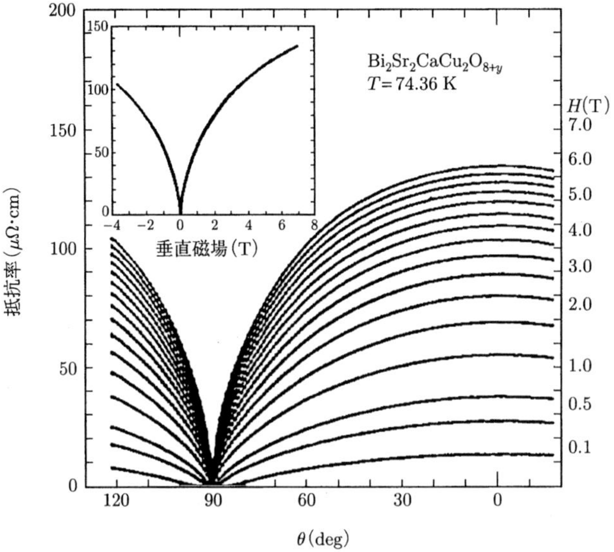

図 6.2 BSCCO の超伝導転移領域における抵抗の磁場角度依存性．挿入図は垂直磁場成分 $H\cos\theta$ でスケールした結果．[Y. Iye *et al.*, Physica C **166** (1990) 62]

域で (2.36) 式の分母の第 2 項が無視できることを意味する．

6.1.2 磁気トルク

超伝導異方性を評価する有力な方法の 1 つに磁気トルク測定がある．異方性をもつ試料に磁場をかけた場合，試料の磁化の向きは一般には磁場と平行にはならない．その場合，試料にはトルク (偶力) $\boldsymbol{\tau} = \mathbf{M} \times \mathbf{H}$ が働く．図 6.3 は YBCO と BSCCO の単結晶試料について，後節で議論する可逆領域 (磁束に対するピン留めの効果が無視できて磁化曲線が履歴を示さないような温度磁場範囲) において磁気トルクを測定した結果である．$H \parallel c$ $(\theta = 0^\circ)$ および $H \perp c$ $(\theta = 90^\circ)$ では対称性からしてトルクはゼロであるが，途中の角度ではトルクが発生する．異方性の強い層状超伝導体では超伝導遮蔽電流が層面内を流れる傾向が強いために，反磁性磁化が層面の法線方向を向きやすいという事情を反映したものである．

$H_{c1} \ll H \ll H_{c2}$ の領域の磁気トルクは，異方的 GL モデルにもとづく理論によって次のように表される (η は 1 程度のパラメーター).

$$\tau(\theta) = \frac{\phi_0 H \sin\theta\cos\theta}{32\pi^2(\sin^2\theta + \gamma^2\cos^2\theta)^{1/2}} \frac{\gamma^2 - 1}{\gamma} \ln\left(\frac{\eta H_{c2}(\theta)}{B}\right) \tag{6.1}$$

図 6.3 中の曲線は上式をフィットしたものであり，フィッティングパラメーターとして $\gamma = 7.9$ (YBCO)，$\gamma = 55$ (BSCCO) といった値が得られている．このように異方的 GL モデルにもとづく (6.1) 式は磁気トルクの全体的なふるまいをよく再現する．

異方的 GL モデルの枠組みを超えて，超伝導層の離散性が本質的役割を果たすような現象も観測されている．図 6.3-(b) にみるように，BSCCO の場合 $\theta \to 90°$ でのトルクの変化は非常に急峻である．より高品質の試料を用いた実験では γ としてさらに大きな値が得られており，$\theta = 90°$ 付近の急激な変化は角度にして 1 度以内という狭い範囲で起こっていることが示されている．このように層面に平行にごく近い磁場角度範囲では「ロックイン転移」が起こるものと考えられている．ロックイン転移とは，層面に平行な方向から外部磁場 **H** を傾けてゆくとき，ある臨界角を超えるまでは垂直方向の磁化が現れず，磁束密度 **B** が層面に平行にロックされたままになる，という現象である．これは直観的には，外部磁場の垂直成分が $H_{c1}^{\perp}$ を超えるまでは磁化の垂直成分が現れないということに対応する．(ただし，実験との比較には試料形状による反磁場の効果

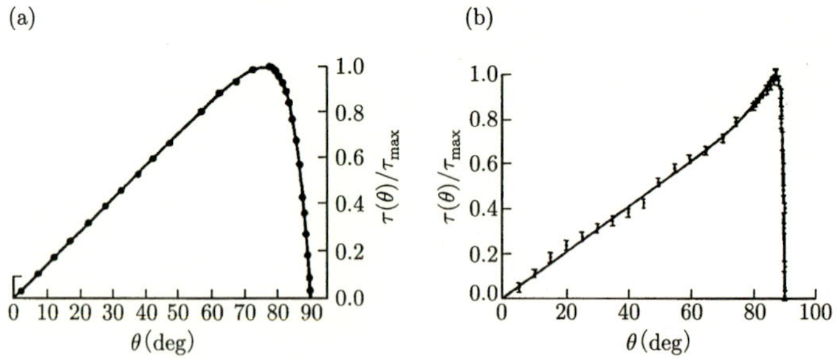

図 6.3 高温超伝導体の可逆領域における磁気トルクの角度依存性．(a) YBCO，(b) BSCCO．曲線は (6.1) 式のフィッティングを示す．[Farrel *et al.*, Phys. Rev. Lett. **64** (1990) 1573, Phys. Rev. Lett. **64** (1991)]

などを考慮する必要があって，やや複雑である.) $\theta = 90^\circ$ のごく近傍の精密測定によってロックイン転移を反映していると思われるふるまいが見出されている.

6.1.3 ジョセフソン磁束とパンケーキ渦

BSCCO のように，2 次元超伝導層がジョセフソン結合によって弱く層間結合した超伝導体では，渦糸の概念が通常の 3 次元超伝導体 (あるいは異方的 2 次元超伝導体) とはかなり異なったものとなる．極端な場合として，超伝導層の厚さがゼロ (純粋な 2 次元超伝導層) が積層したものを考えよう．この場合，層面に平行にかけた磁場は超伝導層の秩序パラメーターの振幅は変化させず，層間の位相にのみ影響を及ぼす．仮に層間ジョセフソン結合がゼロであるとすれば，もともと層間に位相の相関がないわけであるから，外部磁場は影響を及ぼさない．この場合には層面に平行な磁場に対してはそれを遮蔽するような電流が流れ得ないので，平行磁場は素通しである.

有限の層間ジョセフソン結合がある場合，層間のベクトルポテンシャルに応

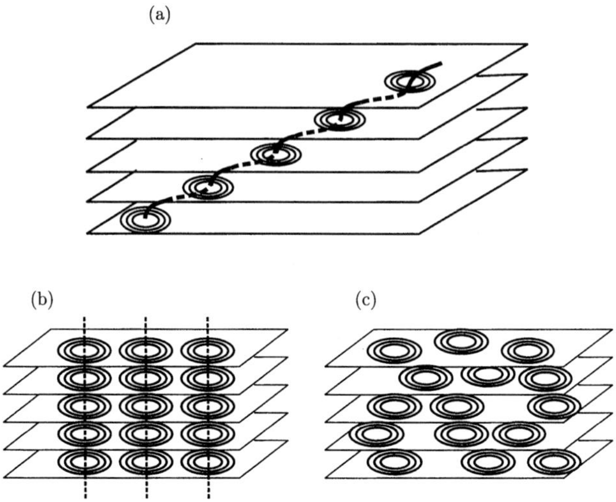

図 6.4 (a) 層状超伝導体におけるパンケーキ渦とジョセフソン・ストリング．(b) 層間の結合が比較的強い場合．(c) 層間の結合がきわめて弱い 2 次元的な場合には，異なる層のパンケーキ渦は互いにほぼ独立にふるまう.

じた位相変化が生じ，それに対応して (ジョセフソン臨界電流 J_J を上限とする) 遮蔽電流が層間に流れる．しかし一般に J_J は小さいので，1 本の磁束量子 ϕ_0 を囲んで遮蔽電流が流れる範囲のスケールは，(通常のアブリコソフ磁束の場合が侵入長 λ 程度であるのに比較して) はるかに長いジョセフソン侵入長

$$\lambda_\mathrm{J} = \left(\frac{\phi_0}{2\pi\mu_0 J_\mathrm{J} d}\right)^{1/2} \tag{6.2}$$

で与えられる．外部磁場が層面に対して有限の角度をなす場合には，図 6.4-(a) のように階段状の磁束が形成される．層間の部分は層に平行なジョセフソン渦 (ジョセフソン・ストリング) となり，超伝導層を貫く部分はパンケーキ渦 (pancake vortex) と呼ばれる 2 次元の渦となる．

隣接する層のパンケーキ渦の運動にどの程度の相関があるかは，層間結合の強さによって決まる．ある程度の層間結合があれば，パンケーキ渦はその積み重ねの方向に相関をもって運動するので，図 6.4-(b) のように 1 本の磁束としての同一性を保つ．それに対して，層間結合がきわめて弱い層状超伝導体では，図 6.4-(c) のように，異なる層のパンケーキ渦は互いに独立に運動する．層間がデカップルした極限では，各層のパンケーキ渦がどのようにつながるかももはや混沌となり，系は互いに無相関の 2 次元超伝導シートが積み重なったものとしてふるまうことになる．

6.2 超伝導ゆらぎ

6.2.1 コヒーレンス体積

上記のように，高温超伝導体のコヒーレンス長は非常に短く，コヒーレンス体積 $\sim \xi^3$ が通常の超伝導体に比べて極端に小さい．コヒーレンス長 (ピパードの長さ) はクーパー対の空間的広がりの尺度を与える．通常の超伝導体では 1 つのクーパー対の広がり (コヒーレンス体積) の中に 10^4 から 10^6 個もの他のクーパー対 (の重心) が存在する．高温超伝導体の場合には，コヒーレンス体積中の他のクーパー対の数はこれに比べてはるかに少ない．通常の超伝導体の場合，上記のようにクーパー対どうしが強く重なり合っていることが，超伝導に対して平均場近似がきわめてよく成り立つことを保証する要因であった．

コヒーレンス体積というのは，常伝導状態の中に超伝導の芽が生成されるときの最小単位，あるいは逆に超伝導状態の中で超伝導が部分的に破壊されて常伝導領域が出現するときの最小単位という意味をもつ．常伝導相中に，コヒーレンス体積程度の超伝導の芽を生成するのに必要なエネルギー，あるいは逆に超伝導相中にコヒーレンス体積程度の常伝導の芽が発生することによって失われる超伝導凝縮エネルギーは $\sim \xi^3\left(\mu_0 H_c^2/2\right)$ のオーダーである．熱エネルギーがこのエネルギーと同程度であれば，ゆらぎが非常に重要となり平均場近似は破綻する．そのような領域，すなわち，ゆらぎの効果がもはや平均場に対する摂動として取り扱えなくなる領域を臨界ゆらぎ領域という．その条件は

$$\xi^3(T)\left(\mu_0 \frac{H_c^2(T)}{2}\right) \sim k_B T \tag{6.3}$$

で決まる．$H_c(T) \sim H_c(0)\left(|T-T_c|/T_c\right)$, $\xi(T) \sim \xi(0)\left(|T-T_c|/T_c\right)^{-1/2}$，を用いてこの式を書き直すと，

$$\frac{|T-T_c|}{T_c} \sim \left(\frac{2k_B T_c}{\mu_0 H_c^2(0)\xi^3(0)}\right)^2 \tag{6.4}$$

という表式が得られる．通常の超伝導体の場合，この条件から求められる臨界ゆらぎ領域の範囲は T_c のごく近傍 $\left(|T-T_c|/T_c\right) \sim 10^{-8}$ 程度に限られる*1)．なお，ここでは3次元系を考えたが，低次元系で1つまたはそれ以上の方向のコヒーレンス長がサイズ効果によって制限される場合，ゆらぎの効果は一般に大きくなる．超伝導微粒子がそのもっとも極端な場合である．

(6.4) 式をみると，高温超伝導体の場合には T_c が高いことと，$\xi(0)$ が短いことが相俟って，臨界ゆらぎ領域が温度軸上でかなり広くなることが予想される．コヒーレンス体積あたりの超伝導凝縮エネルギーは通常の金属系低温超伝導体に比べて2〜3桁小さく10 meV程度である．T_c (~ 100 K) 付近での熱エネルギー $k_B T$ がこれと同程度になることから，高温超伝導体ではゆらぎが非常に重要な役割を果たし，従来型超伝導体とは質的に異なるふるまいをもたらすのである．

---

*1) 汚れた超伝導体の場合には臨界ゆらぎ領域が少し広がるが，それでも $(|T-T_c|/T_c) \sim 10^{-6}$ 程度である．

6.2.2 ガウス型ゆらぎ

GL 自由エネルギーにもとづいて，ゆらぎの効果を考えよう．ゆらぎの効果が顕著になるのは T_c の近傍であるから，非線形項を落とした GL 自由エネルギー密度

$$\mathcal{F} = \alpha|\Psi(\mathbf{r})|^2 + \frac{\hbar^2}{2m^*}|\nabla\Psi(\mathbf{r})|^2 \tag{6.5}$$

を考えればよい．秩序パラメーター $\Psi(\mathbf{r})$ をフーリエ展開した

$$\Psi(\mathbf{r}) = \sum_{\mathbf{k}} \Psi_{\mathbf{k}} \exp(i\mathrm{k}\cdot\mathrm{r}) \tag{6.6}$$

を式 (6.5) に代入して

$$\begin{aligned}\mathcal{F} &= \sum_{\mathbf{k}} \left(\alpha + \frac{\hbar^2}{2m^*}\right)|\Psi(\mathbf{k})|^2 \\ &= \sum_{\mathbf{k}} \frac{\hbar^2}{2m^*}\left(k^2 + \frac{1}{\xi^2}\right)|\nabla\Psi(\mathbf{k})|^2\end{aligned} \tag{6.7}$$

が得られる．ボルツマン因子 $\exp(-\mathcal{F}/k_{\mathrm{B}}T)$ を用いて $|\Psi_{\mathbf{k}}|^2$ の熱力学平均を求めると，

$$\langle|\Psi_{\mathbf{k}}|^2\rangle = \frac{2m^*k_{\mathrm{B}}T}{\hbar^2}\frac{1}{k^2+\xi^{-2}} \tag{6.8}$$

が得られる．この表式はまた，等分配則の議論からも導くことができる．このように，ゆらぎを線形近似の範囲で扱ったものをガウス型ゆらぎ (Gaussian fluctuation) と呼ぶ．*1)

ゆらぎの相関関数を求めると

$$\begin{aligned}\langle\Psi(0)\Psi(\mathbf{r})\rangle &= \sum_{\mathrm{k}} |\Psi_{\mathrm{k}}|^2 \exp(i\mathrm{k}\cdot\mathrm{r}) \\ &= \sum_{\mathrm{k}} \left(\frac{m^*k_{\mathrm{B}}T}{2\pi\hbar^2}\right)\frac{1}{r}e^{-r/\xi}\end{aligned} \tag{6.9}$$

---

*1) (6.8) 式は，ゆらぎの振幅が短波長ほど小さくなることを示しているが，k の全域にわたって積分したもの $\sum_{\mathrm{k}}|\Psi_{\mathbf{k}}|^2$ は発散してしまう．しかし，この発散はみかけのものであって，実際には ξ 以下の空間スケールのゆらぎは許されないことを反映して k に関する和を $\sim 1/\xi$ でカットオフするべきである．

となる．この式は，ゆらぎの空間相関の到達距離が ξ 程度であること，言い換えると，ξ 程度のサイズの小領域が独立にゆらぐことを意味している．

6.2.3 ゆらぎ反磁性

超伝導ゆらぎの効果の代表的なものに $T_{\rm c}$ 以上で現れる反磁性がある．磁化率のような熱力学量に対するゆらぎの効果は，ゆらぎの時間スペクトルが関係しないので比較的単純である．簡単なモデルとして，$R < \xi, \lambda$ であるような半径 R の球状微粒子を考えよう．$R < \xi$ であるから Ψ の空間変化は無視できる．反磁性磁化率はロンドン方程式より

$$\chi = \frac{\mu_0}{10}\frac{R^2}{\lambda^2} \tag{6.10}$$

と求められる．侵入長 λ は (2.22) 式によって $\langle\Psi^2\rangle$ と関係している．$T > T_{\rm c}$ では $\langle\Psi\rangle = 0$ であるが，$\langle\Psi^2\rangle$ はゆらぎによって有限の値をとる．ゆらぎによる $\langle\Psi^2\rangle$ の期待値は

$$\begin{aligned} &\frac{1}{2}\left|\frac{\partial^2\mathcal{F}}{\partial\Psi^2}\right|_{\Psi=0}\langle\Psi^2\rangle V \approx k_{\rm B}T \\ \Rightarrow \quad &\alpha(T)\langle\Psi^2\rangle V \approx k_{\rm B}T \end{aligned} \tag{6.11}$$

($V = (4\pi/3)R^3$ は微粒子の体積) より

$$\begin{aligned} \langle\Psi^2\rangle &= \frac{k_{\rm B}T}{\alpha(T)V} \\ &= \frac{2m^*\xi^2(0)k_{\rm B}T}{\hbar^2 V}\frac{T_{\rm c}}{T - T_{\rm c}} \end{aligned} \tag{6.12}$$

と求められる．これから $T > T_{\rm c}$ での超伝導ゆらぎによる反磁性磁化率が $(T - T_{\rm c})^{-1}$ という温度依存性をもつことが導かれる．

半径 R の微粒子についての上記の結果を利用してバルク超伝導体のゆらぎ反磁性磁化率を評価することができる．先に述べたように $T > T_{\rm c}$ の超伝導体では，サイズ $\xi(T)$ 程度の領域が独立にゆらいでいるものの集合とみることができる．そこで，$R \sim \xi(T)$，$V \sim \xi^3(T)$ を (6.10) 式および (6.12) 式に代入することにより

$$\chi_{3D} \propto \frac{\xi^2 R^2}{V}$$
$$\propto \xi(T) \propto (T - T_\mathrm{c})^{-1/2} \tag{6.13}$$

となることが導かれる．2次元系すなわち $d < \xi$ であるような薄膜あるいは層状超伝導体の場合には $V \sim d\xi^2(T)$ となるので，ゆらぎ反磁性磁化率の温度依存性は

$$\chi_{2D} \propto \xi^2(T) \propto (T - T_\mathrm{c})^{-1} \tag{6.14}$$

となる．

6.2.4 パラ伝導度

伝導度に現れる超伝導ゆらぎの効果は，$T > T_\mathrm{c}$ の常伝導相における伝導度の増大として現れる．この現象は余剰伝導度 (excess conductivity) またはパラ伝導度 (paraconductivity) と呼ばれる．伝導度のような非平衡の性質を扱うには時間に依存する GL 方程式 (TDGL equation) を用いる．

$$\hbar\gamma\frac{\partial\Psi}{\partial t} = -\left[\frac{1}{2m^*}\left(\frac{\hbar}{i}\nabla - e^*\mathbf{A}\right)^2 + |\alpha|\right]\Psi \tag{6.15}$$

先と同じく Ψ の非線形の項は落としてある．ここに登場したパラメーター，

$$\frac{\hbar\gamma}{|\alpha|} = \frac{\pi\hbar}{k_\mathrm{B}(T - T_\mathrm{c})} \equiv \tau_0 \tag{6.16}$$

は一様モード ($k = 0$) のゆらぎの緩和時間を表す．簡単のため，電磁場がない場合 ($\mathbf{A} = 0$) を考えることにすると，(6.15) 式は次のような簡単な形になる．

$$\frac{\partial\Psi}{\partial t} = -\frac{1}{\tau_0}\left(1 - \xi^2\nabla^2\right)\Psi \tag{6.17}$$

(6.15) 式は，短波長 ($k > 0$) のゆらぎモード $\Psi_\mathbf{k} \exp i\mathbf{k}\cdot\mathbf{r}$ が長波長 ($k = 0$) のゆらぎモードよりも急速に減衰することを示している．波数 k のゆらぎモードの緩和時間は

$$\tau_\mathbf{k} = \frac{\tau_0}{1 + k^2\xi^2} \tag{6.18}$$

で与えられる．ゆらぎの時間相関は

$$\langle \Psi_{\mathbf{k}}(0)\Psi_{\mathbf{k}}(t)\rangle = \langle |\Psi_{\mathbf{k}}|^2\rangle e^{-t/\tau_{\mathbf{k}}} \tag{6.19}$$

である．

常伝導相の伝導度はドゥルーデ (Drude) の式

$$\sigma_{\mathrm{n}} = \frac{n_{\mathrm{e}} e^2 \tau_{\mathrm{tr}}}{m} \tag{6.20}$$

で与えられる．これと同じように，超伝導ゆらぎの伝導度への寄与を

$$\sigma' = \frac{e^{*2}}{m^*}\sum_{\mathbf{k}} \frac{\langle |\Psi_{\mathbf{k}}|^2\rangle \tau_{\mathbf{k}}}{2} \tag{6.21}$$

と書くことができる．この式に (6.8) 式および (6.19) 式を代入することにより，

$$\sigma' = \frac{e^{*2}\xi^2\tau_0}{\hbar^2}\sum_{\mathbf{k}} \frac{1}{(1+k^2\xi^2)^2} \tag{6.22}$$

という表式を得る．$\mathbf{k}$ に関する和を計算すると，3 次元系については

$$\sigma'_{\text{3D-AL}} = \frac{e^2}{32\hbar\xi(0)}\epsilon^{-1/2}, \tag{6.23}$$

また 2 次元系 (厚さ d の薄膜) については

$$\sigma'_{\text{2D-AL}} = \frac{e^2}{16\hbar d}\epsilon^{-1}, \tag{6.24}$$

という結果が得られる．ただしここで，

$$\epsilon \equiv \ln\left(\frac{T}{T_{\mathrm{c}}}\right) \approx \frac{T - T_{\mathrm{c}}}{T_{\mathrm{c}}} \tag{6.25}$$

である．2 次元系に対する (6.24) 式が物質パラメーターを含まないことは注目される．

超伝導ゆらぎによるパラ伝導度を表すこれらの表式は，常伝導状態の中にゆらぎによって生ずるクーパー対が電流を運ぶという直接の寄与を表すもので，アスラマゾフ (Aslamazov)–ラルキン (Larkin) 項 (AL 項) と呼ばれる．パラ伝導度にはこのほかに，超伝導ゆらぎが常伝導伝導度そのものを増大させるという効果を表す真木 (Maki)–トンプソン (Thompson) 項 (MT 項) という寄与がある．真木–トンプソン項の大きさは対破壊に寄与する散乱過程に強く依存し，

クリーンな系でその寄与が大きくなる．実は 2 次元以下では対破壊を考えないと，MT 項は発散的な寄与を与えてしまう．発散を抑えるためにゆらぎ波数の上限 $k_c = \epsilon_c \xi(0)$ を導入する．ここで $\epsilon_c \equiv (T_{c0} - T_c)/T_c$ は，その系の T_c の平均場の値 T_{c0} からのずれに相当し，対破壊効果の強さを表すパラメーターである．2 次元系の MT 項は

$$\sigma'_{\text{2D-MT}} = \frac{e^2}{16\hbar d} \frac{1}{\epsilon - \epsilon_c} \ln\left(\frac{\epsilon}{\epsilon_c}\right) \tag{6.26}$$

という形をとる．パラ伝導度は AL 項と MT 項の和で表されるアモルファスや合金などダーティな超伝導体では MT 項の寄与は小さいので，ゆらぎ伝導度は AL 項でよくフィットできる．

2 次元と 3 次元の中間である層状超伝導体については，第 2 章で導入したローレンス–ドニアック・モデルにもとづいて

$$\sigma'_{\text{LD–AL}} = \frac{e^2}{16\hbar d} \left(\epsilon \left[\epsilon + \left(\frac{2\xi_c}{d}\right)^2\right]\right)^{-1/2} \tag{6.27}$$

という式が得られる．この式は，3 次元極限 ($\xi_c \gg d$) と 2 次元極限 ($\xi_c \ll d$) をつなぐ形になっている．

図 6.5-(a) は通常の超伝導体の電気抵抗率の温度変化を模式的に示したものである．パラ伝導度の寄与を調べるには，測定された伝導度 (抵抗率の逆数) から常伝導伝導度の寄与を差し引く必要がある (図 6.5-(b))．通常の超伝導体の場合，T_c が低いので，常伝導状態の抵抗は温度に対して一定のいわゆる残留抵抗の領域に入っていることが多く，常伝導伝導度の評価は簡単である．また，比較的低い磁場で超伝導を壊して常伝導状態にすることができるので，(常伝導状態の磁気抵抗が大きくなければ) 常伝導抵抗の温度変化を実測することも難しくない．それに対して高温超伝導体の場合には，T_c 付近で常伝導抵抗そのものがかなりの温度変化をしている (図 6.5-(c))．また，実験室で比較的容易に得られる磁場の範囲では超伝導を壊すのに不十分であるうえ，仮に超強磁場で超伝導を壊したとしても常伝導状態の磁気抵抗のふるまいがよくわからないので，常伝導状態の伝導度を評価することは一筋縄ではいかない．

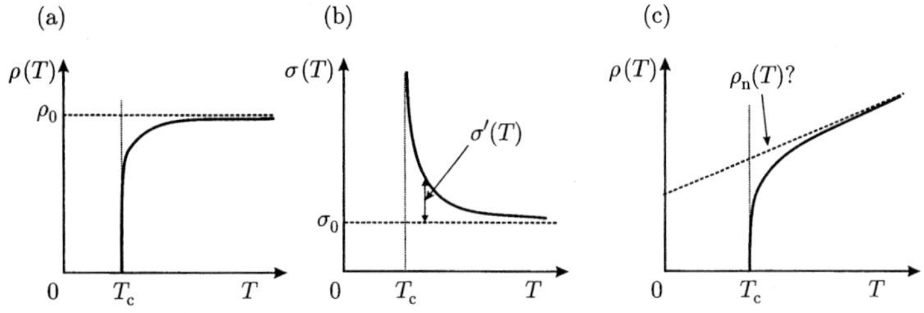

図 6.5 (a) 通常の超伝導体における電気抵抗の温度変化．点線は常伝導状態の抵抗を表す．(b) 電気伝導度の温度変化．常伝導状態の伝導度を引き算したものがパラ伝導度である．(c) 高温超伝導体における電気抵抗の温度変化．この場合「常伝導状態の伝導度」を見積もることは単純ではない．

6.3 磁 気 応 答

6.3.1 不 可 逆 線

低温超伝導体の臨界電流密度は，$T \to T_c(H)$ で $J_c \to 0$ となる．高温超伝導体の場合，臨界電流密度がゼロになるところは平均場的な $T_c(H)$ からかなり外れたところにある．$J_c \to 0$ となるところを温度磁場平面上でプロットしたものは不可逆線 (irreversibility line) $T_{irr}(H)$ と呼ばれる．$T_{irr}(H)$ よりも高温側では磁化曲線は可逆的であり，有限の電気抵抗が観測される．ここで注意すべきなのは，「臨界電流密度がゼロ」という基準，したがって $T_{irr}(H)$ の定義が，測定時間スケールや測定感度に依存するものであるという点である．

$T_{irr}(H)$ よりも低温側においても，熱励起によって磁束がピン留め位置の間を移動することによって非平衡磁化の緩和が起こる．この現象は磁束クリープ (flux creep) と呼ばれる．磁束クリープによる磁化の緩和が測定時間スケールよりも短くなるところが不可逆線であるという言い方もできる．ピン留め位置の間を跳び移るときに超えなければならないポテンシャル障壁の高さを U とすると，熱励起によって跳び移りが起こる確率は

$$\nu = \nu_0 \exp\left(-\frac{U}{k_B T}\right) \tag{6.28}$$

となる．U はピン留め力の強さとローレンツ力の強さとのバランスで決まるの

で U は J 依存性をもち，$J \to J_{\mathrm{c}}$ で $U \to 0$ となる．これを満たすような $U(J)$ の関数形として

$$U(J) = U_0\left(1 - \frac{J}{J_{\mathrm{c}}}\right) \tag{6.29}$$

という単純な形を仮定して (6.28) 式に代入すると，

$$J = J_{\mathrm{c}}\left(1 - \frac{k_{\mathrm{B}}T}{U_0}\ln\frac{\nu_0}{\nu}\right) \tag{6.30}$$

となる．ここから磁化の時間変化として

$$M(t) = M_0\left(1 - \frac{k_{\mathrm{B}}T}{U_0}\ln\frac{t}{t_0}\right) \tag{6.31}$$

すなわち時間の対数に依存する緩和が導かれる．このような熱励起による磁化緩和のモデルは，アンダーソン–キム (Anderson–Kim) による磁束クリープモデルとして以前から知られていたものであるが，高温超伝導体においては磁化の緩和率

$$S \equiv -\frac{\mathrm{d}(\ln M)}{\mathrm{d}(\ln t)} \tag{6.32}$$

の値が非常に大きいことが特徴であり，巨大磁束クリープ (giant flux creep) と名づけられている．図 6.6 は YBCO 結晶の非平衡磁化の緩和率の温度依存性の実験データであるが，まず注目されるのは S が 0.02 程度という非常に大きな値をとることである．

上記のモデルによると，緩和率は

$$S = \frac{k_{\mathrm{B}}T}{U_0 - k_{\mathrm{B}}T\ln(t/t_0)} \tag{6.33}$$

と表される．アンダーソン–キム・モデルによれば，低温では $S \approx k_{\mathrm{B}}T/U_0$，つまり緩和率は温度に比例し，温度上昇とともにそれよりも急峻に増大するふるまいが予想される．しかしながら実験で見出されている緩和率の温度依存性 (図 6.6) は 2 つの点でこれとは異なっている．まず高温側では，緩和率の増加は $\propto T$ よりも緩やかで，次第に飽和する傾向を示す．このようなふるまいは後述する集団ピン留め効果の反映と考えられている．一方低温側では，$T \to 0$ でも S がゼロにならず，有限にとどまるようにみえる．このふるまいは，磁束の巨視

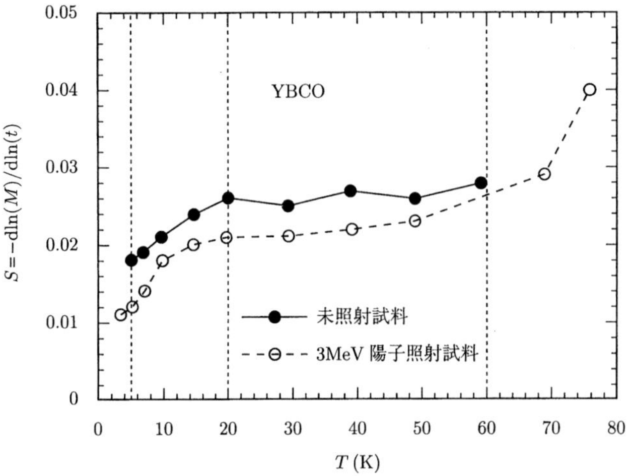

図 6.6 高温超伝導体 (YBCO) における非平衡磁化の緩和率 $S = -\mathrm{d}(\ln M)/\mathrm{d}(\ln t)$ の温度依存性. [Y. Yeshurun *et al.*, Rev. Mod. Phys. **68** (1996) 911]

的量子トンネル現象 (量子クリープ) を反映したものではないかとの議論がなされている.

6.3.2 熱活性磁束フロー (TAFF)

図 6.1 に示したように, 電気抵抗でみた高温超伝導体の超伝導転移では, 磁場をかけることによって転移の幅が急激に広がるという特徴的なふるまいがみられる. これも熱的ゆらぎが支配する磁束の運動と密接に関連した現象である. 描像としては, 図 6.7-(a) に示したように, 磁束がピン留め位置の間を熱励起によって跳び移るという状況を考える. 隣接するピン留め位置へのホッピングにおいて超えるべきポテンシャル障壁を U とすると, 熱励起によってそれを超える確率は, 前述の (6.28) 式で与えられる. 電流ゼロでローレンツ力が働いていないときには, 右隣へのホッピング確率と左隣へのホッピング確率は等しく, 正味の磁束の運動は生じない (図 6.7-(a)). 電流が流れて磁束にローレンツ力が働くと, 電流に垂直な方向のホッピング確率には左右に差が生じる (図 6.7-(b)). 正味のホッピング確率は

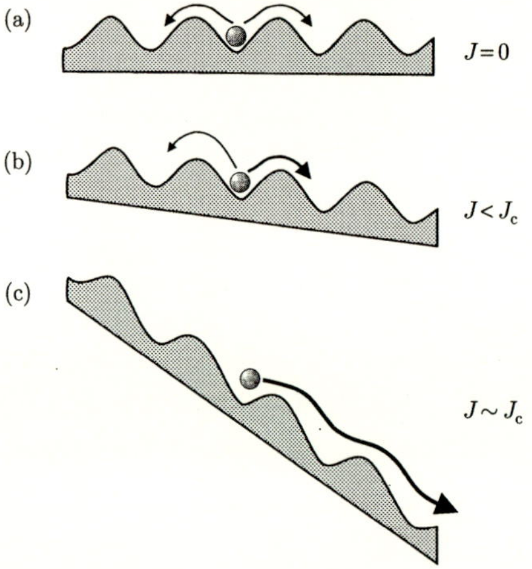

図 6.7 磁束に対するピン留めポテンシャルの模式図．(a) $J=0$ の場合，熱活性によって磁束は隣接するピン留め位置へとホッピングするが，左右へのホッピングが等確率なので正味の運動は生じない．(b) $0<J<J_c$ の場合，ローレンツ力によって左右のポテンシャル障壁の高さに差ができてホッピング確率に不均衡が生じるため，平均として磁束の拡散的運動が起こる．(c) 電流密度が非常に大きくなって ($J \approx J_c$) ローレンツ力がピン留め力を超えると，磁束の運動はホッピングではなく連続的なフローに移行する．

$$\begin{aligned}\nu &= \nu_+ - \nu_- \\ &= \nu_0 \exp\left(-\frac{U - JBV_cL}{k_BT}\right) - \nu_0 \exp\left(-\frac{U + JBV_cL}{k_BT}\right) \\ &= 2\nu_0 \exp\left(-\frac{U}{k_BT}\right) \sinh\left(\frac{JBV_cL}{k_BT}\right) \end{aligned} \tag{6.34}$$

である．ここで L は隣接するピン留め位置までの距離，V_c は後ほど議論する磁束バンドルの体積である．このようなホッピングによる磁束の運動の平均速度は $v_L = \nu L$ であるから，発生する電場は $E = Bv_L = BL\nu$ となる．電気抵抗は

$$\begin{aligned}\rho &= \frac{E}{J} = \frac{BL}{J}\nu \\ &= \frac{2BL\nu_0}{J} \exp\left(-\frac{U}{k_BT}\right) \sinh\left(\frac{JBV_cL}{k_BT}\right) \end{aligned} \tag{6.35}$$

となる．これは，熱活性磁束フロー (thermally activated flux flow) 略して

TAFF と呼ばれている．電流が小さい極限では，$\sinh x \approx x\ (x \ll 1)$ を用いて

$$\rho = \frac{2\nu_0 B^2 V_c L^2}{k_B T} \exp\left(-\frac{U}{k_B T}\right) \tag{6.36}$$

となる．すなわちこの TAFF モデルでは，有限温度ならば電流無限小の極限で(温度の低下とともに指数関数的に減少するとはいえ) 有限のオーミック抵抗が存在することになる．

電流密度が増大するとともに (6.35) 式の非線形性が効いて抵抗は (6.36) 式のオーミック抵抗から急激に増大する．さらに電流密度が大きくなってローレンツ力がピン留め力を超える図 6.7-(c) のような状況になると，磁束の運動はもはやホッピングではなく連続的なフローに移行する．

6.3.3 集団ピン留め

前節では，個々の磁束 (あるいは固定した本数の磁束の束 (バンドル)) の運動を考察したが，実際の系では磁束間の相互作用が重要である．磁束は他の磁束と相互作用しつつピン留め中心のポテンシャルの中で安定配置をとろうとする．この問題に関しては，一方においてピン留め中心の強さ・密度・分布が問題となり，もう一方において磁束の密度および磁束間相互作用の強さが重要である．前者についていえば，(1) 強いピン留め中心が比較的少数存在する場合，(2) 多数のピン留め中心が分布して磁束に対するランダムポテンシャルを形成している場合，(3) 人工的に導入したピン留め中心が規則配置をとっている場合，が想定される．後者についていえば，(a) 単位面積あたりの磁束の数が少ない場合，(b) 磁束系が剛性の高い規則格子を組んでいる場合，(c) 熱ゆらぎの効果によって磁束系が柔らかくなっている場合，がそれぞれ考えられ，磁場と温度の範囲によって状況が異なる．上記 (1)～(3) と (a)～(c) の組み合わせによってさまざまな様相が出現するであろうことは容易に想像できる．いくつかの場合を図 6.8 に模式的に示した．それを定性的に概観しよう．たとえば (1-a) の組み合わせでは，個々の磁束がピン留め中心に捕捉されるであろう．(1-b) の場合には剛体的磁束格子全体が少数の強いピン留め中心によって固定されるが，(1-c) の場合は磁束系全体としては少数の強いピン留め中心の影響を受けにくい．(2-b) の場合には磁束系全体に及ぼされるピン留め力が平均されるために，剛体的磁束

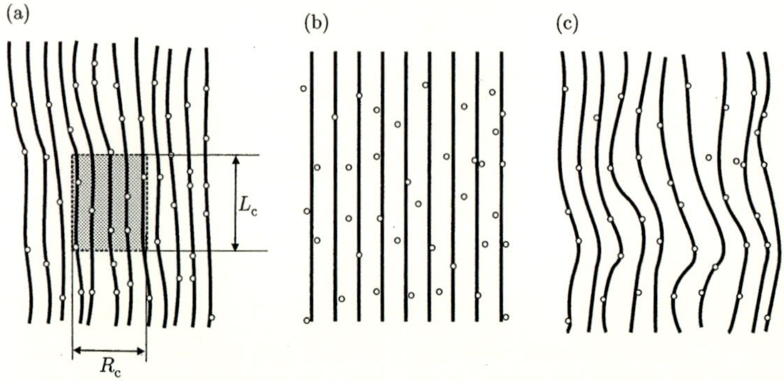

図 6.8　(a) 磁束系の相関長と磁束バンドルの概念．(b) ランダムに分布したピン留め中心と剛体的磁束格子の相互作用．(c) 柔らかい磁束多体系の場合．

格子の並進に対して系は対称であり，ピン留めを受けない (図 6.8-(b))．それに対して (2-c) の場合には磁束系がランダムポテンシャルに適合して変形することによってピン留めを受ける (図 6.8-(c))．また (3) の場合には規則配置の周期と磁束の平均間隔が整合関係になるところで強いピン留めが起こる (マッチング効果) ことが予想される．

ランダムに分布した比較的弱いピン留め中心が存在する状況，すなわち上記の (2-b) や (2-c) をもう少し詳しく検討しよう．高温超伝導体における主なピン留め中心は酸素原子の欠陥であるので，このような描像がよく当てはまる．相関をもつ磁束系がランダム分布したピン留め中心によってどのようにピン留めされるかというのが問題設定である．まず極端なケースを考えてみよう．仮に磁束格子が完全な周期性をもつ剛体だとすると，ランダムに分布した弱いピン留め中心はそれをピン留めすることができない．なぜならば磁束格子の占める体積 V の中にランダム分布するピン留め中心が磁束格子に及ぼす力は $\sqrt{V}$ に比例するのに対して，電流が磁束格子に及ぼすローレンツ力の総和は V に比例するので，V が十分大きければ必ず後者が前者に打ち勝つからである．このことは，ピン留めの効き方を考える上で磁束格子の弾性体としての性質が重要であることを示している．

磁束格子の弾性変形を許せば，磁束コアがピン留め位置を通るように磁束格子の局所変形が起こって，ピン留めエネルギーを稼ぐことができる．この場合，磁束系の平衡配置はピン留めエネルギーと弾性変形エネルギーとの得失で決まる．これが集団ピン留め (collective pinning) の考え方である．

ピン留めエネルギーと弾性変形エネルギーとのせめぎあいは磁束格子の相関長に反映される．相関長が短ければ，磁束系はランダム分布するピン留め位置によりよく適合する (その代償として，弾性変形エネルギーは大きい)．磁束格子は，相関体積 $V_c \approx L_c R_c^2$ 程度の部分に分割され各部分はそれぞれ独立にピン留めされる．ここで L_c，R_c はそれぞれ，磁束に沿った方向の相関長 (縦相関長) および垂直方向の相関長 (横相関長) である (図 6.8-(a))．

縦相関長 L_c は磁束の曲がりにくさを反映する．$L_c \to \infty$ ならば磁束は剛体棒のようにふるまう．L_c が小さいほど磁束の曲がり変形が起こってピン留め中心のランダム分布に適合する．横相関長 R_c は磁束間の相互作用の強さを反映する．長距離秩序をもつアブリコソフ格子が形成されていれば $R_c \to \infty$ であり，逆に R_c が短い場合には各々の磁束は互いの相互作用よりもピン留め中心のランダム配置のほうにより強く支配される．

相関体積の範囲内では磁束格子はその剛体性をほぼ保ったままで，各磁束がピン留め中心と相互作用する．ピン留めポテンシャルの有効到達距離は磁束コアのサイズすなわち ξ 程度であるから，相対変位の大きさは ξ/R_c，ξ/L_c 程度である．$n_{\rm pin}$ を単位体積あたりのピン留め中心の数とすると，相関体積に含まれるピン留め中心は $N_{\rm pin} = n_{\rm pin} V_c$ である．各々の磁束とピン留め中心との相対位置はランダムであるから，それぞれに働くピン留め力の方向はまちまちである．したがって，ピン留めポテンシャルへの寄与は統計平均により $f\xi\sqrt{N_{\rm pin}}$ となる．ここで f は単一のピン留め中心が磁束に及ぼす力であり，ピン留め力の到達距離が ξ 程度であることを用いた．単位体積あたりのピン留めポテンシャルエネルギーは，これを V_c で割って $f\xi\sqrt{n_{\rm pin}/V_c}$ となる．

図 6.9 は，磁束格子のさまざまな弾性変形による歪みと，それに関連する弾性係数 (elastic modulus) を示している．弾性変形エネルギーと合わせると，単位体積あたりの自由エネルギー変化分は次のように表すことができる．

$$\delta F = \frac{1}{2} C_{66} \left(\frac{\xi}{R_c} \right)^2 + \frac{1}{2} C_{44} \left(\frac{\xi}{L_c} \right)^2 + f\xi \left(\frac{n_{\rm pin}}{V_c} \right)^{1/2} \tag{6.37}$$

ここで C_{66} は「ずれ弾性率 (shear modulus)」，C_{44} は「ねじれ弾性率 (tilt mod-

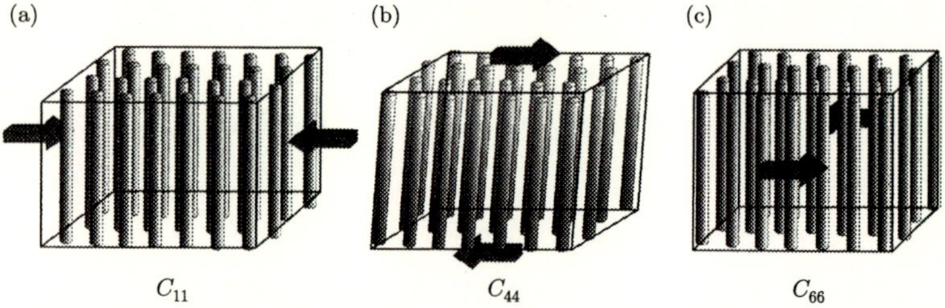

図 6.9 磁束格子の弾性変形による歪みの様子：(a) 一様圧縮 (compression) (C_{11}), (b) ねじれ (傾け) 変形 (tilt) (C_{44}), (c) ずれ変形 (shear) (C_{66}).

ulus)」である*1). 第 1 項と第 2 項は磁束格子の歪みエネルギー，第 3 項はランダム平均されたピン留めエネルギーを表す.

上式を R_c および L_c について最小化すると

$$R_c = \frac{\sqrt{2}C_{44}^{1/2}C_{66}^{3/2}\xi^2}{n_{\text{pin}}f^2}, \qquad L_c = \frac{2C_{44}C_{66}\xi^2}{n_{\text{pin}}f^2} \tag{6.38}$$

が得られる. 自由エネルギーの最小値は

$$\delta F_{\min} = -\frac{n_{\text{pin}}^2 f^4}{8C_{44}C_{66}^2\xi^2} \tag{6.39}$$

と求められる. 上記の結果は，磁束格子が柔らかい (C_{44}, C_{66} が小さい) ほど，またピン留め中心の数が多く強いほど，相関長が短くなり，磁束格子の局所変形が起こってランダムなピン留め位置によりよく適合するためにピン留めが強くなることを示している. このことの 1 つの現れは，H_{c2} 付近にしばしばみられる「ピーク効果」である. 一般的に $H \to H_{c2}$ に従って臨界電流密度は減少してゼロになるが，一方において H_{c2} の近傍で磁束格子が柔らかくなるためにピン留めが強くなるという効果があり，これらの兼ね合いによって $J_c(H)$ が H_{c2} 直下でピークを示すことが多くの超伝導体で観測されている*2).

BSCCO のように極端に異方性の強い層状超伝導体においては，層に垂直な

*1) GL 理論にもとづく計算によれば磁束格子の弾性率は，$C_{66} \approx (\mu_0 H_{c2}^2/4)b(1-b)^2$ ($b \equiv B/\mu_0 H_{c2}$)，および $C_{44} \approx BH$ である.

*2) ここでは H_{c2} としたが，臨界電流密度に関することであるから，不可逆磁場 H_{irr} とするほうがより正確である.

磁場をかけたときの L_c は層間距離 d よりも短くなる．各層の 2 次元渦は互いに無相関となり，独立にふるまう．このような場合，1 本の連なった渦糸というよりは，パンケーキ渦 (pancake vortex) と呼ばれる 2 次元渦が各層に存在し，層間の部分はジョセフソン渦になっているという描像が適切になる．2 次元渦の場合には，先の議論において L_c を層間距離 d で置き換え，$C_{44} \to 0$ として，自由エネルギーの最小化を実行することによって，

$$R_c = \frac{C_{66}\xi d^{1/2}}{n_{\rm pin}^{1/2} f} \tag{6.40}$$

が得られる．自由エネルギーの最小値は

$$\delta F_{\rm min} = -\frac{n_{\rm pin} f^2}{4C_{66}^2 d} \tag{6.41}$$

である．3 次元の場合の自由エネルギーが $(n_{\rm pin} f^2)^2$ に比例していたのに対して，2 次元では $n_{\rm pin} f^2$ に比例しており，ピン留め中心の数および強さへの依存性が弱いことが特徴である．

6.3.4 磁束格子の融解

磁束多体系は十分低温ではアブリコソフ格子すなわち固体を形成する．温度を上げてゆくと，磁束はその平衡位置からゆらぐ．ゆらぎの振幅がある程度大きくなれば磁束格子は融解して液体になるものと予想される．このような磁束格子融解相転移の温度 $T_{\rm m}(H)$ は，通常の超伝導体では $T_{c2}(H)$ のごく近傍にあるため，実際に磁束格子の融解現象を観測することは非常に難しい．それに対して高温超伝導体では，$T_{c2}(H)$ からある程度離れた温度で磁束の固体液体相転移が起こる．つまり超伝導秩序パラメーターの振幅の発達 ($T_{c2}(H)$) と，磁束系の秩序の発達 ($T_{\rm m}(H)$) とが分離するのである．

磁束格子の融解温度を簡単な議論で見積もることにしよう．第 5 章でみたように，距離 r だけ離れた 2 本の磁束の間に働く力は

$$f = \frac{\phi_0}{4\pi}\frac{\partial h(r)}{\partial r}$$

$$h(r) = \frac{\phi_0}{2\pi\lambda^2}\ln\left(\frac{\lambda}{r}\right) \tag{6.42}$$

である．磁束格子を構成する磁束の1つに着目すると，その平衡位置では周囲の磁束から及ぼされる力は平均してゼロである．平衡位置から δx だけずれたときに働く復元力は

$$f_{\mathrm{restore}} = \frac{\phi_0}{4\pi}\sum_i \left|\frac{\partial^2 h_i(r)}{\partial x^2}\right|\delta x$$
$$= K\delta x \tag{6.43}$$

と表される (i は他の磁束を表す指数)．バネ定数 K を計算すると

$$K \approx \frac{\sqrt{3}\phi_0}{4\pi\lambda^2}B \tag{6.44}$$

となる．(ここで三角格子の磁束密度 $(\sqrt{3}/2)a^2B = \phi_0$ を用いた.) 磁束の変形が長さ L_z にわたって生ずるとすると，それに要するエネルギーは上記の変位エネルギーと磁束の線張力 $\mathcal{E} = (\phi_0/4\pi\lambda)^2$ に関するエネルギーの和として，

$$U(\delta x) = K\delta x^2 L_z + \frac{\mathcal{E}\delta x^2}{L_z} \tag{6.45}$$

と書ける．これを最小にする L_z は $L_z \approx \sqrt{\phi_0/B}$ であり，そのときの変位エネルギーは

$$U(\delta x) = \frac{\phi_0^{3/2}B^{1/2}}{4\pi^2\lambda^2}\delta x^2 \tag{6.46}$$

である．これを $k_{\mathrm{B}}T$ と等しいとおくことにより，変位の2乗平均として

$$\langle\delta x^2\rangle = k_{\mathrm{B}}T\left(\frac{4\pi^2\lambda^2}{\phi_0^{3/2}B^{1/2}}\right) \tag{6.47}$$

が得られる．熱ゆらぎによる変位が磁束格子の格子定数 $a = (2/\sqrt{3})^{1/2}(\phi_0/B)$ の c_{L} (≈ 0.1) 倍に達したところで融解が起こるというリンデマン (Lindemann) の融解条件を仮定すると，磁束格子の融解温度を決める式として

$$k_{\mathrm{B}}T_{\mathrm{m}} = \frac{c_{\mathrm{L}}^2\phi_0^{5/2}}{4\pi^2[\lambda(T_{\mathrm{m}})]^2}B^{-1/2} \tag{6.48}$$

が得られる．上式は分母の λ が温度依存性を含んでいるので，T_{m} を間接的に与える表式になっている．これを T_{m} について解いた結果 (融解曲線) を，$T_{\mathrm{m}}(B)$

ではなくて $B_{\rm m}(T)$ の形で表すと，

$$B_{\rm m}(T) \propto T^{-2}\lambda^{-4}(T) \propto (T_{\rm c}-T)^2 \tag{6.49}$$

となる．図 6.10-(a) の実線は高温超伝導体 YBCO における磁束系の融解曲線であるが，(6.49) 式に近いふるまいを示している．

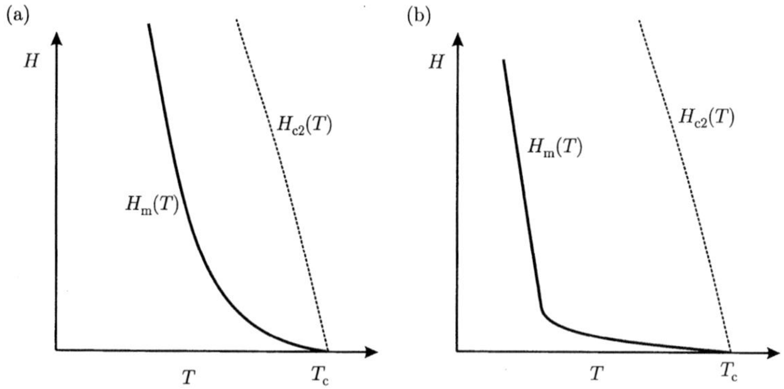

図 6.10 高温超伝導体の磁束多体系の相図．(a) 比較的異方性の小さい YBCO の場合．(b) 2 次元性の強い BSCCO の場合．

磁束格子の融解現象は高温超伝導体の単結晶試料において観測されている．磁束格子の融解を示唆する最初の実験結果は高温超伝導体試料を貼り付けたねじれ振動子 (tortional oscillator) の磁場中での共振の測定から得られた．図 6.11-(a) のように，ある温度で共鳴周波数のシフトとダンピングの鋭いピークが観測されたことから，これが磁束格子の融解に対応していると考えられた．しかしながら，この結果は磁束系の熱的デピンニングによっても解釈できることから，必ずしも相転移の証拠とはならないことが指摘された．その後，単結晶試料の質の向上とともに，電気抵抗の超伝導転移の途中に図 6.11-(b) のような折れ曲がりが見出され*1)，これが磁束系の液相固相転移を反映したものと考えられた．さらに，極端に低い測定電流での抵抗測定で 1 次相転移を示唆する

*1) 初期のデータ (図 6.1-(a)) にもその兆候が現れている．

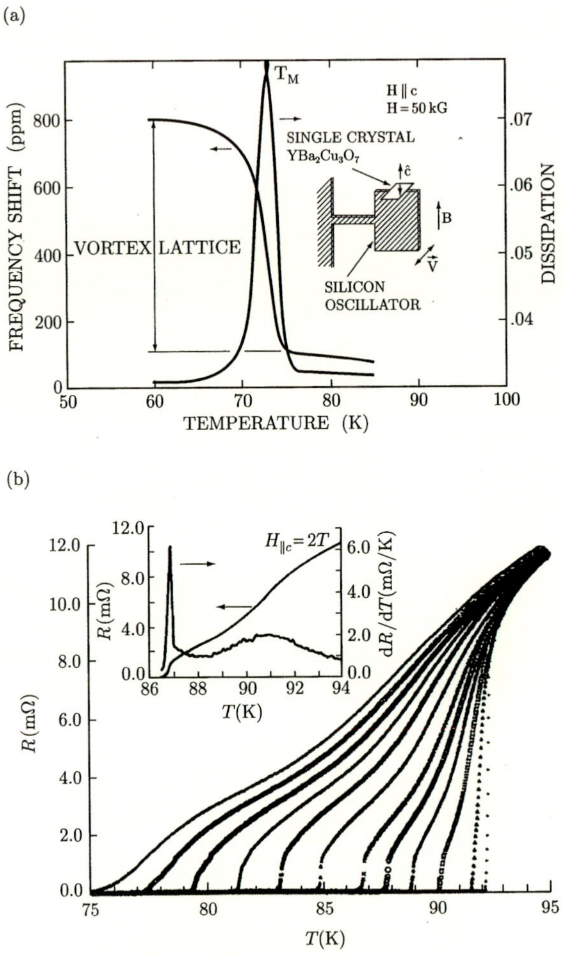

図 6.11 (a) 高温超伝導体試料を貼り付けたねじれ振動子の磁場中での共振のようす．T_{M} と書かれた温度において共振周波数の急激なシフトとダンピングの鋭いピークがみられる．[P. Gammel *et al.*, Phys. Rev. Lett. **61** (1988) 1666] (b) 双晶を取り除いた高温超伝導体 (YBCO) 単結晶の超伝導転移．このデータは図 6.1 と基本的に同様のものであるが，より乱れの少ないこの試料では超伝導転移の途中に折れ曲がりがあることが明確に観測される．これは磁束系の液相固相転移に対応している．[W.K. Kwok *et al.*, Phys. Rev. Lett. **69** (1992) 3370]

履歴現象が見出されるに至って，磁束系の液相固相転移は実験的に確立したものとなった．

図 6.10-(b) は，2 次元性の強い高温超伝導体 BSCCO の相図である．YBCO の場合は (6.49) 式に近い形の融解曲線が得られているのに対して，異方性の強い BSCCO の場合の融解曲線は低磁場と高磁場で様相を異にする．隣り合う層のパンケーキ渦の間の位置相関が強ければ磁束系としては 3 次元的，相関が弱くて各層のパンケーキ渦が独立に動くようならば 2 次元的である．層間の相互作用としてはジョセフソン結合によるものと磁気的結合によるものとが考えられるが，通常は前者が主体である．さて，同一層内のパンケーキ渦間に働く力のバネ定数は先の議論と同様にして求めることができる．ただしこの場合は変位の z 方向依存性を考えないので $K \propto B$ である．隣り合う層間のパンケーキ渦間に働く力のバネ定数は単位面積あたりのジョセフソン結合エネルギー程度であって，これは磁場によらない．したがって，磁場の増大とともに同一層内の相互作用のほうが隣接層間の相互作用よりも優勢となり，磁束系は 2 次元的になる．この次元クロスオーバーが起こる磁場 B_{cr} は

$$B_{\mathrm{cr}} \approx \frac{\phi_0}{d^2\gamma^2} \tag{6.50}$$

で与えられる (γ は異方性パラメーター)．BSCCO の場合，$B_{\mathrm{cr}} \approx 0.1$ T 程度である．$B > B_{\mathrm{cr}}$ の 2 次元領域での磁束系の融解条件は，先の 3 次元の場合の式で L_z を d に置き換える以外は同様に考えて，

$$\langle \delta x^2 \rangle \approx \frac{k_{\mathrm{B}}T}{Kd} = \frac{4\pi^2\lambda^2 k_{\mathrm{B}}T}{\phi_0 dB} \tag{6.51}$$

を求め，これをリンデマンの融解条件に照らすことにより，

$$k_{\mathrm{B}}T_{\mathrm{m}}^{(2\mathrm{D})} = \frac{c_{\mathrm{L}}^2\phi_0^2 d}{4\pi^2\lambda(T_{\mathrm{m}}^{(2\mathrm{D})})} \tag{6.52}$$

が得られる．この表式には磁場 B が含まれない．すなわち，2 次元領域の磁束系の融解温度は磁場によらず (つまり磁束格子の格子定数によらず) 一定である，という特徴をもつ．図 6.10-(b) の液相固相境界がある磁場以上でほぼ垂直になっているのは，このような 2 次元系のふるまいを反映したものである．

6.3.5 磁束グラス転移

前節でみたように乱れの少ない単結晶試料では磁束格子とその融解が観測される．これはピン留めポテンシャルの影響が小さい場合である．一方，薄膜試料など現実の多くの系では磁束に対するピン留めポテンシャルの効果が重要である．ランダムポテンシャルが支配的な場合，磁束系の低温相は規則格子ではなくランダムポテンシャルに凍結した固体 (磁束グラス状態) になるものと予想される．磁束グラス相と磁束液体相の移り変わりは，磁束グラス転移温度 T_{g} における 2 次相転移として起こる．磁束グラス転移のスケーリング理論では相関長 ξ_{c} と緩和時間 τ_{g} が T_{g} の近傍で

$$\xi_{\mathrm{g}} \propto |T - T_{\mathrm{g}}|^{\nu}$$

$$\tau_{\mathrm{g}} \propto \xi_{\mathrm{g}}^{z} \tag{6.53}$$

にしたがって変化するものとする．電流電圧特性 (I-V 特性) のスケーリングは次のようになる．

系の次元を D とすると，電流密度は 1/[長さ]$^{D-1}$，電場は 1/([長さ] × [時間]) でスケールされることから，

$$\xi_{\mathrm{g}}^{z+1} E = \mathcal{E}_{\pm}(\xi_{\mathrm{g}}^{D-1} J) \tag{6.54}$$

というスケーリング関係が成り立つことが期待される．$\mathcal{E}_{\pm}(x)$ は T_{g} の上下におけるスケーリング関数である．

I-V 特性の特徴をまとめると次のようになる．

(1) $T > T_{\mathrm{g}}$ の磁束液体相では $E \propto J$，つまりオーミックな抵抗が観測される．しかしながら，$T \to T_{\mathrm{g}}$ にしたがって I-V 曲線は下に凸となり，オーミックな領域はより低電流密度に限定される．

(2) 磁束グラス転移点 ($T = T_{\mathrm{g}}$) では，$E \propto J^{(z+1)/(D-1)}$ という冪乗則 (両対数プロットで直線) になる．

(3) $T < T_{\mathrm{g}}$ の磁束グラス相では，$E(J) \propto \exp(-J_{\mathrm{T}}/J)$ という指数関数型の I-V 特性になる．

図 6.12-(a) は YBCO 薄膜試料に磁場をかけて温度を変えながら I-V 特性を測定したデータである．高温での $V \propto I$ というオーミックなふるまいから，低

(a)

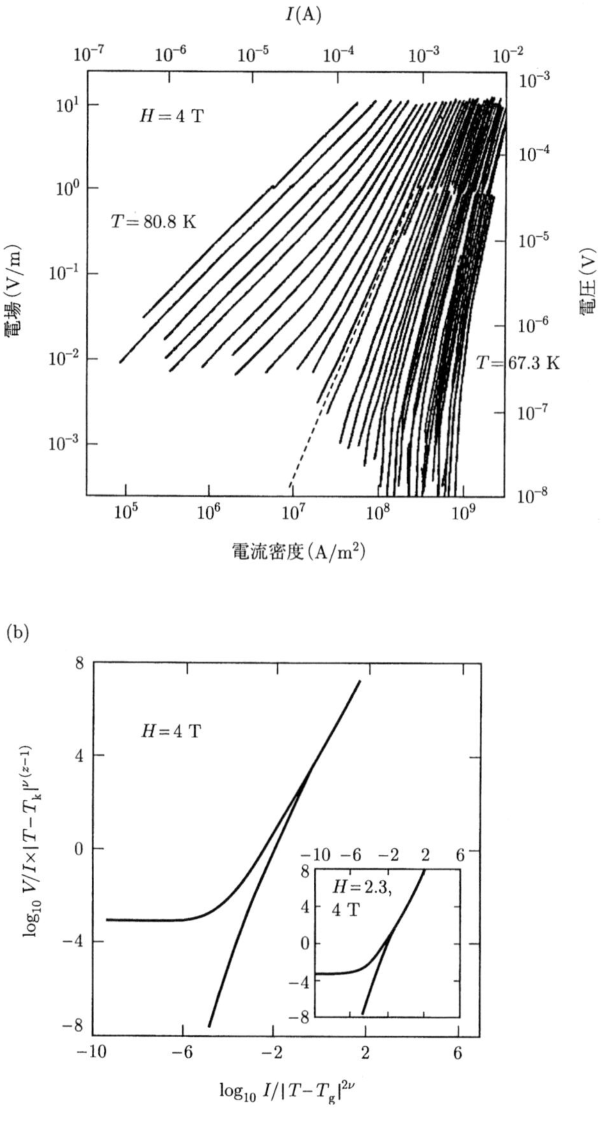

(b)

図 6.12 磁束グラス転移のスケーリング解析．(a) 磁場中の YBCO 薄膜の電流電圧特性の温度変化のデータ．I-V 特性が冪乗則に従うところ (図の破線) が磁束グラス転移温度 T_g に相当する．(b) T_g の上下の I-V 特性がそれぞれ 1 つのスケーリング関数にまとまることを示した図．[R. H. Koch *et al.*, Phys. Rev. Lett. **63** (1989) 1511]

温での急峻で上に凸の曲線へと移ってゆく途中に冪乗則にしたがうところがある．そこを $T = T_{\mathrm{g}}$ として，それより高温側と低温側の I-V 曲線群に上記のスケーリングを施すと，図 6.12-(b) のようにそれぞれが 1 つの曲線 (スケーリング関数) にまとまる．この実験結果は磁束グラス転移モデルの正当性を裏付けるものである．磁束グラス相では $\lim_{J\to 0}(E/J) = 0$ であって，オーミック抵抗はゼロになっている．TAFF モデルでは，有限温度では ($\rho \propto \exp(-U/k_{\mathrm{B}}T)$ に従って指数関数的に小さくなるとはいえ) 有限のオーミック抵抗が存在するのと対照的である．オーミック抵抗が消失するという意味で磁束グラス相は真の超伝導状態である．なお，磁束グラス転移は 3 次元系では有限温度 T_{g} で起こるが，2 次元系では $T_{\mathrm{g}} \to 0$，つまり有限温度では磁束クリープがあって有限のオーミック抵抗が残るものと考えられている．図 6.13 は温度，磁場，系の乱れの強さ，を 3 つの軸にとって描いた磁束系の相図である．

集団ピン留めや磁束グラス相の議論では，3 次元的にランダムな配置の点状ピン留め中心を仮定している．それに対して，ある種の特別な空間相関を有するピン留め中心というものも存在する．たとえば，転位など線状の欠陥，重イ

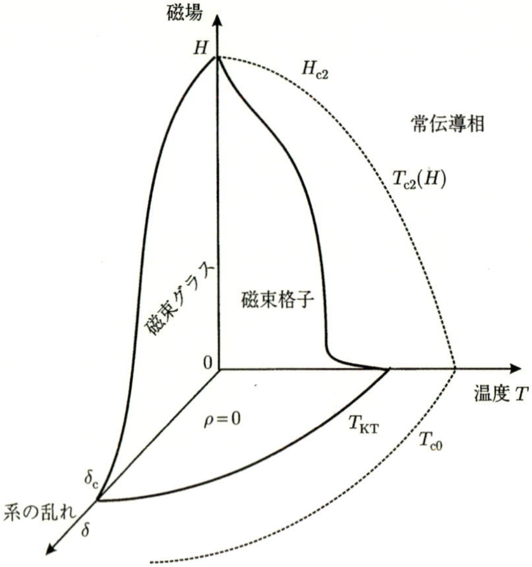

図 6.13 温度，磁場，系の乱れの強さ，を 3 つの軸にとって描いた磁束多体系の相図．

オン照射によって作られる柱状の欠陥，結晶粒界や双晶境界など面状の欠陥，などがそれに相当する．それぞれの場合の磁束系の相転移は，ピン留めポテンシャルの空間相関を反映した特徴をもつものになると考えられる．たとえば高密度の柱状欠陥を含む超伝導体において柱状欠陥に平行な磁場をかけた場合，磁束は柱状欠陥に束縛される傾向が強いが，熱ゆらぎによってところどころで隣接する柱状欠陥に渡り移るような配置をとる．このような系での磁束融解の問題は2次元系ボーズ粒子系の局在の問題と同型であること (磁場に平行な空間軸を時間軸にマッピングする) が議論されており，磁束が柱状欠陥に凍結された低温相はボーズ・グラス (Bose glass) 相と呼ばれている．

7

メゾスコピック超伝導現象

超伝導体を特徴づける長さスケールと同程度ないしはそれより小さなスケールの構造を人工的に作製することができる．本章ではそのような系 (メゾスコピック系) に特徴的な超伝導現象を概観する．また，微小トンネル接合において重要となる単電子帯電効果と超伝導との関係をみる．

7.1 超伝導細線の臨界電流と抵抗発生

超伝導体の細線に流す電流を増してゆくと，ある電流値 (臨界電流) において超伝導が壊れる．細線の断面方向のサイズ d が侵入長やコヒーレンス長よりも十分短い ($d \ll \lambda(T),\ \xi(T)$) とすると，$|\Psi|$ および $\mathbf{J}$ は断面にわたって一定としてよい[*1]．磁場がないものとすると，超伝導細線に流れる電流は

$$\mathbf{J} = \frac{e^*}{m^*}|\Psi|^2\hbar\nabla\theta = e^*|\Psi|^2\mathbf{v}_{\mathrm{s}} \tag{7.1}$$

と表される．自由エネルギー密度

$$\mathcal{F} = \mathcal{F}_n + \alpha|\Psi|^2 + \frac{\beta}{2}|\Psi|^4 + \frac{1}{2}m^*\mathbf{v}_{\mathrm{s}}^2|\Psi|^2 \tag{7.2}$$

の極小は，これを $|\Psi|^2$ に対して変分して得られる

$$\alpha + \beta|\Psi|^2 + \frac{1}{2}m^*\mathbf{v}_{\mathrm{s}}^2 = 0 \tag{7.3}$$

という条件式から求められる．この式は，$\psi = \Psi/|\Psi_0|$ ($|\Psi_0|^2 = -\alpha/\beta$) を用

---

*1) ここでの議論は膜厚 d が $d \ll \lambda(T),\ \xi(T)$ であるような超伝導薄膜に対しても同じように適用できる．

いて

$$v_s^2 = \frac{2}{m^*}|\alpha|\left(1 - |\psi|^2\right) \tag{7.4}$$

と書き換えられ，

$$J = e^*|\Psi|^2 v_s = e^*|\Psi_0|^2 \left(\frac{2|\alpha|}{m^*}\right)^{1/2} |\psi|^2 \left(1 - |\psi|^2\right)^{1/2} \tag{7.5}$$

が得られる．図 7.1 は v_s の関数として秩序パラメーターと超伝導電流密度を表したものである．$J = 0$ のとき $|\psi| = 1$ である．J が最大の値をとるのは $|\psi|^2 = 2/3$ のときで，それ以上の J では対応する $|\psi|$ の値が存在しない．すなわち，上式で $|\psi|^2 = 2/3$ とおいたものが臨界電流値

$$J_c = \frac{2}{3\sqrt{3}} e^* |\Psi_0|^2 \frac{\hbar}{m^* \xi} \tag{7.6}$$

となる．

$J < J_c$ の場合でも，ゆらぎによって有限の抵抗が発生し得る．超伝導細線に電流 J が流れ，その両端に有限の電圧 V が発生している状況を考えよう．第 4 章で述べたように，超伝導体の 2 点 (A,B) の間に電位差 V が存在すれば，それらの間の位相差 θ_{AB} は

$$\frac{d\theta_{AB}}{dt} = \frac{2|e|V}{\hbar} \tag{7.7}$$

に従って時間変化する．細線両端の位相差 θ_{AB} が時間とともに増加し続けると

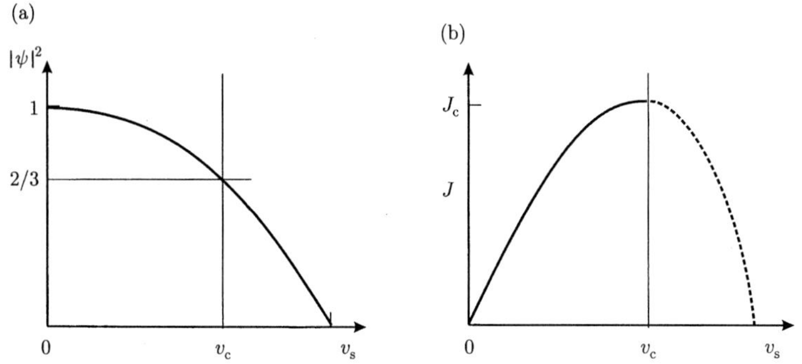

図 7.1　超流動速度の関数としての (a) 秩序パラメーターと，(b) 電流密度．

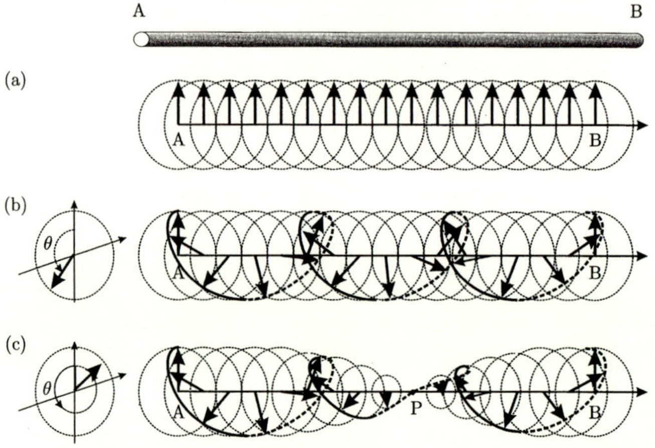

図 7.2 超伝導細線の点 AB 間の各点での秩序パラメーター $\Psi(x)$ を極座標表示で表したもの. (a) AB 間に電流が流れていない場合, $\Psi(x)$ は場所によらず一定である. (b) ゼロ電位差で超伝導電流が流れている状態. 極座標表示の $\Psi(x)$ は振幅が一定で位相が変化するので, らせんを描く. (c) AB 間に電位差 V が発生している状況. 細線の途中 (点 P) に $|\Psi|$ の値が小さくなるところができて, そこで 2π だけの位相の跳び (位相スリップ) が周期的に起こることによって定常状態が保たれる.

いうのは, 定常状態ということと矛盾するように思われる. この矛盾を解消するのは位相スリップという現象である.

位相スリップを直観的に理解するために, 秩序パラメーター $\Psi(x)$ を極座標表示 ($|\Psi|e^{i\theta(x)}$) して, x 軸に沿ったその変化を描いてみよう. 細線に電流が流れていない場合は位相は一定である (図 7.2-(a)). 電流が流れている場合, $\Psi(x)$ は図 7.2-(b) のようならせんを描く. $v_x = (\hbar/m^*)\nabla\theta(x)$ という関係があるから, 電流 $J = 2e|\Psi|^2 v_{\rm s}$ が流れている状態は, x 方向の位相の変化が $\theta(x) = (m^* v_{\rm s}/\hbar)x$ となる. つまり, らせんのピッチは $h/m^* v_{\rm s}$ である. $V \neq 0$ の場合, (7.7) 式に従って $\theta_{\rm AB}$ が時間とともに変化する. これは図 7.2 でいうと, らせんを (一端を固定したまま) 一定速度で巻き上げることに相当する. そのままだと, $\Psi(x)$ を表すらせんは時間とともに巻き上げられてピッチがどんどん短くなってゆく. 一定電流が流れる定常状態を保つためには, らせんの巻き上げによる位相の増加をどこかで捨てることによってつじつまを合わせなければならない. もしも細線の途中に $|\Psi|$ の値がゼロになるところができれば, そこでの位相の値は任

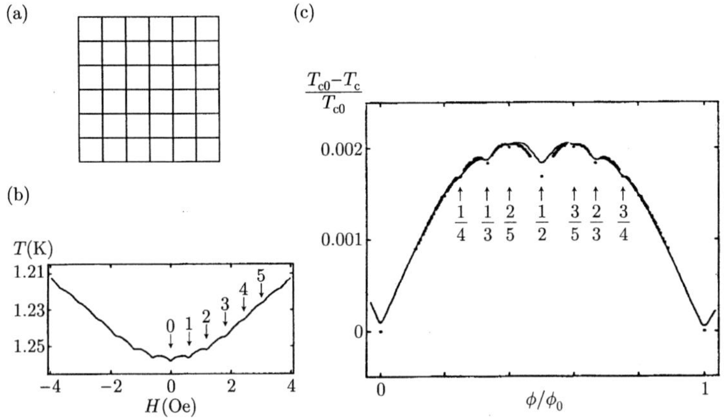

図 7.3 (a) 2 次元正方格子の超伝導ネットワーク．(b) リトル–パークス振動．(c) 振動の 1 周期の中に現れる微細構造．[B. Pannetier *et al.*, Phys. Rev. Lett. **53** (1985) 1845]

意だからそれが可能となる．位相が 2π だけ跳ぶようなトンネル現象 (位相スリップ) が $2|e|V/h$ の頻度で起これば，平均として $\theta_{\rm AB}$ は時間に対して一定となり，AB 間に一定の電位差の生じた定常状態が保たれるというわけである．

局所的に $\Psi(x)$ の振幅が十分小さいところがあれば，電流が流れていなくても，熱的ゆらぎによって $\pm 2\pi$ の位相スリップがある確率で発生する．これは電圧ノイズとして観測可能である．直流電流が流れている場合には，$+2\pi$ 位相スリップと -2π 位相スリップの確率に差が生じて，直流電圧が発生するわけである．このような事情は前節での磁束クリープの議論とよく似ている．

7.2 超伝導ネットワーク

超伝導細線で構成されたネットワークのもっとも単純な例として，図 7.3-(a) に描いたような格子定数 a の 2 次元正方格子を考えよう．図 7.3-(b) は，これに垂直な磁場をかけたときの $T_{\rm c}$ の変化を示したものであるが，単一リングの場合 (1.5 節) と似たようなリトル–パークス振動を示している．興味深いのは振動の 1 周期の中に現れる微細構造である．図 7.3-(c) は振動の 1 周期を拡大して示したものであるが，$\phi/\phi_0 = 1/2, 1/3, 1/4, 2/5$ などのところにカスプ状

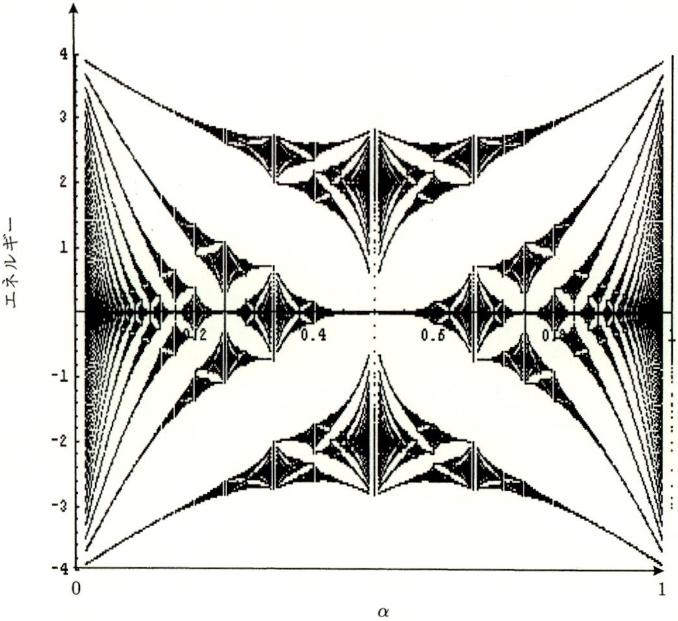

図 7.4 2 次元正方格子上の電子系に磁場をかけたときの固有エネルギースペクトル (ホフスタッター・ダイアグラム).

の極小がみられる.

この問題は, 2 次元正方格子上の電子系に磁場をかけたときのエネルギースペクトルと密接に関係している. 図 7.4 はそのエネルギースペクトルを表したもので, ホフスタッター (Hofstadter)・ダイアグラムと呼ばれる. 横軸は単位胞あたりの平均磁束 $\alpha \equiv Ha^2/\phi_0$ で表している*1). α の各々の値における最大の固有エネルギーを ε とすると, 超伝導転移温度の変化分は

$$\frac{\Delta T_c}{T_c} = -\frac{\xi^2(0)}{a^2}\arccos^2\left(\frac{\varepsilon}{4}\right) \tag{7.8}$$

という関係式で与えられる. すなわち, 転移温度の磁場依存性はホフスタッター・スペクトルの端の包絡線の形状を反映するわけである*2). 図 7.3-(c) に点で示したのは (7.8) 式を用いて求めた計算値で, 実験とよい一致を示してい

*1) α はフラストレーションパラメーター (frustration parameter) と呼ばれることも多い.
*2) ただし, 本来のホフスタッター問題 (磁場中の電子系のエネルギースペクトル) に登場する磁束量子は $h/2e$ ではなくて h/e であるという違いがある.

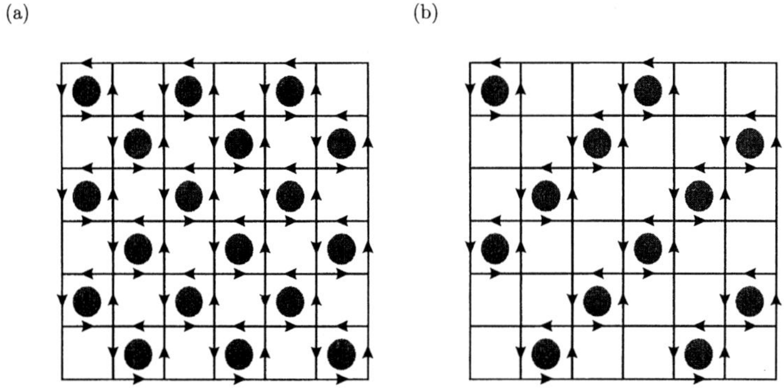

図 7.5 超伝導ネットワークにおける渦糸の安定配置. (a) $\alpha = 1/2$ の場合, (b) $\alpha = 1/3$ の場合.

る. このような対応関係が成立するのは, 線形化された GL 方程式がシュレディンガー方程式と同型であることによるものである.

$\alpha = 1/2, 1/3$ など簡単な分数の値において ΔT_{c} が極小となるのは, そこでの渦糸の配置が図 7.5 のような安定配置をとることに対応している.

7.3 コステルリッツ–サウレス (KT) 転移

超伝導ネットワークと密接に関連した系にジョセフソン接合アレイがある. 図 7.6 は 2 次元正方格子のジョセフソン接合アレイの模式図である. T_{c} よりも十分低温では, 各格子点にある超伝導の島の中では秩序パラメーターが十分発達しており (振幅 $|\Psi| =$ 一定), 隣接する島はジョセフソン接合によって弱く結合している. ジョセフソン結合エネルギーは隣接する島 $\langle i, j \rangle$ の位相をそれぞれ θ_i, θ_j とすると

$$U_{i,j} = -E_{\mathrm{J}} \cos(\theta_i - \theta_j) \tag{7.9}$$

である.

図 7.6-(b) のように各格子点にある島の秩序パラメーターをベクトルで表すと, 隣接スピン間に下式のような交換相互作用が働く 2 次元 XY スピン系と同型であることがわかる.

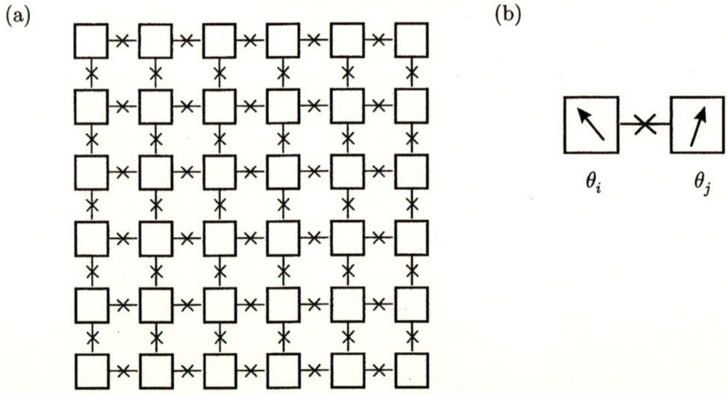

図 7.6 (a) 2 次元正方格子のジョセフソン接合アレイ．四角は超伝導の島を表す．隣接する島はジョセフソン接合によって弱く結合している．(b) 各島の秩序パラメーターをベクトルとして表すとスピンの XY モデルと同型になる．

$$U_{i,j} = -J\cos(\theta_i - \theta_j) \tag{7.10}$$

2 次元 XY スピン系や 2 次元ジョセフソン接合アレイのゼロ磁場における転移は，コステルリッツ (Kosterlitz)–サウレス (Thouless) 転移 (KT 転移) あるいはコステルリッツ–サウレス–ベレジンスキー (Berezinskii) 転移 (KTB 転移) と呼ばれる 2 次元系特有の相転移を示す．それを視覚的にわかりやすいスピン系の言葉で説明しよう．

そもそも純粋な 2 次元系では，絶対零度以外では真の長距離秩序は存在しない，というマーミン (Mermin) の定理がある．$T = 0$ ではすべてのスピンの向きがそろっている．有限温度では $k_{\mathrm{B}}T \ll J$ であっても長波長のスピン波が励起され，図 7.7-(a) のように，隣接スピン間は平行でも，長距離にわたってスピンの角度が変化するため長距離秩序は壊され，マクロな自発磁化は消失する．しかしながらこの場合でも，ある閉曲線に沿ってスピンの角度変化 $\delta\theta$ を足し合わせたものはゼロになっている．つまり，この系には「トポロジカル秩序」が存在する．図 7.7-(b) のような渦 (vortex) や反渦 (antivortex) が入ることによってトポロジカル秩序は乱される．渦 (反渦) を囲む閉曲線に沿って $\delta\theta$ を足し合わせたものは 2π (-2π) になる．

渦の生成エネルギーは系のサイズの対数に比例した大きさである．それに比べて，図 7.7-(d) のような渦・反渦の対 (vortex–antivortex pair) (略して渦対

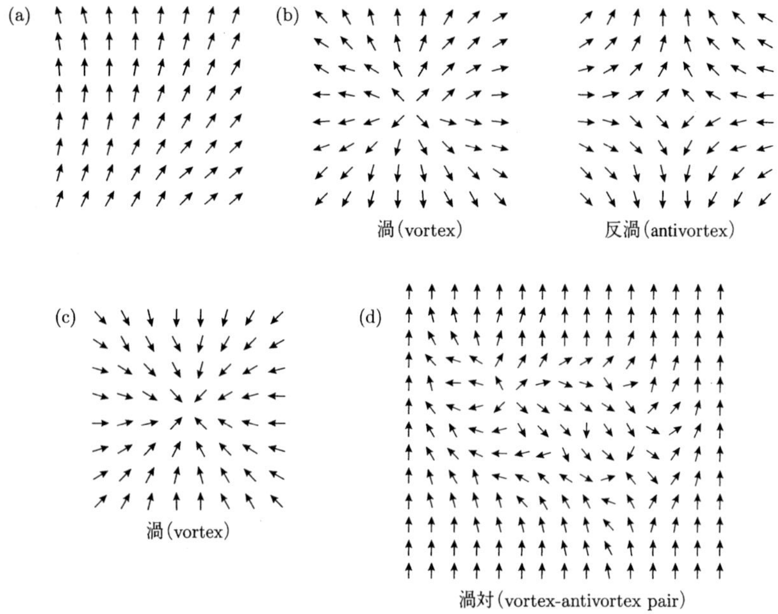

図 7.7 (a) 有限温度では，長波長のスピン波励起により長距離にわたるスピンの秩序は失われる．(b) トポロジカル欠陥である渦 (vortex) と反渦 (antivortex)．(c) このスピン配置は (b) と等価な渦である．(d) 渦・反渦の対 (vortex–antivortex pair).

(vortex pair) と呼ぶ) の生成エネルギーははるかに小さい．渦と反渦の引力相互作用はそれらの距離の対数に比例する[*1)]ので，低温ではまず渦・反渦間距離の短い渦対が生成される．温度の上昇にしたがって励起される渦対の数が増えると同時に，渦・反渦間がもっと離れた渦対も生成されるようになる．ある温度 T_{KT} 以上では渦と反渦の解離が起こり，自由な渦や反渦が生成される．この転移は，正負の電荷が中性分子を形成している状態から，それらが解離してプラズマ状態になる転移と似たところがある．着目する正負電荷の対の間に多くの中性分子が存在するような状況では，それら中性分子の誘電偏極による遮蔽によって正負電荷の相互作用が弱められる．分子が解離すればこの遮蔽効果

*1) 第 5 章で学んだように，渦間の相互作用が距離の対数に比例するのは距離が侵入長よりも短い範囲である．KT 転移を議論するようなジョセフソン接合アレイや “汚れた” 超伝導薄膜の系では実効侵入長が試料サイズよりも長い．

がいっそう強まるので，プラズマ状態への転移は協力的な相転移として起こる．これと同様に，渦・反渦間の引力相互作用も他の束縛対の存在によって遮蔽されるという事情があるので，渦・反渦の解離による転移は協力的に起こる．自由な渦や反渦はエネルギー散逸に寄与するので，$T_{\mathrm{KT}} < T < T_{\mathrm{c0}}$ では超伝導秩序パラメーターは発達しているものの有限の抵抗が現れる．

$T > T_{\mathrm{KT}}$ では自由な渦 (および反渦) が存在する．その密度は

$$n_{\mathrm{f}} \propto \exp\left[-2b\left(\frac{T_{\mathrm{c0}} - T_{\mathrm{KT}}}{T - T_{\mathrm{KT}}}\right)^{1/2}\right] \tag{7.11}$$

という依存性を示す．自由な渦がバーディーン–シュティーヴン流の磁束フローによってエネルギー散逸を与えるとすれば，抵抗は自由な渦の密度に比例するので，(7.11) 式に従う特徴的な温度依存性 (“square-root-cusp” と呼ばれる) を示す．

電流が及ぼすローレンツ力は渦と反渦に対して逆向きに働くため，十分に大きな電流密度は渦・反渦対の解離を引き起こす．この効果は系の電流電圧特性に反映される．$T > T_{\mathrm{KT}}$ では $V \propto I$，つまりオーミックなふるまいがみられるのに対して，$T < T_{\mathrm{KT}}$ では非線形性が強くなる．$V \propto I^a$ と書いたときの冪指数 a は，$T = T_{\mathrm{KT}}$ において 1 から 3 に跳ぶ．この跳び (universal jump) は KT 転移の特徴の 1 つである．

KT 転移は常伝導抵抗の高い “汚れた” 超伝導体の薄膜についても議論されている．ジョセフソン接合アレイの場合，$T < T_{\mathrm{c0}}$ で十分に秩序パラメーターの振幅が発達した超伝導島の間に位相秩序が発達する過程として捉えることができた．つまり T_{KT} は T_{c0} から十分に離れていて，KT 転移の近傍では超伝導パラメーターは一定で温度変化しないものとして取り扱うことができる．それに対して超伝導体薄膜の場合，秩序パラメーターの位相秩序の発達が起こる領域でも振幅の発達が続いており，超伝導パラメーターの温度変化を考慮する必要がある．

図 7.8-(a) は常伝導抵抗の高いアモルファス合金からなる超伝導細線ネットワークの抵抗の温度依存性を示したものである．図中のパラメーター f は単位胞あたりの磁束量子の数，つまり α にあたる．実線は (7.11) 式の温度依存性を表したものである．横軸に現れる τ は

(a)

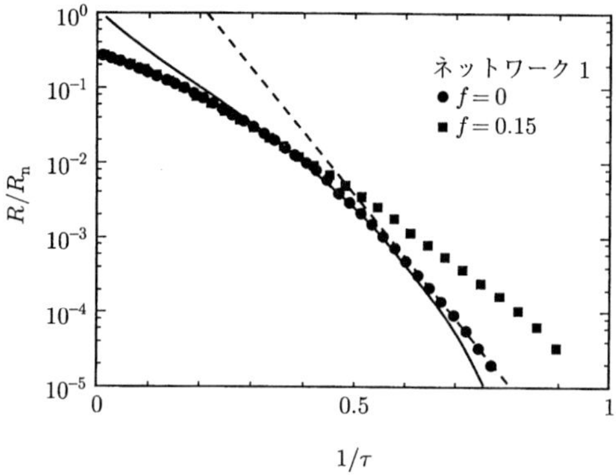

(b)

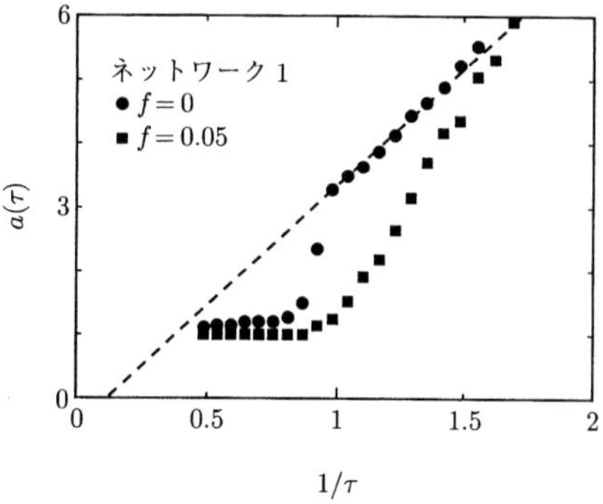

図 7.8 高い常伝導抵抗をもつ細線ネットワークでみられる KT 転移の特徴的ふるまい. (a) $T > T_{\rm KT}$ での抵抗の温度依存性は (7.11) 式に従う. (b) $T = T_{\rm KT}$ において $V \propto I^a$ の冪指数 a が 1 から 3 に跳ぶようすがみられる. [H. S. J. van der Zant *et al.*, Phys. Rev. **B50** (1994) 340]

$$\tau = \frac{k_{\rm B}}{J(T)}, \qquad J(T) = \frac{3\sqrt{3}\xi(T)}{4\pi s}\frac{h}{2e}J_{\rm c}(T) \tag{7.12}$$

という再規格化された温度 (s は単位胞の一辺の長さ) であり, $\tau = 1$ が $T_{\rm KT}$ に対応する. ゼロ磁場 ($f = 0$) でのふるまいは (7.11) 式とよく合っている. 図 7.8-(b) は I-V 特性 $V \propto I^a$ の冪指数 a の温度依存性であるが, $\tau = 1$ のところで a が 1 から 3 にジャンプしている. このように, ゼロ磁場でのふるまいは

KT 転移の特徴を表している．一方図 7.8-(a),(b) にみられるように，KT 転移のふるまいは弱い磁場 ($f = 0.05$) によって失われる．

7.4 微小ジョセフソン接合

第 4 章および前節でジョセフソン接合について述べたが，そこでは超伝導波動関数の位相 θ が (熱的なゆらぎは別として) 確定した値をもつものとして古典的に扱っていた．これは超伝導波動関数をいわば古典的な波として，その干渉などの性質を扱ったことに相当する．超伝導波動関数の位相 θ はクーパー対の数 n と (運動量と位置座標との関係と同じように) 量子力学的な共役関係にある．超伝導体の通常の系ではマクロな数のクーパー対が関与するため，3.6 節で議論したように，位相や粒子数の不確定さは問題にならない．しかしながら，超伝導体が微小になれば電子 1 個あるいはクーパー対 1 個の出入りが問題となる．

7.4.1 単電子帯電効果

微小トンネル接合におけるクーロン相互作用の効果を簡単に復習しよう．まずは常伝導金属でつくられた図 7.9-(a) のような微小トンネル接合を考える．接合面積の小さい (したがって接合容量 C の小さい) トンネル接合では，電子 1 個のトンネルにともなう静電エネルギーの変化 (クーロン帯電エネルギー) $E_{\mathrm{C}} = e^2/2C$ が大きな値をとる．具体的なスケールを挙げよう．微細加工技術を用いてサイズが $\sim 0.1\,\mu\mathrm{m}$ の微小接合をつくると，その接合容量は $C \leq 10^{-15}\,\mathrm{F}$ の程度になる*1)．この場合の帯電エネルギー E_{C} は温度に換算して数 K という値になるので，このような微小トンネル接合系の極低温におけるふるまいには E_{C} が本質的な役割を果たす．つまり電荷というものが素電荷 e という単位をもつ離散的な量であることを反映した現象が現れる．微小トンネル接合系において帯電エネルギーが支配するそのような諸現象は単電子帯電効果 (single electron

*1) 単に接合容量を小さくするだけならトンネル障壁層 (酸化膜) を厚くすればよいわけであるが，実験で観測可能な程度のトンネル確率を得るという条件から障壁層の厚さは 3 nm 程度以下に制約されるので，接合面積を小さくしなければならない．

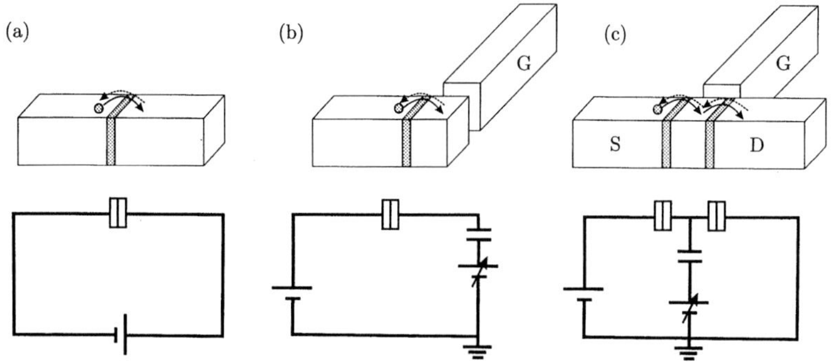

図 7.9 単電子帯電効果が現れる微小トンネル接合系. (a) 微小トンネル接合. (b) 単電子箱 (Coulomb box). (c) 単電子トランジスタ (single electron tunneling (SET) transistor).

charging effects) あるいは単電子トンネル (single electron tunneling: SET) 効果と総称される.

図 7.9-(b) のように, 微小トンネル接合 (接合容量 C) を介して大きな電極 (粒子溜め (reservoir)) と接している金属の島 (island) を考えよう. 電極からのトンネルによって 1 個の電子が島に付け加わるには E_C だけの余分のエネルギーを要するので, 十分低温においてはそのようなトンネル過程が許されなくなるのである. この効果はクーロン閉塞 (Coulomb blockade) と呼ばれる. クーロン閉塞が起こるための条件として, トンネル確率が大きすぎない, というもう 1 つの要請がある. 島の中の電子の数が n であるような状態のエネルギー不確定さはその状態の寿命を τ として, $\Delta E = \hbar/\tau$ で与えられる. このエネルギー不確定さ ΔE が帯電エネルギー E_C よりも大きければ, クーロン閉塞は量子ゆらぎによって消えてしまうであろう. 寿命 τ は系の時定数 $R_T C$ (R_T は接合のトンネル抵抗) で表されるから, 上記の条件は $e^2/2C > \hbar/R_T C$ と書かれる. これを書き直すと (細かい数因子は別にして) $R_T > R_Q$ という条件が得られる. ここで $R_Q \equiv h/e^2 = 25.813\,\mathrm{k}\Omega$ は量子抵抗と呼ばれる普遍定数である. 直流抵抗に関してこの条件を満たすことは容易であるが, 問題となる RC 時定数は 10^{-10} sec といった値であるから高周波域のインピーダンスも問題となる. 典型的には真空のインピーダンス $Z_0 = \sqrt{\mu_0/\varepsilon_0} = 376\,\Omega$ 程度のシャントインピーダンスが存在する. このため, 図 7.9-(a) のように 2 つのリード線が 1 個の微小

接合で接しているだけの系では，実際にクーロン閉塞効果を観測することは非常に困難である[*1)]．このため，実際の実験では，図 7.9-(b)(c) のように，トンネル接合あるいは容量結合を介してリード線から隔てられた微小金属部 (クーロン島 (Coulomb island)) をもつような系を用いる．図 7.9-(b) は電子が出入りするトンネル接合が 1 個で，電子の出入りを制御するためのゲート電極をもつもので，単電子箱 (single electron box) と呼ばれる構造である．単電子帯電効果の多くの実験は，図 7.9-(c) のように，2 つの微小トンネル接合によって中央のクーロン島が両側のリード線から隔てられ，それにクーロン島の静電ポテンシャルを制御するためのゲート電極を付け加えた構造の単電子トンネルトランジスタ (SET transistor) と呼ばれる素子を使用する．

図 7.10 は，SET トランジスタを外部回路まで含めて描いたものである．2 つの接合で挟まれたクーロン島の電位を $V_{\rm I}$，電荷を $-ne$ とすると，コンデンサーの式 ($Q = \sum_i C_i V_i$) から

$$ne = C_1(V_{\rm I} - V_1) + C_2(V_{\rm I} - V_2) + C_{\rm g}(V_{\rm I} - V_{\rm g})$$

$$V_{\rm I} = \frac{1}{C_\Sigma}\Big(C_1 V_1 + C_2 V_2 + C_{\rm g} V_{\rm g} - ne\Big) \tag{7.13}$$

が成り立つ．ただし，$C_\Sigma = C_1 + C_2 + C_{\rm g}$ である．系のクーロン・エネルギーは次のように書かれる．

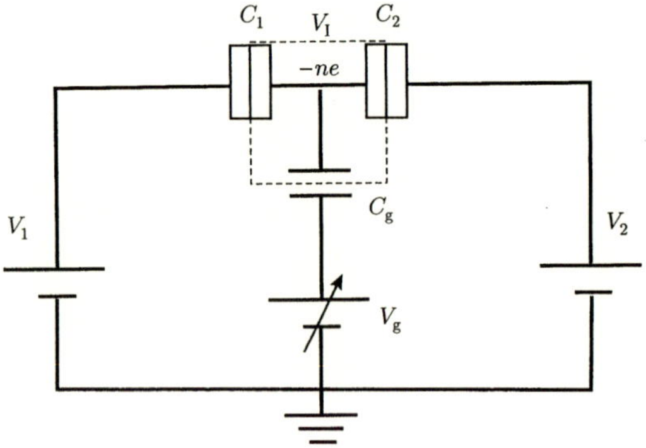

図 7.10 単電子トンネルトランジスタ (SET transistor) 回路．

---

*1) リード線を高抵抗にすることによって，単一接合のクーロン閉塞効果を観測した例がある．

$$U_C = \frac{1}{2}C_1(V_I - V_1)^2 + \frac{1}{2}C_2(V_I - V_2)^2 + \frac{1}{2}C_g(V_I - V_g)^2$$
$$= \frac{1}{2}C_\Sigma V_I^2 - V_I\big(C_1V_1 + C_2V_2 + C_gV_g\big) + \frac{1}{2}C_1V_1^2 + \frac{1}{2}C_2V_2^2 + \frac{1}{2}C_gV_g^2 \tag{7.14}$$

ソースとドレイン間のバイアス電圧がゼロ (無限小) の場合を考えることにして $V_1 = V_2 = 0$ とすると，$V_I = (C_gV_g - ne)/C_\Sigma$ となる．このとき上式は，

$$U_C = \frac{1}{2C_\Sigma}\left[(C_1 + C_2)C_gV_g^2 + (ne)^2\right] \tag{7.15}$$

となる．このクーロン・エネルギーに電圧源がなす仕事 neC_gV_g/C_Σ を加えたもの (つまり系のエンタルピー) は

$$U = \frac{1}{2C_\Sigma}\left[(C_1 + C_2)C_gV_g^2 + 2neC_gV_g + (ne)^2\right]$$
$$= \frac{1}{2C_\Sigma}(C_gV_g - ne)^2 + \frac{1}{C_\Sigma}C_g^2V_g^2 + \frac{1}{2}C_gV_g^2 \tag{7.16}$$

となる．これをゲート電圧 V_g の関数として描くと，図 7.11 のように整数 n に対応する極小値をもつ一群の放物線となる．横軸の C_gV_g はゲートによって誘起される電荷で，連続的な値をとるのに対して，島の電荷としては ne という離散的な値のみが許されることを強調しておこう．ゲート電圧が $(n - 1/2)e < C_gV_g < (n + 1/2)e$ の範囲では島の電荷状態として ne が安定であり，電極と島の間の電子の出入りはクーロン閉塞効果によって禁止されている．ゲート電圧を掃引してゆくと，$C_gV_g = (n + 1/2)e$ を境として島の電荷状態が ne から $(n + 1)e$ へと移る．$C_gV_g = (n + 1/2)e$ においては，ne の状態と $(n + 1)e$ の状態がエネルギー的に縮退しているので，電極と島の間の電子の出入りが許され，SET トランジスタに電流が流れる．すなわち SET トランジスタを流れる電流をゲート電圧の関数として表すと，図 7.11-(c) に示したようにデルタ関数的なピークが周期的に並んだものとなる．有限温度では $C_gV_g = (n + 1/2)e$ からわずかに外れたところでも熱ゆらぎによって電流が流れるので，クーロン・ピークは有限の幅をもつ．このように，単電子帯電効果によって，SET トランジスタを流れる電流がゲート電圧に対して周期的に変化する現象はクーロン振動と呼ばれる．

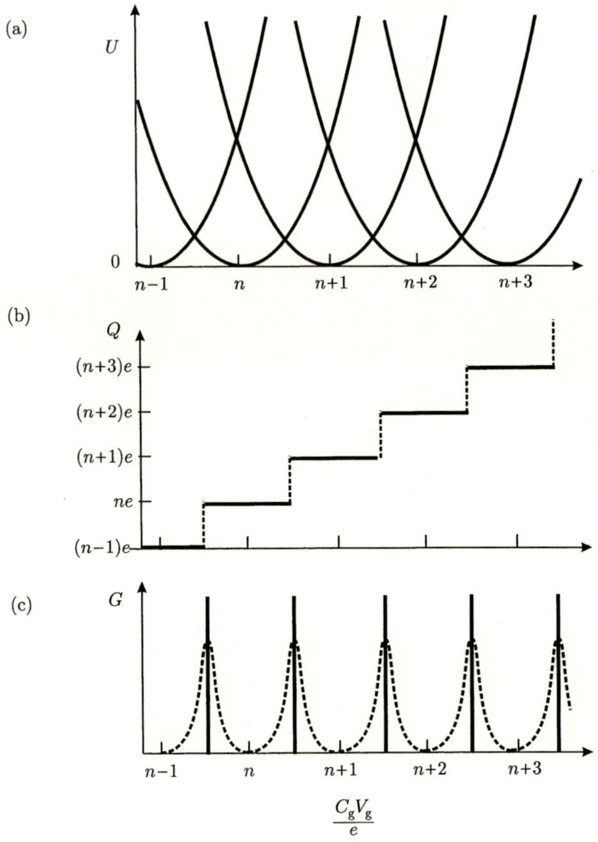

図 7.11 単電子トンネルトランジスタ (常伝導金属) の (a) エンタルピー．(b) 島の電荷．(c) コンダクタンスのクーロン振動 (破線は有限温度)．

7.4.2 パリティ効果

次に，超伝導体でできたSETトランジスタを考えよう．まずは簡単のため両側の電極は常伝導金属としておく．島が超伝導体の場合，その中の電子数が偶数であるか奇数であるかによって基底状態が異なる．電子数が奇数の場合にはクーパー対を形成することができずに残される電子が存在することになるので，基底状態は1個の準粒子をもつ．この準粒子は少なくとも超伝導ギャップ Δ だけのエネルギーをもつので，島の電子数が奇数の場合には系のエンタルピーに

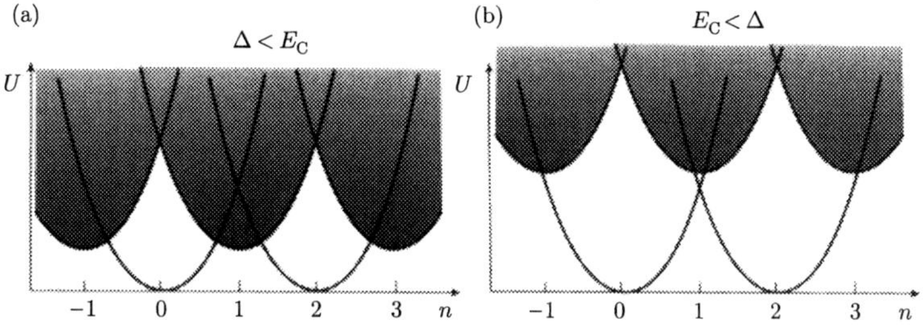

図 7.12　超伝導島をもつ SET トランジスタのエンタルピーと電流 (a) $\Delta < E_{\mathrm{C}}$ の場合．(b) $E_{\mathrm{C}} < \Delta$ の場合．

Δ が付け加わる．このようすを示したのが図 7.12 である．$\Delta > E_{\mathrm{C}}$ では電子数が偶数の状態しか現れない．このときのクーロン振動の周期は e ではなく $2e$ となる．このように島が超伝導の場合にそこに入る電子数が偶数であるか奇数であるかが区別される現象はパリティ効果と呼ばれる．図 7.12 をみると，温度が $k_{\mathrm{B}}T \approx \Delta$，つまり $T \approx T_{\mathrm{c}}$ にならない限り奇数電子の状態は現れないように思われる．しかしながら実際には，T_{c} の何分の 1 かの温度においてクーロン振動は $2e$ 周期から e 周期へと移行する．その原因は状態の統計的重みの違いによる．偶数電子の状態はすべての電子がクーパー対を形成した基底状態で非縮退であるのに対して，奇数電子の状態では 1 個の準粒子が占め得る状態は Δ 以上の連続準位を形成しているので統計的重みがはるかに大きい．このため比較的低い温度でも，奇数電子の状態の自由エネルギーへの寄与が無視できなくなるのである．

7.4.3　超伝導 SET トランジスタ

両電極も超伝導体である場合 (超伝導 SET トランジスタ) にはジョセフソン電流が流れうる．この系のふるまいは，E_{C}，E_{J}，Δ という 3 つのエネルギースケールの大小関係によって異なる．超伝導 SET トランジスタの特徴が出るのは $E_{\mathrm{C}}, E_{\mathrm{J}} < \Delta$ という場合なのでそのような状況を考えよう．

簡単のため 2 つの接合のジョセフソン・エネルギー E_{J} は等しいものとすると，ハミルトニアンは

$$H = -E_{\rm J}\cos\theta_1 - E_{\rm J}\cos\theta_2 + \frac{1}{2C_\Sigma}(2en_{\rm pair} - C_{\rm g}V_{\rm g})^2$$
$$= -\tilde{E}_{\rm J}(\theta)\cos\varphi + \frac{1}{2C_\Sigma}(2en_{\rm pair} - C_{\rm g}V_{\rm g})^2, \tag{7.17}$$

$$\tilde{E}_{\rm J}(\theta) = 2E_{\rm J}\cos\frac{\theta}{2}, \qquad \theta = \theta_1 + \theta_2, \qquad \varphi = \frac{\theta_1 - \theta_2}{2} \tag{7.18}$$

と書くことができる．クーパー対の数 $n_{\rm pair}$ と位相 φ とは量子力学的な共役関係にあり，

$$\left[n_{\rm pair}, \varphi\right] = i \tag{7.19}$$

という交換関係を満たす．$E_{\rm C}$ は電荷 (クーパー対の数) を確定させる傾向，$E_{\rm J}$ は位相の値を確定させる傾向がある．つまり前者が優勢ならばクーパー対は局在し，後者が優勢ならば超伝導電流が流れる．系のふるまいは両者のせめぎあいで決まる．たとえば $E_{\rm C} \ll E_{\rm J}$ の極限では帯電エネルギーの項は無視でき，通常の接合と同じくジョセフソン電流 $I_{\rm J} = (2e/\hbar)E_{\rm J}\sin(\theta/2)$ が流れる*1)．これは，位相 φ が $-\tilde{E}_{\rm J}(\theta)\cos\varphi$ の極小位置である $\varphi = 0$ に局在し，$n_{\rm pair}$ のほうは量子力学的にゆらいでいる状況である．逆に $E_{\rm C} > E_{\rm J}$ で帯電効果が支配的な場合には，超伝導島の中のクーパー対の数 $n_{\rm pair}$ が確定値をとり，位相の量子ゆらぎが顕著になって，ジョセフソン電流は抑制される*2)．

帯電効果が支配的な場合 ($E_{\rm C} > E_{\rm J}$) を想定して，$n_{\rm pair}$ が確定した状態を基底としてハミルトニアンを書くと，

$$H = -\tilde{E}_{\rm J}\sum_{n_{\rm pair}} \frac{|n_{\rm pair}+1\rangle\langle n_{\rm pair}| + |n_{\rm pair}-1\rangle\langle n_{\rm pair}|}{2}$$
$$+ E_{\rm C}\left(2n_{\rm pair} - \frac{C_{\rm g}V_{\rm g}}{e}\right)^2 \tag{7.20}$$

となる．具体的に行列要素を書き下すと

$$H_{n_{\rm pair}, n_{\rm pair}} = E_{\rm C}\left(2n_{\rm pair} - \frac{C_{\rm g}V_{\rm g}}{e}\right)^2$$

---

*1)　$\sin(\theta/2)$ となるのは全体の位相差 θ が 2 つの接合で等分されることを反映している．

*2)　純理論的には $E_{\rm C} \ll E_{\rm J}$ の場合でも量子トンネル効果によって位相 $\cos\varphi$ はブロッホ・バンドを形成し，特定の極小位置には局在しない．しかし現実には，個々の極小位置の平均滞在時間が観測時間に比べて圧倒的に長くなるので，ジョセフソン電流が観測される．

$$H_{n_{\mathrm{pair}}, n_{\mathrm{pair}} \pm 1} = -\frac{1}{2}\tilde{E}_{\mathrm{J}}(\theta) = -E_{\mathrm{J}} \cos\frac{\theta}{2} \tag{7.21}$$

となる．1 行目の式は対角項で，図 7.13-(a) に示したようなクーパー対の数の異なる一群の放物線を表す．2 行目の非対角項は，クーパー対の数 n_{pair} が 1 だけ異なる状態間の結合を表す．

非対角項 (ジョセフソン結合) がなければ，図 7.13-(a) の破線で示したように，ゲート電荷が $C_{\mathrm{g}}V_{\mathrm{g}} = (2n_{\mathrm{pair}} \pm 1)e$ となる点においてクーパー対の数 n_{pair} が 1 個異なる 2 つの状態が交差する．その付近でのエネルギー準位は，それら 2 つの状態について非対角項を含めた 2 行 2 列の行列を対角化することによって求められ，図 7.13-(a) の実線のようになる．固有値を求める 2 次方程式を解くと

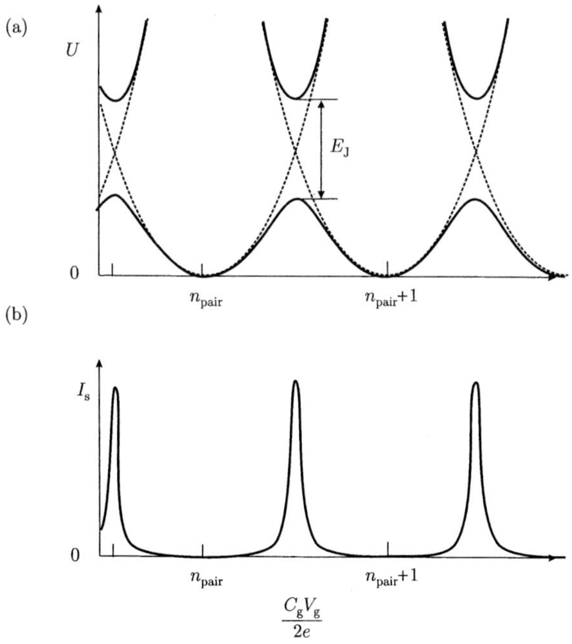

図 7.13 (a) 超伝導 SET トランジスタのエンタルピーのゲート電圧依存性．(b) ジョセフソン臨界電流のゲート電圧依存性．

$$E = E_\mathrm{C}\left[A^2 + 1 \pm 2\sqrt{A^2 + (\tilde{E}_\mathrm{J}(\theta)/4E_\mathrm{C})^2}\right]$$
$$A = 2n_\mathrm{pair} + 1 - \frac{C_\mathrm{g}V_\mathrm{g}}{e} \tag{7.22}$$

n_pair 状態と $n_\mathrm{pair}+1$ 状態とが交差する点 $C_\mathrm{g}V_\mathrm{g} = (2n_\mathrm{pair}+1)e$ のエネルギーは E_J だけ分裂する．系に流れるジョセフソン電流は，(7.22) 式を θ で微分することにより，

$$\begin{aligned} I_\mathrm{s} &= \frac{2e}{\hbar}\frac{\mathrm{d}E}{\mathrm{d}\theta} \\ &= \frac{2e}{\hbar}\frac{E_\mathrm{J}^2}{8E_\mathrm{C}}\frac{\sin\theta}{\sqrt{A^2 + (\tilde{E}_\mathrm{J}(\theta)/4E_\mathrm{C})^2}} \end{aligned} \tag{7.23}$$

となる．ジョセフソン電流は縮退点 $A=0$，つまり $C_\mathrm{g}V_\mathrm{g} = (2n_\mathrm{pair}+1)e$ において最大となり，その値は

$$I_\mathrm{s} = \frac{2e}{\hbar}\frac{E_\mathrm{J}}{2}\sin\frac{\theta}{2} \tag{7.24}$$

となる．一方，縮退点から外れたところではジョセフソン電流はクーロン閉塞によって抑制される．最小値は $C_\mathrm{g}V_\mathrm{g} = 2n_\mathrm{pair}e$ において起こり，その値は

$$I_\mathrm{s} = \frac{2e}{\hbar}\frac{E_\mathrm{J}^2}{4E_\mathrm{C}}\sin\theta, \tag{7.25}$$

つまり，最大値に比べて $E_\mathrm{J}/E_\mathrm{C} \ll 1$ という抑制因子の程度の小さな値となる*1)．

7.5 超伝導–絶縁体 (SI) 転移

前節でみたように，微小ジョセフソン接合系に超伝導電流が流れるかどうかは E_C と E_J とのせめぎあいによって決まる．微小ジョセフソン接合の 2 次元アレイが全体として超伝導を示すか絶縁体となるかの境目は，もっとも単純に考えれば

*1) (7.23) 式から得られる最小値は (7.25) 式の半分の値であるが，これは (7.23) 式を導くのに n_pair と $(n_\mathrm{pair}+1)$ という 2 つの状態のみを考えたことによるものである．$C_\mathrm{g}V_\mathrm{g} = 2n_\mathrm{pair}e$ のところでは $(n_\mathrm{pair}+1)$ 状態と $(n_\mathrm{pair}-1)$ 状態とが同等に寄与するため 2 倍になるのである．

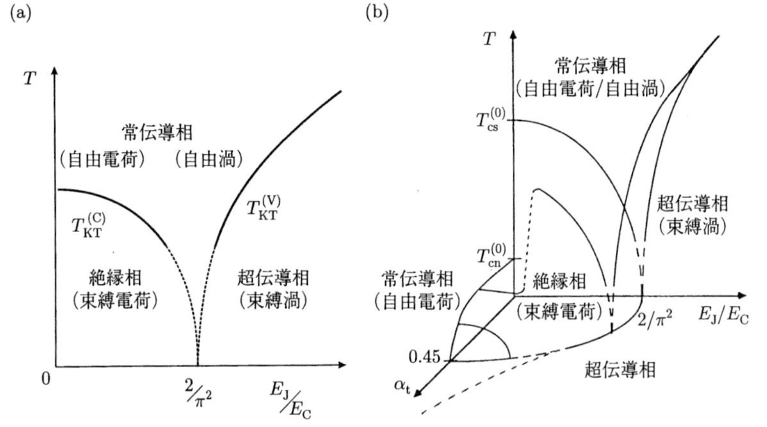

図 7.14 (a) 微小ジョセフソン接合の 2 次元アレイの相図を，温度 T とパラメーター E_J/E_C の平面上に描いたもの．$E_J \ll E_C$ では電荷の KT 転移，$E_J \gg E_C$ では渦糸の KT 転移が起こる．(b) 散逸を表すパラメーター $\alpha_t \equiv R_Q/R_s$ も含めた相図．$R_s \approx R_Q$ において SI 転移が起こる．[Fazio and Shöne, Phys. Rev. **B43** (1991) 5307]

$$\frac{E_J}{E_C} \approx 1 \tag{7.26}$$

で与えられる．図 7.14-(a) はパラメーター E_J/E_C と温度の平面上に描いた相図である．$E_J \ll E_C$ の場合，ある温度において電荷 (クーパー対) の KT 転移が起こり，基底状態は絶縁体である．一方 $E_J \gg E_C$ の場合は渦糸の KT 転移が起こり，基底状態は超伝導である．

微小ジョセフソン接合系のふるまいを支配するパラメーターとしては E_J/E_C とともに，系に含まれる散逸因子も本質的に重要な役割を果たすことが知られている．散逸因子としては，接合を通した準粒子トンネル過程，あるいは接合に並列につけたシャント抵抗などが考えられるが，多くの場合それらは常伝導抵抗 R_n と関係づけられる．ここでは，一般化されたシャント抵抗 R_s で散逸因子を表すことにしよう．この問題は，摩擦によって量子トンネル過程が抑制されて系が古典化するという一般的問題の 1 つの例であり，カルデイラ (Caldeira) とレゲット (Leggett) による定式化にもとづく議論がなされている．結論は，摩擦を表す $1/R_s$ がある程度大きくなると位相自由度のトンネル過程が散逸により抑制されて局在し，位相の値が確定して系に超伝導電流が流れるようになる，というものである．その境目はおよそ $R_{\rm s} \approx R_{\rm Q} \equiv h/4e^2$ で与えられる．

抵抗 $R_{\rm s}$ でシャントされたジョセフソン接合を考える．接合の両端の位相差が 2π だけ変化するときにシャント抵抗を通して移動する電荷量を求めよう．位相差の時間変化 $\mathrm{d}\Delta\theta/\mathrm{d}t$ があると，電位差 $V = (\hbar/2e)(\mathrm{d}\Delta\theta/\mathrm{d}t)$ が生じ，それによってシャント抵抗には電流 $V/R_{\rm s}$ が流れる．したがって $\Delta\theta$ が 2π だけ変化するときにシャント抵抗を通して移動する電荷量は $(h/2e)/R_{\rm s} = 2e(R_{\rm Q}/R_{\rm s})$ である．接合に入射した電荷は，(1) クーパー対トンネルによってジョセフソン接合を電荷 $2e$ として通過する，(2) 2π の位相スリップをともなってシャント抵抗を電荷 $2e(R_{\rm Q}/R_{\rm s})$ として通過する，(3) 通過せずに接合を帯電させる，のいずれかになる．微小接合の場合 (3) は大きな帯電エネルギーを損するので，(1) か (2) のいずれかを採る．$R_{\rm s} \ll R_{\rm Q}$ の場合はクーパー対トンネルのパスが支配的であり，系には超伝導電流が流れる．逆に $R_{\rm s} \gg R_{\rm Q}$ の場合は，電荷はシャント抵抗を通して流れ，クーパー対トンネルのパスは寄与しなくなる．このとき系は電圧状態となり，その抵抗は $R_{\rm s}$ となる．図 7.14-(b) は散逸を表すパラメーター $\alpha_{\rm t} \equiv R_{\rm Q}/R_{\rm s}$ も含めた 3 次元空間の相図である．

臨界抵抗が $R_{\rm Q} = h/4e^2$ 程度になるということは，クーパー対描像と渦糸描像の双対関係からも導かれる．一辺が単位長さの正方形の試料系を考え，この中でクーパー対が x 方向に単位時間あたり単位長さを $n_{\rm c}$ だけ横切るように流れ，同時に渦糸が y 方向に単位時間あたり単位長さを $n_{\rm v}$ だけ横切るように流れているとする．x 方向の電流は $J = 2en_{\rm c}$ であり，x 方向に生じる電圧は (渦糸が 1 本横切るごとに 2π の位相差が発生するわけだから) ジョセフソンの関係式から $V = (h/2e)n_{\rm v}$ となる．すなわちクーパー対のコンダクタンスは $\sigma_{\rm c} = J/V = 2en_{\rm c}/(hn_{\rm v}/2e) = (n_{\rm c}/n_{\rm v})R_{\rm Q}^{-1}$ である．一方，渦糸に対する渦圧 (「電圧」に対応する量) はローレンツ力によるもので J つまり $n_{\rm c}$ に比例するので，渦糸のコンダクタンス (=渦流/渦圧) は $\sigma_{\rm v} \propto n_{\rm v}/n_{\rm c}$ である．すなわち両者 (を無次元化したもの) は互いに逆数の関係にある．超伝導相では $\sigma_{\rm c} = \infty, \sigma_{\rm v} = 0$, 逆に絶縁体相では $\sigma_{\rm c} = 0, \sigma_{\rm v} = \infty$ となる．SI 転移の付近では両者とも有限の値をとる．自己双対を仮定すると SI 転移点のところで両者が一致することになるので，その値は (次元を復活させると) $(2e)^2/h = (6.4\,\mathrm{k}\Omega)^{-1}$ である．自己

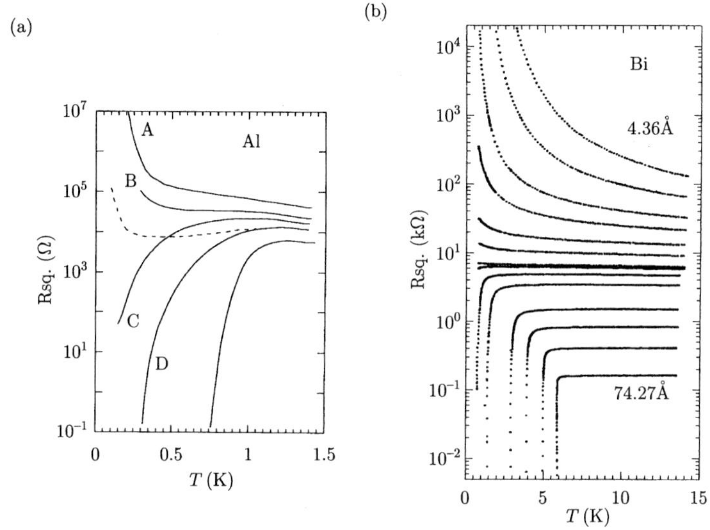

図 7.15 (a) 微小ジョセフソン接合アレイにおける超伝導・絶縁体 (SI) 転移．[Geerling *et al.*, Phys. Rev. Lett. **63** (1989) 326] (b) 低温蒸着によって作製されたビスマス超薄膜における SI 転移．[Haviland *et al.*, Phys. Rev. Lett. **62** (1989) 2180]

双対性から多少のずれがあっても，コンダクタンスの臨界値はこのユニヴァーサルな値からそれほど外れないものと考えられている．

SI 転移の実験は，微細加工によって作製される微小ジョセフソン接合アレイ，蒸着薄膜が島状になることを利用して作製されるグラニュラー膜，アモルファス超薄膜などを用いて行われている．図 7.15-(a) は Al で作製された微小ジョセフソン接合アレイにおける SI 転移の例である．また，図 7.15-(b) は低温蒸着によって作製されたアモルファス・ビスマス超薄膜における SI 転移のようすである．上述のように，ほぼ $R_{\rm Q} = 6.4\,\mathrm{k}\Omega$ 程度を境として，超伝導と絶縁体に分かれているようすがみてとれる．

8

不均一な超伝導

8.1 対破壊効果

クーパー対を構成する 2 つの電子 $(\mathbf{k}, \sigma)$，$(-\mathbf{k}, -\sigma)$ は互いに時間反転対称の関係にある．非磁性不純物による散乱のように時間反転対称性を破らない摂動は，超伝導に大きな影響を与えないことが知られている (アンダーソンの定理)．それに対して磁性不純物による散乱のように時間反転対称性を破る摂動は，クーパー対を壊す働き，すなわち対破壊効果 (pair breaking effect) をもたらす．

時間反転対称性を破る摂動はクーパー対を構成する 2 つの電子 $(\mathbf{k}, \sigma)$，$(-\mathbf{k}, -\sigma)$ に対して異なる作用を及ぼし，それらのエネルギーを相対的にシフトさせる．これによって 2 つの電子の位相の時間発展にずれが生じる．これら 2 つの電子状態を混ぜるような散乱過程による散乱時間を τ_{m} とすると，時間 τ_{m} の間の位相のずれが 1 のオーダーとなるようであればクーパー対は破壊される．対破壊をもたらす典型的な摂動として $(e/m)\mathbf{p}_{\mathbf{k}} \cdot \mathbf{A}$ を考える．対を形成する 2 つの電子状態の位相のずれの時間発展は

$$\frac{\mathrm{d}\Delta\theta}{\mathrm{d}t} = \left(\frac{2e}{\hbar}\right)\mathbf{v}_{\mathbf{k}} \cdot \mathbf{A} \tag{8.1}$$

で与えられる．電子は平均散乱時間 τ で散乱を受け，そのたびに $\mathbf{v}_{\mathbf{k}}$ はランダムに変化する．(ダーティな超伝導体を想定して) 電子散乱が頻繁であるとすると位相のずれはランダムウォークに従って時間発展する．平均散乱時間 τ の間の位相のずれが $(\mathrm{d}\Delta\theta/\mathrm{d}t)\tau$ であって，時間 t の間に t/τ 回のランダムステップがあるとすると，この間の位相のずれが 1 程度になるという条件は

$$\left\langle\left(\frac{\mathrm{d}\Delta\theta}{\mathrm{d}t}\right)^2\tau^2\right\rangle\frac{t}{\tau}\approx 1 \tag{8.2}$$

となる．位相のずれが1程度になる時間スケールの逆数のエネルギーが対破壊効果のエネルギースケール（対破壊パラメーター 2α）を与える．上式に(8.1)式を代入することにより，

$$\begin{aligned}2\alpha &= \hbar\tau\left\langle\left(\frac{2e}{\hbar}\mathbf{v}_\mathbf{k}\cdot\mathbf{A}\right)^2\right\rangle \\ &= \frac{1}{3}v_\mathrm{F}^2\tau\hbar\left(\frac{2e}{\hbar}\right)^2\langle A^2\rangle \\ &= D\hbar\left(\frac{2\pi}{\phi_0}\right)^2\langle A^2\rangle\end{aligned} \tag{8.3}$$

を得る．ここで $D=(1/3)v_\mathrm{F}^2\tau$ は拡散係数である．

対破壊効果を生み出すような摂動としては，外部磁場，磁性不純物，スピン交換相互作用による内部磁場，電流，などがある．また常伝導金属との接合界面や渦糸の芯付近において生じる超伝導秩序パラメーターの急激な空間変化も対破壊効果をもたらす．それらの効果はいずれも，対破壊パラメーター α という形で表せることが知られている．たとえば磁場，磁性不純物，について α は

$$\alpha=\begin{cases} DeH & \text{垂直磁場} \\ De^2H^2d^2/6\hbar & \text{薄膜に平行な磁場} \\ 2\pi n_\mathrm{i}J^2S(S+1)N(0) & \text{磁性不純物}\end{cases} \tag{8.4}$$

という形をとる．

対破壊効果がある場合の転移温度 T_c は次の式により与えられる．

$$\ln\frac{T_\mathrm{c}}{T_\mathrm{c0}}+\psi\left(\frac{1}{2}+\frac{\alpha}{2\pi k_\mathrm{B}T_\mathrm{c}}\right)-\psi\left(\frac{1}{2}\right)=0 \tag{8.5}$$

ここで，T_c0 は対破壊がない場合 ($\alpha=0$) の T_c，$\psi(x)$ はダイガンマ関数である．

対破壊が弱い場合，T_c は，$\alpha/2\pi k_\mathrm{B}T$ が小さいとして，ダイガンマ関数を $1/2$ の周りで展開することにより，

$$T_c = T_{c0} - \frac{\pi}{4}\frac{\alpha}{k_B} \tag{8.6}$$

が得られる．α の値が

$$2\alpha_c = \Delta_0 = \frac{\pi k_B T_{c0}}{\gamma} \tag{8.7}$$

に達すると，超伝導は消失する．(8.5) 式は規格化された対破壊パラメーター $2\alpha/\Delta_0$ と規格化された転移温度 T_c/T_{c0} の間のユニヴァーサルな関係を与える．図 8.1-(a) の実線はそれを示したものである．また，破線は最低励起エネルギーつまりスペクトルギャップ $\varepsilon_{\min}$ の変化を表している．α の増加にともなって，$\varepsilon_{\min}$ は T_c よりも急速に減少し，$2\alpha/\Delta_0 = 0.91$ (図の矢印) においてゼロとなる．すなわち，T_c 近傍において，超伝導でありながら励起ギャップがゼロというギャップレス超伝導状態が出現する．図 8.1-(a) で影をつけた部分はギャップレス超伝導の領域を示す．α の値が大きくなるにつれて，T_c 以下のギャップレス領域が大きくなり，$2\alpha/\Delta_0 > 0.91$ では $T = 0$ までギャップレスである．図 8.1-(b) は対破壊パラメーターのいろいろな値に対する状態密度 (超伝導ギャップ) のようすを示したものである．

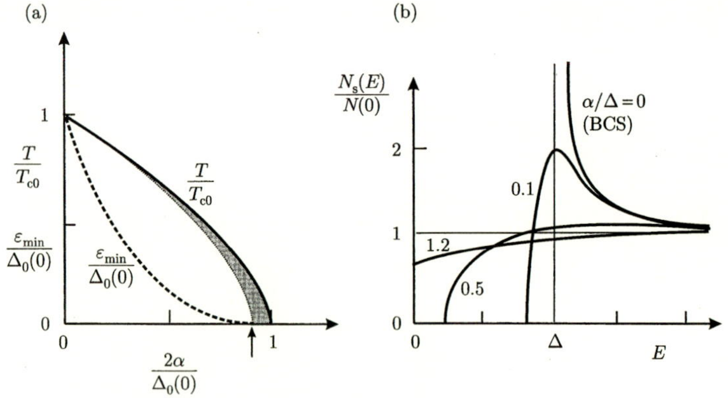

図 8.1 (a) 規格化された対破壊パラメーター $2\alpha/\Delta_0$ と規格化された転移温度 T_c/T_{c0} の間のユニヴァーサルな関係．影を施した部分ではギャップレス超伝導状態が実現している．(b) 対破壊パラメーターのいろいろな値に対する状態密度 (超伝導ギャップ) のようすを示したもの．

8.2　スピン分裂の効果

これまでにいくつかのところで外部磁場の効果を扱ってきたが，それらはいずれもベクトルポテンシャル $\mathbf{A}$ を通して軌道運動に及ぼされる効果であった．ここではスピンのゼーマン分裂あるいは交換相互作用によるスピン分裂の効果を考える．前節で扱った対破壊という観点からいうと，外部磁場あるいは強磁性交換相互作用による内部磁場によるスピン分裂も対破壊の要因と考えることができる．この場合，$\mathrm{d}\Delta\theta/\mathrm{d}t = 2\mu_{\mathrm{B}}H/\hbar$ であり，関連する散乱時間はスピン軌道散乱時間 τ_{so} である．$\tau_{\mathrm{so}}^{-1} \gg 2\mu_{\mathrm{B}}H/\hbar$ であれば，先と同じく位相のずれの時間発展がランダムウォークによるので，

$$2\alpha = \tau_{\mathrm{so}}\hbar\left(\frac{2\mu_{\mathrm{B}}H}{\hbar}\right)^2 \tag{8.8}$$

となる．

一方，$\tau_{\mathrm{so}}^{-1} \ll 2\mu_{\mathrm{B}}H/\hbar$ であれば，$2\mu_{\mathrm{B}}H/\hbar$ がそのまま位相のずれの時間発展を与えることになるので，

$$2\alpha = 2\mu_{\mathrm{B}}H \tag{8.9}$$

となる．この場合，超伝導が消失するのは上式が Δ_0 と等しくなる磁場 (より正確にはその $1/\sqrt{2}$ 倍) で与えられ，

$$\begin{aligned} H_{\mathrm{P}} &= \frac{\Delta_0}{\sqrt{2}\,\mu_{\mathrm{B}}} \\ &= 1.84\ \big(T_{\mathrm{c0}}[\mathrm{K}]\big)\ [\mathrm{T}] \end{aligned} \tag{8.10}$$

という値をとる．(8.10) 式はスピンのゼーマン分裂に起因する対破壊効果によって H_{c2} の値に上限があることを示すもので，パウリ限界あるいはパウリ–クロッグストン–チャンドラセカール限界 (Pauli–Clogston–Chandrasekar limit) と呼ばれる．

しかしながら，スピン軌道散乱が頻繁に起こって上向きスピンと下向きスピンの状態が混ざる場合には，位相のずれの時間発展は (8.8) 式に従うので，ゼー

マン分裂による対破壊の効果は抑制され，パウリ限界は必ずしも適用されない．実際，実用材料として用いられる多くの第II種超伝導体では $H_{c2}(0) > H_{\mathrm{P}}$ となっている．

強磁場あるいは交換相互作用による内部磁場によって大きなスピン分裂が生じた状態，すなわち上向きスピンと下向きスピンのバンドの k_{F} が相当に異なる状況では，通常のように $\mathbf{k}$ と $-\mathbf{k}$ の電子がクーパー対をつくるよりも $\mathbf{k}+\mathbf{q}/2$ と $-\mathbf{k}+\mathbf{q}/2$ という対ができる可能性がある．このときの秩序パラメーターは，$\Delta(\mathbf{r}) = \Delta_0 e^{i\mathbf{q}\cdot\mathbf{r}}$ というような空間的振動パターンをもつ．このような超伝導状態はフルデ–フェレル–ラルキン–オヴチニコフ (Fulde–Ferrel–Larkin–Ovchinnikov) 状態，略して FFLO 状態と呼ばれる．FFLO 状態はクリーンリミットで上部臨界磁場付近の強磁場下で生じうる．通常の超伝導 BCS 状態と FFLO 状態との間の転移は一次相転移である．

8.3 ボゴリューボフ–ドジャンヌ方程式

GL 理論において超伝導波動関数の空間変化のスケールを決めているのはコヒーレンス長 ξ である．したがって，たとえばポテンシャルの空間変化が ξ よりも短いスケールで起こるような状況は GL 理論で扱うことはできない．このような場合を扱うのがボゴリューボフ (Bogoliubov)–ドジャンヌ (de Gennes) 方程式 (BdG 方程式) である．

BdG 方程式は次のように書かれる．

$$\left\{\begin{aligned} i\hbar\frac{\partial \tilde{u}(\mathbf{r},t)}{\partial t} &= \left[-\frac{\hbar^2}{2m}\nabla^2 + V(\mathbf{r})\right]\tilde{u}(\mathbf{r},t) + \Delta(\mathbf{r})\tilde{v}(\mathbf{r},t) \\ -i\hbar\frac{\partial \tilde{v}(\mathbf{r},t)}{\partial t} &= \left[-\frac{\hbar^2}{2m}\nabla^2 + V(\mathbf{r})\right]\tilde{v}(\mathbf{r},t) - \Delta(\mathbf{r})\tilde{u}(\mathbf{r},t) \end{aligned}\right. \tag{8.11}$$

ここで，$V(\mathbf{r})$ は一電子ポテンシャルとともに電子間のハートリー–フォック相互作用をも含み，$\Delta(\mathbf{r})$ は超伝導のペアポテンシャルである．常伝導状態 ($\Delta = 0$) では，1 行目の式は電子に対するシュレディンガー方程式にほかならず，2 行目の式はそれを時間反転した正孔に対する方程式である．(8.11) 式は，超伝導状態 ($\Delta \neq 0$) において電子的準粒子と正孔的準粒子の波動関数の間に結合項があることを表している．

簡単な場合として，(8.11) 式の 1 次元版 ($\mathbf{r} \to x$ としたもの) を考え，さらに $\mu(x) = \mu$，$\Delta(x) = \Delta$，$V(x) = 0$ という空間的に一様な場合を考えよう[*1]．

$$\begin{cases} \tilde{u}(x,t) = ue^{ikx-iEt/\hbar} \\ \tilde{v}(x,t) = ve^{ikx-iEt/\hbar} \end{cases} \tag{8.12}$$

という形を BdG 方程式に代入すると，

$$\begin{cases} Eu = \left(\dfrac{\hbar^2 k^2}{2m} - \mu\right)u + \Delta v \\ Ev = -\left(\dfrac{\hbar^2 k^2}{2m} - \mu\right)v + \Delta u \end{cases} \tag{8.13}$$

となり，固有値方程式は

$$E^2 = \left(\frac{\hbar^2 k^2}{2m} - \mu\right)^2 + \Delta^2 \tag{8.14}$$

となる．当然のことながら，ここから

$$\begin{cases} u^2 = \dfrac{1}{2}\left(1 + \dfrac{\sqrt{E^2 - \Delta^2}}{E}\right) \\ v^2 = \dfrac{1}{2}\left(1 - \dfrac{\sqrt{E^2 - \Delta^2}}{E}\right) \end{cases} \tag{8.15}$$

というすでにおなじみの結果 ((3.38) 式) が出てくる．エネルギーのある値 E に対して，

$$\hbar k^{\pm} = \left(2m\left[\mu \pm \sqrt{E^2 - \Delta^2}\right]\right)^{1/2} \tag{8.16}$$

という 2 つの波数がある．

8.4 アンドレーフ反射

超伝導体と常伝導金属の接合界面 (SN 界面) を考えよう．SN 界面において

---

*1) 空間的に一様な場合は BdG 方程式を使う意味はほとんどないのであるが，BCS の表式に帰着することを確認しておく．

は，常伝導側から超伝導側に向かってコヒーレンス長ξ程度のスケールで，超伝導ギャップΔがゼロから超伝導体本来の値Δ_0へと増加している．このようなSN界面に常伝導側からΔ_0以下のエネルギーをもつ電子(波数$\mathbf{k}$)が入射する場合に何が起こるかを考えよう．超伝導体内部にはこのエネルギーに対応する状態は存在しないので，ちょっと考えると入射電子は確率100％で反射されてしまうように思われる．しかしながら，以下に述べるアンドレーフ反射(Andreev reflection)という過程によって$\epsilon < \Delta_0$でもSN接合を通して電流が流れることができる．

電子が超伝導体に近づくと電子の位置での超伝導ギャップ$\Delta(x)$がゼロでない値をとり始め，電子は準粒子スペクトルの$\mathbf{k}$に対応する状態(エネルギー$E_\mathbf{k}$)を占める．さらに超伝導体側に進むと局所的な$\Delta(x)$が大きくなるので，図8.2に示したように，準粒子スペクトル上の状態は極小点に向かって移動してゆく．それに従って準粒子の電荷は減少する．局所的なΔが入射電子のエネルギーに一致するところで，状態は準粒子スペクトルの極小点に達し，群速度$\mathbf{v_k} = (1/\hbar)(\mathrm{d}E_\mathbf{k}/\mathrm{d}\mathbf{k})$がゼロとなる．ここで状態は準粒子スペクトルの左側の分枝に移り，実空間では準粒子が逆向きに進むようになる．つまりこの過程では，入射した電子はSN界面で反射されて正孔として戻ってくる．右向きに進む電子と左向きに進む正孔は同じ方向の電流を与える．超伝導体内部ではその電流はクーパー対によって受け継がれている．ここで注意したいのは，アンドレーフ反射過程において電子の波数そのものはほとんど変化していないという点である．反転するのは群速度のみである．

アンドレーフ反射過程をBdG方程式によって記述する．常伝導側$(x < 0)$から超伝導側$(x > 0)$に向かって電子が入射する．SN界面はデルタ関数のポテンシャル$V(x) = H\delta(x)$で表す．波動関数の境界条件は

$$\begin{cases} \psi_\mathrm{n}(0) = \psi_\mathrm{s}(0) \equiv \psi(0) \\ \dfrac{\hbar^2}{2m}\left(\dfrac{\mathrm{d}\psi_\mathrm{n}}{\mathrm{d}x} - \dfrac{\mathrm{d}\psi_\mathrm{s}}{\mathrm{d}x}\right)\bigg|_{x=0} = H\psi(0) \end{cases} \tag{8.17}$$

である．入射波，透過波，反射波はそれぞれ次のように書き表す．

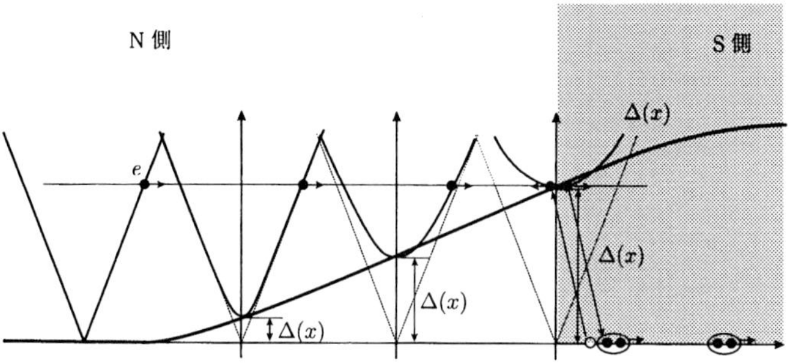

図 8.2 超伝導/常伝導 (SN) 界面における局所的な超伝導ギャップの変化．常伝導側から電子が入射する場合．

$$
\begin{cases}
\psi_{\mathrm{in}}(x) = \begin{pmatrix} 1 \\ 0 \end{pmatrix} e^{iq^+x} & \hbar q^{\pm} = \big(2m(\mu \pm E)\big)^{1/2} \\
\psi_{\mathrm{r}}(x) = a\begin{pmatrix} 0 \\ 1 \end{pmatrix} e^{iq^-x} + b\begin{pmatrix} 1 \\ 0 \end{pmatrix} e^{-iq^+x} & \\
\psi_{\mathrm{t}}(x) = c\begin{pmatrix} u_0 \\ v_0 \end{pmatrix} e^{ik^+x} + d\begin{pmatrix} v_0 \\ u_0 \end{pmatrix} e^{-ik^-x} &
\end{cases}
\tag{8.18}
$$

これらを境界条件の式に代入して係数を求めることにより，

$$
\begin{cases}
a(E) = \dfrac{u_0 v_0}{\gamma} & \\
b(E) = -\dfrac{(u_0^2 - v_0^2)(Z^2 + iZ)}{\gamma} & Z = \dfrac{mH}{\hbar^2 k_{\mathrm{F}}} = \dfrac{H}{\hbar v_{\mathrm{F}}} \\
c(E) = \dfrac{u_0(1 - iZ)}{\gamma} & \gamma^2 = [u_0^2 + (u_0^2 - v_0^2)Z^2]^2 \\
d(E) = \dfrac{iv_0 Z}{\gamma} & u_0^2 = 1 - v_0^2 = \dfrac{1}{2}\left(1 + \dfrac{\sqrt{E^2 - \Delta^2}}{E}\right)
\end{cases}
\tag{8.19}
$$

が得られる．係数 a, b, c, d はそれぞれ，アンドレーフ反射 ($q^+ \to -q^+$)，ノーマル反射 ($q^+ \to -q^+$)，ノーマル透過 ($q^+ \to k^+$)，分枝交差透過 ($q^+ \to -k^-$)，の各過程を表す．ここに登場する波数はいずれもフェルミ波数に近い値，$k^{\pm}$, $q^{\pm} \approx k_{\mathrm{F}}$，である．

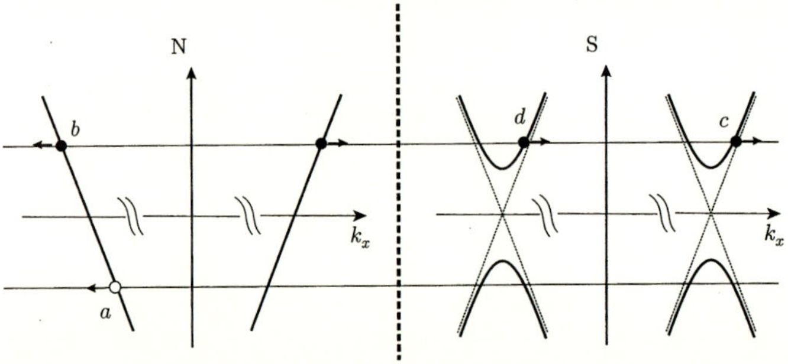

図 8.3 NS 界面における透過および反射過程.

図 8.3 は上記の反射・透過過程を示したものである．透過および反射確率はこれらの係数の 2 乗で与えられる．

これらの間には

$$|a(E)|^2 + |b(E)|^2 + |c(E)|^2 + |d(E)|^2 = 1 \tag{8.20}$$

という関係 (確率保存則) が成立する．ギャップよりも小さなエネルギー ($|E| < \Delta$) をもつ電子については $c(E) = d(E) = 0$ (透過確率ゼロ) なので,

$$|a(E)|^2 + |b(E)|^2 = 1 \tag{8.21}$$

が成り立つ．

図 8.4 は，Z のいくつかの値について係数 $|a(E)|^2, \cdots, |d(E)|^2$ のふるまいを示したものである．特徴的なふるまいをいくつかみてみよう．

(1) まず常伝導状態 ($\Delta = 0$) の場合を考えると，$u_0 = 1$, $v_0 = 0$ なので,

$$\begin{cases} |a(E)|^2 = |d(E)|^2 = 0 \\ |b(E)|^2 = \dfrac{Z^2}{1+Z^2} \\ |c(E)|^2 = \dfrac{1}{1+Z^2} = 1 - |b(E)|^2 \end{cases} \tag{8.22}$$

当然のことながら，ノーマル反射とノーマル透過のみである．

(2) 界面の障壁がゼロの場合 ($Z = 0$)，(図 8.4-(a))

$E \leq \Delta$ では $|a(E)|^2 = 1$，つまり完全アンドレーフ反射が起こる．

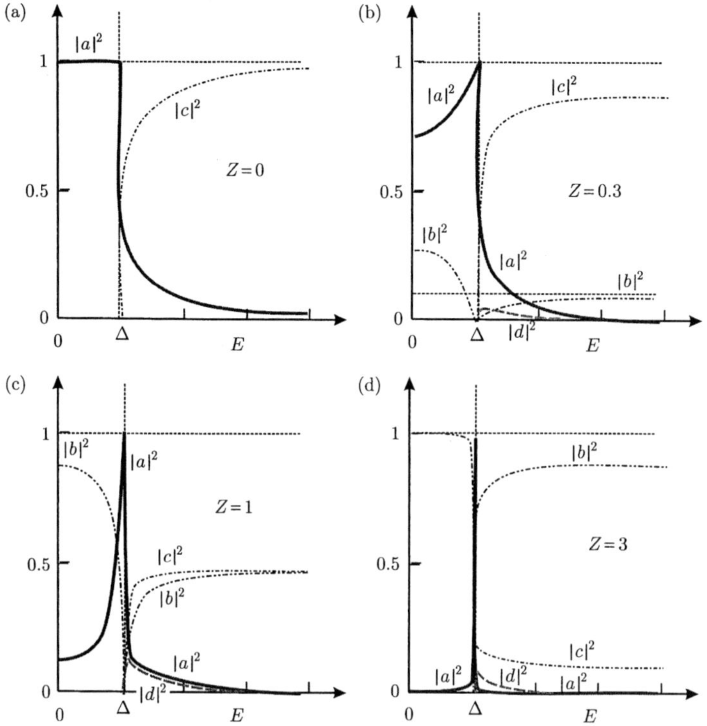

図 8.4　NS 界面における透過係数および反射係数のエネルギー依存性．Z は界面での障壁の強さを表すパラメーターである．

$E > \Delta$ では

$$\begin{cases} |a(E)|^2 = \dfrac{v_0^2}{u_0^2} = \left(\dfrac{E}{\Delta} + \sqrt{\left(\dfrac{E}{\Delta}\right)^2 - 1} \right)^{-2} \\ |c(E)|^2 = 1 - |a(E)|^2 \\ |b(E)|^2 = |d(E)|^2 = 0 \end{cases} \tag{8.23}$$

となり，入射電子の一部はノーマル透過する．反射はアンドレーフ反射のみである．

(3) 障壁が高くなるにつれて (図 8.4-(b, c, d))，透過/反射係数のエネルギー依存性が変化する．障壁が十分に高い場合 ($Z \gg 1$) には，

$E \leq \Delta$ では

$$\begin{cases} |a(E)|^2 = \dfrac{\Delta^2}{4Z^2(\Delta^2 - E^2)} \\ |b(E)|^2 = 1 - |a(E)|^2 \\ |c(E)|^2 = |d(E)|^2 = 0 \end{cases} \tag{8.24}$$

$E > \Delta$ では

$$\begin{cases} |a(E)|^2 = \dfrac{u_0^2 v_0^2}{Z^4(u_0^2 - v_0^2)^2} \\ |b(E)|^2 = 1 - \dfrac{1}{Z^2(u_0^2 - v_0^2)} \\ |c(E)|^2 = \dfrac{u_0^2}{Z^2(u_0^2 - v_0^2)} \\ |d(E)|^2 = \dfrac{v_0^2}{Z^2(u_0^2 - v_0^2)} \end{cases} \tag{8.25}$$

となる．なお，$E = \Delta$ の電子については Z の値にかかわらず $|a(\Delta)|^2 = 1$ (完全アンドレーフ反射) であることにも注意しよう[*1)]．

電流の透過係数は

$$\begin{aligned} T(E) &= 1 + |a(E)|^2 - |b(E)|^2 \\ &= 2|a(E)|^2 + |c(E)|^2 + |d(E)|^2 \end{aligned} \tag{8.26}$$

で与えられる[*2)]．図 8.5 は，Z のいろいろな値について微分コンダクタンス (を NN 界面の場合のコンダクタンスで規格化したもの) を示している．完全アンドレーフ反射の場合，コンダクタンスは NN 界面の場合の 2 倍になる．

---

*1)　(8.24) 式は一見これを満たしていないようにみえるが，$Z \gg 1$ という近似を使わない一般式は

$$|a(E)|^2 = \frac{\Delta^2}{E^2 + (\Delta^2 - E^2)(1 + 2Z^2)^2}$$

であって，$E = \Delta$ のときたしかに $|a(E)|^2 = 1$ となる．図 8.4-(d) にみるように，この場合 E が Δ からはずれると $|a(E)|^2$ の値は急激に減少する．

*2)　1 行目と 2 行目は (8.20) 式によって結びついている．2 行目の式は，アンドレーフ反射過程では前方に $2e$ の電荷が運ばれることに注意すると理解できる．

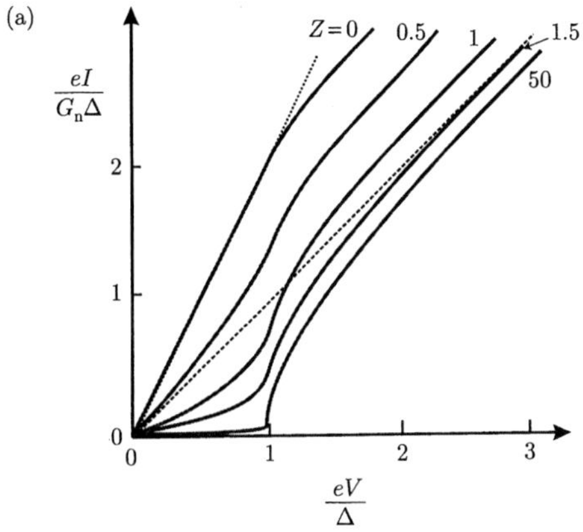

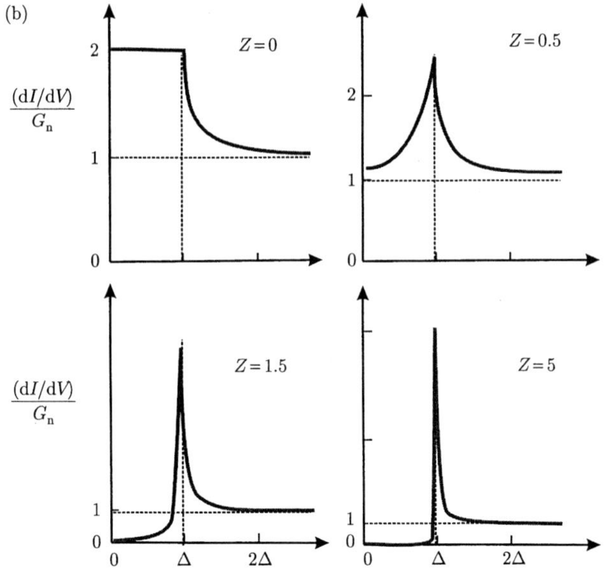

図 8.5 SN 界面の (a) I-V 特性と (b) 微分コンダクタンス，を障壁パラメーター Z のいろいろな値について示したもの ($T = 0$)．(a) の破線は NN 界面の場合のコンダクタンス，点線はその 2 倍のコンダクタンスを表している．完全アンドレーフ反射の場合，コンダクタンスは NN 界面の場合の 2 倍になる．

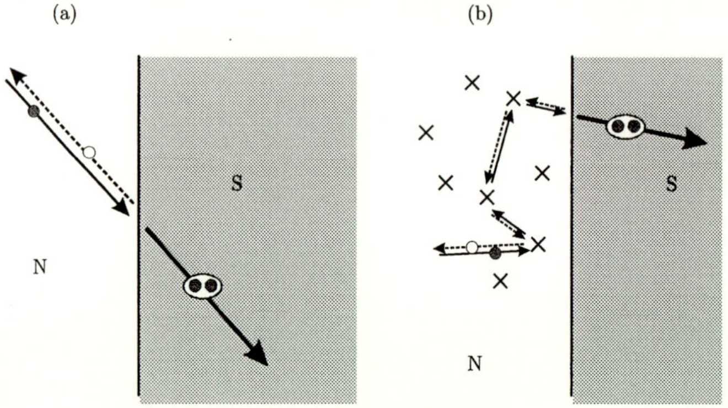

図 8.6　(a) SN 界面に角度をもって入射する電子のアンドレーフ反射．アンドレーフ反射された正孔は入射電子の軌道を逆向きに辿る．(b) アンドレーフ反射された正孔の軌道が入射電子の軌道を時間反転したものになることは弾性散乱が頻繁に起こるような状況でも同じである．

アンドレーフ反射の特徴の 1 つに遡及反射 (retroreflection) という性質がある．図 8.6-(a) は SN 界面にある角度をもって入射する電子のアンドレーフ反射を模式的に示したものである．入射電子の進行方向と平行にクーパー対が進むので，運動量保存からわかるように，アンドレーフ反射された正孔は入射電子の軌道を逆向きに辿ることになる．アンドレーフ反射された正孔が入射電子の軌道を逆向きに辿るという性質は図 8.6-(b) のように不純物散乱によって電子が複雑なランダムウォークをする場合にも適用される．アンドレーフ反射にはこのようにノーマル反射とは著しく異なる特徴がある．

8.5　渦　　芯

渦糸の芯の付近の状態を BdG 方程式によって記述する．

$$\begin{cases} \left[(\mathbf{p}-e\mathbf{A})^2\right]\tilde{u}(\mathbf{r})+\Delta(\mathbf{r})\tilde{v}(\mathbf{r})=(\mu+E)\tilde{u}(\mathbf{r}) \\ \left[(\mathbf{p}+e\mathbf{A})^2\right]\tilde{v}(\mathbf{r})+\Delta^*(\mathbf{r})\tilde{u}(\mathbf{r})=(\mu-E)\tilde{v}(\mathbf{r}) \end{cases} \tag{8.27}$$

z 軸に沿って 1 本の渦糸がある状況を考える．円柱座標 (r,φ,z) を用いるのが適当である．秩序パラメーターは $\Psi(\mathrm{r})e^{i\varphi}$ の形であるから，ギャップ関数も $\Delta(\mathbf{r})=\Delta(\mathrm{r})e^{i\varphi}$ の形をとる．$\tilde{u}(\mathbf{r})$，$\tilde{u}(\mathbf{r})$ の関数形として

$$\begin{cases} \tilde{u}(r,\varphi,z) = u_{n,l,k_z}(r)e^{-il\varphi}e^{ik_z z} \\ \tilde{v}(r,\varphi,z) = v_{n,l,k_z}(r)e^{-i(l+1)\varphi}e^{ik_z z} \end{cases} \tag{8.28}$$

を仮定して (l は整数), 円柱座標で表した BdG 方程式に代入すると，動径方向の方程式として

$$\begin{cases} \dfrac{\hbar^2}{2m}\left[-\dfrac{1}{r}\dfrac{\mathrm{d}}{\mathrm{d}r}\left(r\dfrac{\mathrm{d}}{\mathrm{d}r}\right)+\dfrac{l^2}{r^2}+k_z^2\right]u_{n,l,k_z}(r)+\Delta(r)v_{n,l,k_z}(r) \\ \qquad\qquad = (\mu+E_{n,l,k_z})u_{n,l,k_z}(r) \\ \dfrac{\hbar^2}{2m}\left[-\dfrac{1}{r}\dfrac{\mathrm{d}}{\mathrm{d}r}\left(r\dfrac{\mathrm{d}}{\mathrm{d}r}\right)+\dfrac{(l+1)^2}{r^2}+k_z^2\right]v_{n,l,k_z}(r)-\Delta(r)u_{n,l,k_z}(r) \\ \qquad\qquad = (\mu-E_{n,l,k_z})v_{n,l,k_z}(r) \end{cases} \tag{8.29}$$

が得られる．この方程式の解として，$E_{n,l,k_z} < \Delta_0$ の束縛状態と $E_{n,l,k_z} > \Delta_0$ の散乱状態の 2 種類がある．準粒子励起の局所状態密度は

$$N(E,\mathbf{r}) = 2\pi \sum_{n,l,k_z} \left[u_{n,l,k_z}^2(\mathbf{r})\delta(E-E_{n,l,k_z})+v_{n,l,k_z}^2(\mathbf{r})\delta(E+E_{n,l,k_z})\right] \tag{8.30}$$

で与えられる．

ギャップ関数 $\Delta(r)$ は

$$\Delta(r) = 2V \sum_{\mu,n,k_z} u_{n,l,k_z}(r)v_{n,l,k_z}^*[1-2f(E_{n,l,k_z})] \tag{8.31}$$

と (8.29) 式とからセルフコンシステントに決められるべきものである．しかしながらより簡便な方法として，$\Delta(r)$ が図 8.7-(a) のような形であることから，

$$\Delta(r) = \Delta_0 \tanh\frac{r}{\xi} \tag{8.32}$$

という式で近似して，(8.29) 式の解を求めることができる．$l=0$ (s 波対称) の解は

$$\begin{cases} u_{n,0,k_z}(r) = f_n(r)\mathcal{J}_0(k_r r) \\ v_{n,0,k_z}(r) = g_n(r)\mathcal{J}_1(k_r r) \end{cases} \tag{8.33}$$

という形に書くことができる．ここで，$k_r^2 = k_\mathrm{F}^2 - k_z^2$ であり，基底束縛状態の

エネルギーは

$$E_{0,0,0} \approx \frac{\Delta_0^2}{E_{\mathrm{F}}} \tag{8.34}$$

(a)

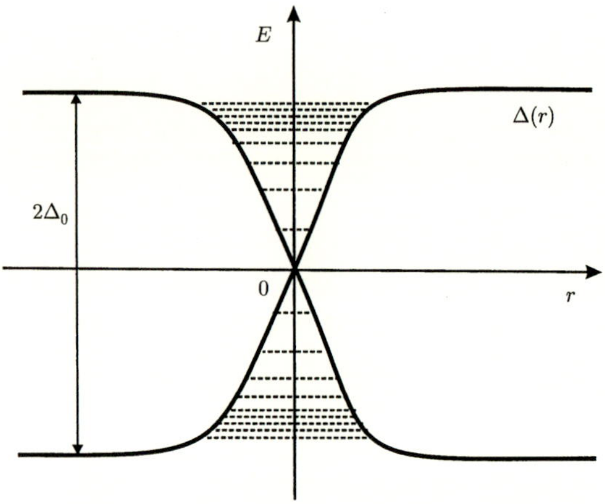

(b)

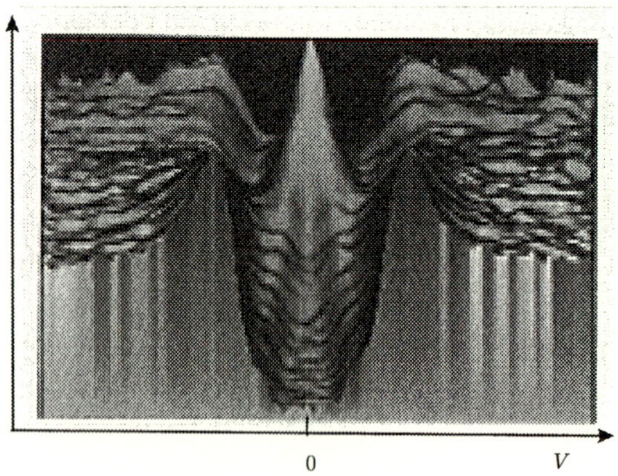

図 8.7　(a) 渦芯近傍の超伝導ギャップ $\Delta(r)$ の空間変化と準粒子束縛状態．(b) STM/STS によって測定された層状超伝導体 2H-NbSe$_2$ の渦芯近傍の局所微分コンダクタンススペクトル．[H. F. Hess *et al.*, Phys. Rev. Lett. **62** (1989) 214]

程度となる．

STM/STS によって測定される微分コンダクタンススペクトルは (8.30) 式の局所状態密度を反映する．(8.33) 式の $u(r) \propto \mathcal{J}_0(kr)$ は原点 (渦の中心軸) で有限の振幅をもつ．図 8.7-(b) は層状超伝導体 2H-$NbSe_2$ の渦糸付近の局所微分コンダクタンススペクトルの 3 次元プロットである．渦芯から離れたところ (3 次元プロットの手前側) では典型的な BCS 状態密度を反映したスペクトルがみられるが，渦芯の中心付近 (図の奥側) の局所スペクトルにはゼロバイアスのところ (E_{F}) に顕著なピークがみられる．これは上述の準粒子束縛状態を反映したものである．

9

エキゾチック超伝導体

9.1　強結合超伝導体

超伝導転移温度を与える BCS の式

$$T_c = 1.14\frac{\hbar\omega_D}{k_B}\exp\left(-\frac{1}{N(0)V}\right) \tag{9.1}$$

は弱結合 $N(0)V \ll 1$ を仮定している．より高い転移温度をもつ超伝導物質の T_c を記述する強結合理論がミグダル (Migdal) やエリアシュベルグ (Eliashberg) によって展開された．

マクミラン (McMillan) は $\lambda \approx 1$ の場合について，以下の式を与えた．

$$T_c = \frac{\hbar\omega_D}{1.45k_B}\exp\left(-\frac{1.04(1+\lambda)}{\lambda-\mu^*(1+0.62\lambda)}\right) \tag{9.2}$$

$\lambda = N(0)V$ は電子フォノン相互作用を介した電子間引力を表すパラメーター，$\mu^* = N(0)U_c$ は電子間のクーロン斥力の強さを表すパラメーターで，U_c はクーロン擬ポテンシャルと呼ばれる量である．μ^* は，遮蔽された電子電子クーロン相互作用 $\mu = N(0)V_c$ と

$$\mu^* = \frac{\mu}{1+\mu\ln\left(E_F/(\hbar\omega_D)\right)} \tag{9.3}$$

という関係にある．分母の因子によって電子間の実効的クーロン斥力は大幅に弱められる．これは電子電子相互作用と電子フォノン相互作用の時間スケールの違いを反映したものである．直観的な描像は次のようなものである．フォノンを媒介とする電子間引力はかなりの遅延時間 (retardation) をもって作用す

る．その時間スケールの間にクーパー対を構成する 2 つの電子は十分に離れることができて，実効的なクーロン斥力が大幅に弱められるのである．μ^* は典型的には 0.1〜0.15 程度の値になる．

一方，電子フォノン結合定数のほうは

$$\lambda = 2\int_0^\infty \frac{\alpha^2(\omega)F(\omega)}{\omega}\mathrm{d}\omega = \frac{N(0)\langle I^2\rangle}{M\langle\omega^2\rangle} \tag{9.4}$$

と表される．ここで M はイオンの質量，$\langle I^2\rangle$ は電子フォノン散乱の行列要素をフェルミ面にわたって平均したもの，$\alpha^2F(\omega)$ は電子フォノンスペクトル関数と呼ばれる量で，たとえばトンネル測定の解析から得られるものである．$\langle\omega^2\rangle$ はフォノン振動数の 2 次のモーメントで，

$$\langle\omega^2\rangle = \frac{2}{\lambda}\int_0^\infty \omega\alpha^2(\omega)F(\omega)\mathrm{d}\omega \tag{9.5}$$

という関係にある．

できるだけ高い転移温度をもつ超伝導物質を求める観点からは，電子フォノン結合定数 λ の大きいものが望ましいわけであるが，(9.2) 式によれば，λ が 1 を超えると T_c の上昇はしだいに頭打ちになる．λ の値がさらに大きくなると結晶格子の不安定性が生じる傾向がある．このため，フォノンを媒介とした超伝導の T_c はたかだか 30〜40 K 程度が上限であろうと考えられてきた．このことは「BCS の壁」という言葉で言い表されてきた．

クーパー対の形成による超伝導発現機構 (つまり広義の BCS 機構) は，一般に電子間の引力を媒介する何らかのボソン励起があれば，同じように成立すると期待される．したがって，フォノンよりも高いエネルギースケールをもつボソン励起が電子間引力を媒介するならば，より高い T_c が期待できるであろう．その候補としては，電荷のゆらぎやスピンのゆらぎなどが考えられている．フォノン以外のボソン励起を媒介とする超伝導の可能性は BCS 理論が発表されて間もない時期から議論され，また実験的に探求されてきた．その際，理論的には次節で述べる非 s 波の対形成の可能性が注目される．近年，有機伝導体や重い電子系における超伝導の発見，さらには銅酸化物における高温超伝導の発見

を契機として，強相関電子系の電子状態および超伝導発現に関する理解が進み，非フォノン機構・非 s 波の超伝導が現実の物質において議論されている．

9.2 異方的対形成

第 3 章では，ギャップ方程式 ((3.92) 式) において $V_{\mathbf{k},\mathbf{k}'}$ が $\mathbf{k}$, $\mathbf{k}'$ の相対角によらないものとしてこれを解き，フェルミ面全体にわたって等方的なギャップ $\Delta_{\mathbf{k}} = \Delta$ を求めた．これは s 波対称の超伝導ギャップである．ここでは，より一般的に $V(\mathbf{k}, \mathbf{k}')$ が $\mathbf{k}$, $\mathbf{k}'$ の相対角による場合，すなわち $q = |\mathbf{k} - \mathbf{k}'|$ に依存する場合を考えよう．

クーパー対を形成する電子のスピンについても一般的な場合を想定して，ギャップ方程式を書くと，

$$\Delta_{\mathbf{k}}^{\sigma,\sigma'} = -\sum_{\mathbf{k}'} V_{\mathbf{k},\mathbf{k}'} \frac{\Delta_{\mathbf{k}'}^{\sigma,\sigma'}}{2E_{\mathbf{k}'}} \tanh \frac{E_{\mathbf{k}'}}{2k_{\mathrm{B}}T} \tag{9.6}$$

となる．$\mathbf{k}$, $\mathbf{k}'$ はいずれもフェルミ面付近にあるので $|\mathbf{k}| = |\mathbf{k}'| = k_{\mathrm{F}}$ であり，$q = 2k_{\mathrm{F}} \sin(\theta_{\mathbf{k},\mathbf{k}'}/2) = k_{\mathrm{F}}\sqrt{2(1-\cos\theta_{\mathbf{k},\mathbf{k}'})}$ である．(9.6) 式の $\Delta_{\mathbf{k}}^{\sigma,\sigma'}$ および $V_{\mathbf{k},\mathbf{k}'}$ をルジャンドル関数で展開して

$$\Delta_{\mathbf{k}}^{\sigma,\sigma'} = \sum_{l=0}^{\infty} \Delta(l) P_l(\cos\theta)$$

$$V_{\mathbf{k},\mathbf{k}'} = \sum_{l=0}^{\infty} V(l) P_l(\cos\theta_{\mathbf{k},\mathbf{k}'}) \tag{9.7}$$

としたものを (9.6) 式に代入し，$P_l(\cos\theta_{\mathbf{k},\mathbf{k}'})$ を

$$\begin{aligned} P_l(\cos\theta_{\mathbf{k},\mathbf{k}'}) &= P_l(\cos\theta) P_l(\cos\theta') \\ &\quad + 2\sum_{m=1}^{l} \frac{(l-m)!}{(l+m)!} P_l^m(\cos\theta) P_l^m(\cos\theta') \cos[m(\varphi - \varphi')] \end{aligned} \tag{9.8}$$

と展開して，軌道角運動量の各値についてのギャップ方程式を解き，もっとも高い T_{c} を与えるものを求める．

軌道部分が偶パリティ ($l =$ 偶数) ならばスピン部分は 1 重項 (反平行スピン

対)，奇パリティ ($l=$ 奇数) ならばスピン部分は 3 重項 (平行スピン対) である．

スピン 3 重項のクーパー対形成が最初に発見されたのは (超伝導ではないが) ^{3}He の超流動相である．より最近では，Sr_2RuO_4 においてスピン 3 重項の超伝導を強く示唆する一連の実験結果が得られている．^{3}He の超流動相では p 波 ($l=1$) のクーパー対が形成されている．全スピンは $S=1$ で，スピン部分の波動関数は

$$\begin{cases} |\uparrow\rangle|\uparrow\rangle & S_z=1 \\ \dfrac{1}{\sqrt{2}}\big(|\uparrow\rangle|\downarrow\rangle+|\downarrow\rangle|\uparrow\rangle\big) & S_z=0 \\ |\downarrow\rangle|\downarrow\rangle & S_z=-1 \end{cases} \tag{9.9}$$

から構成される．超流動 ^{3}He の B 相ではこれらすべてを同じ割合で組み合わせた BW (Balian–Werthemar) 状態と呼ばれる状態，A 相では $|\uparrow\rangle|\uparrow\rangle$ と $|\downarrow\rangle|\downarrow\rangle$ を組み合わせた ABM (Anderson–Brinkman–Morel) 状態と呼ばれる状態が実現している．BW 状態のエネルギーギャップは等方的である*1)．ABM 状態のギャップ $\Delta(\mathbf{k})$ は，軌道角運動量ベクトル $\mathbf{l}$ の軸方向においてゼロとなる，つまりフェルミ面の南北極に点状のギャップノード (gap node) をもつ．また極状態 (polar state) と呼ばれる状態では，フェルミ面の赤道上において $\Delta(\mathbf{k})$ がゼロとなる，すなわちギャップノードは線状である．

銅酸化物高温超伝導体についてはさまざまな実験的証拠から，秩序パラメーターの対称性が $d_{x^2-y^2}$，すなわち

$$\begin{aligned} \Delta(\hat{\mathbf{k}}) &= \Delta_0(\hat{k}_x^2-\hat{k}_y^2) \\ &= \Delta_0\big[\cos(k_xa)-\cos(k_ya)\big] \end{aligned} \tag{9.10}$$

という形であることが確立している．図 9.1 はフェルミ面上のギャップの開き方を模式的に示したものである．

一般に，電子相関すなわち電子間のクーロン斥力が強い系では，クーパー対

*1) 非 s 波超伝導でギャップが等方的になるのは唯一 BW 状態だけで，他の状態はすべてフェルミ面上のどこかにギャップノードをもつ．

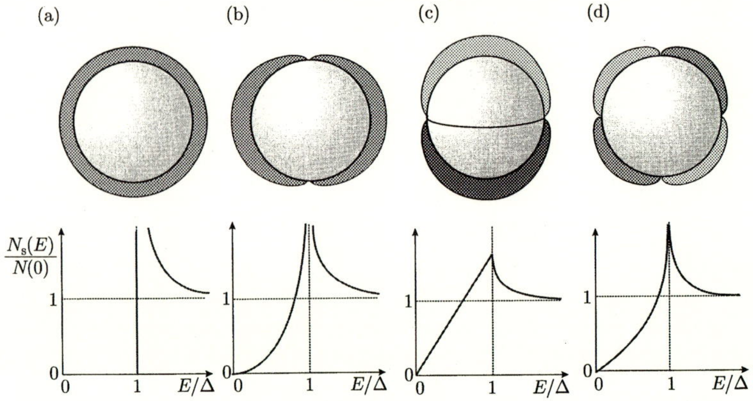

図 9.1　超伝導ギャップの対称性と状態密度. (a) s 波あるいは p 波の BW 状態 ($\Delta = \mathrm{const}$). (b) p 波の ABM 状態 ($\Delta \propto \cos\sin$). (c) p 波のポーラー状態 ($\Delta \propto \sin\theta$). (d) d 波の $d_{x^2-y^2}$ 状態 ($\Delta \propto \cos 2\varphi$).

を形成する電子の波動関数が中心にノードをもつほうがエネルギー的に得なので, 非 s 波の対形成が起こりやすい. 強磁性的なスピン相関が強い系でクーパー対ができるとすれば, それはスピン 3 重項であるのが有利であるから, 奇パリティ (p 波, f 波など) の超伝導が出現しやすい. 一方, 反強磁性的なスピン相関が強い系でクーパー対ができるとすれば, スピン 1 重項の d 波超伝導が出現するのが自然である. 強相関電子系という範疇に入る酸化物系, 重い電子系, 有機超伝導体などの諸物質に関して異方的超伝導の研究が行われている.

9.3　異方的対形成を反映した諸性質

非 s 波のクーパー対形成が起こっていることを実験的に検証するにはいろいろな手法がある. それらのいくつかを紹介する.

9.3.1　3 重項対形成

通常の s 波超伝導体ではスピン 1 重項のクーパー対が形成され, スピン磁化率が T_c 以下で芳田関数に従って減少することは第 3 章で学んだ. 奇パリティのクーパー対ではスピン 3 重項の場合, $T < T_c$ でのスピン磁化率のふるまい

が大きく異なることが予想される．たとえば先述の Sr_2RuO_4 では $T < T_c$ でも NMR ナイト・シフトが温度変化しないことが見出されて，スピン 3 重項ペアリングの有力な証拠とされている．

9.3.2 内部自由度

非 s 波の対形成では一般に秩序パラメーターが内部自由度をもつ．このことにともなって複数の異なる秩序相が出現する場合がある．UBe_{13} や UPt_3 など重い電子系の超伝導では温度・磁場平面の相図に複数の超伝導相の存在が見出されている．すなわち，T_c が分裂したり，$H_{c2}(T)$ の曲線に異常がある，といった実験結果が見出されており，これらはエキゾチックな超伝導の確かな証拠と考えられている．

9.3.3 ギャップノード

通常の s 波超伝導体ではフェルミ面全体にわたって等方的なギャップが開くため，低エネルギーの励起状態が存在しない．このことはたとえば，図 1.3-(c) に示したように，$T \to 0$ で比熱が $\propto \exp(-\Delta/k_B T)$ という指数関数的な減少を示すことに反映される．異方的超伝導体の場合は，(BW 状態を除いて) 一般にフェルミ面上にギャップノード (節) をもつ．ギャップノード付近では低エネルギーの準粒子励起状態が存在するわけであるから，このことは種々の物理量の $T \to 0$ におけるふるまいに反映される．一般にギャップノードがあると低温でのふるまいは $\propto \exp(-\Delta/k_B T)$ という指数関数から $\propto T^n$ という冪的なふるまいに変わる．冪指数はギャップノードのトポロジー (点状か線状か，など) と対象とする物理量によって決まる．比熱を例にとると，点状のノードでは $\propto T^3$，線状のノードでは $\propto T^2$，といったふるまいが予想される．物理量としては低エネルギーの準粒子励起に敏感なものならば何でもよく，核磁気緩和率，熱伝導率，侵入長などの温度依存性の測定から情報が得られる．

また，状態密度を直接的に測定する手段としてトンネル分光や光電子分光があり，これらの手段からも少なくとも原理的にはギャップノードの存否に関する手がかりが得られる．しかしながら，磁性不純物が多量に含まれている場合のギャップレス超伝導のように s 波超伝導でも状況によってはフェルミ面のところに有限の状態密度が残る場合があるので，これらの結果のみから結論を下すことは難しい．また，ここに述べた方法はいずれもゼロエネルギー近傍の励起準位の存否を調べるものであって，そこから得られる情報は Δ の絶対値に関するものである．位相に関する情報は得られないため，真のノードなのかギャップが非常に小さくなっているだけなのかを厳密な意味で判定することは難しい．位相に関する情報に関しては次節で議論する．

9.4 ジョセフソン π-接合

エキゾチックな対称性の超伝導が起こっていることの直接的な証拠を得るには秩序パラメーターの位相に関わる現象を観測することが必要である．それにはジョセフソン効果が最適である．ジョセフソン効果は 2 つの超伝導体の間にクーパー対のコヒーレントなトンネルが起こることによっているので，それら 2 つの超伝導体の対称性が異なればジョセフソン効果は大きく影響を受ける．一般に界面を挟んで向き合う 2 つの超伝導体の結晶軸が異なれば，ジョセフソン効果は影響を受けるはずであるが，通常の s 波超伝導体ではそもそもギャップが等方的なのでこの効果は本質的でない．しかしながら，非 s 波超伝導体ではそれが顕在化すると予想される．このように異方的超伝導体を含むジョセフソン接合で起こる現象からクーパー対の対称性に関わる直接的な情報が得られるものと期待される．

異方的超伝導体を含むジョセフソン接合では，s 波超伝導体のみからなる通常のジョセフソン接合とは異なる位相関係が現れる場合がある．たとえば，図 9.2-(a) に示したような，d 波超伝導体と s 波超伝導体との接合，あるいは $d_{x^2-y^2}$ 超伝導体どうしの接合で $\Delta(\mathbf{k})$ の正負の葉が向き合うようなものにおいては，接合を通過する電子対の位相が π だけ変化する．このような接合はジョセフソン π-接合と呼ばれる．これに対して，位相の変化が生じないような通常の接合を 0-接合と呼ぶことにする．ジョセフソン π-接合を用いると，秩序パラメーターの位相に関わる現象を直接的に観測することができる．

上では π-接合が特定のジョセフソン接合の固有の性質であるかのような言い方をしたが，孤立したジョセフソン接合についてこのような絶対的位相シフト

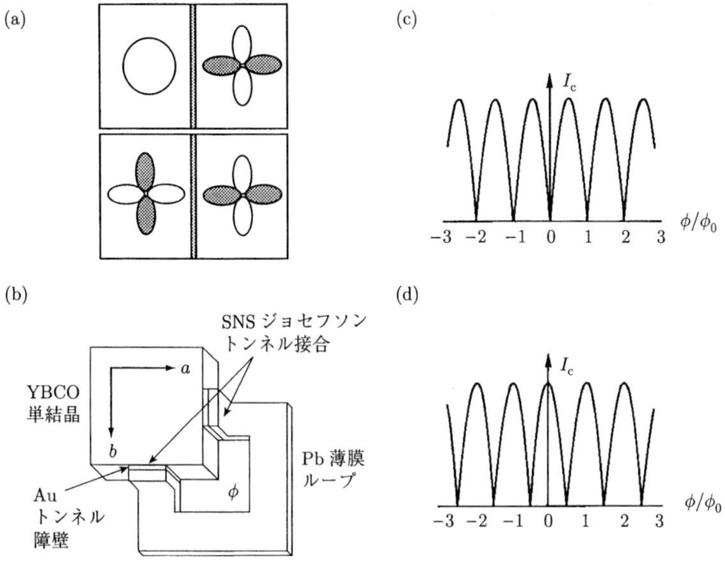

図 9.2 (a) ジョセフソン π-接合．(b) π-接合を含むコーナー型 dc-SQUID．(c) s 波超伝導体のみからなる通常の dc-SQUID の振動パターン．(d) 図 (b) のコーナー SQUID の振動パターン．

を定義することは実はできない．1 個の π-接合だけをみたとき，両側の超伝導体の位相関係が通常の場合に比べて π だけずれるということは，それ自体では観測にかかるような効果をもたらさない．つまり単一のジョセフソン接合について，それが π 接合であるか 0 接合であるかを議論することは意味をなさず，2 つ以上のジョセフソン接合の相対位相としてはじめて観測にかかる効果が現れるのである．

典型的な例として，図 9.2-(b) に示したような dc-SQUID 構造を考える．これは単結晶の YBCO 超伝導体 (d 波超伝導体) の互いに直角な 2 つの結晶面に通常の超伝導体 (s 波超伝導体) とのジョセフソン接合を作製して，dc-SQUID 構造としたものである．これをコーナー SQUID と呼ぶが，この場合は 2 つのジョセフソン接合の間には π だけの相対位相シフトが生ずる．一方，同じ結晶面に 2 つの接合を形成したもの (エッジ SQUID) では相対位相シフトはゼロである．通常の s 波超伝導体で形成した dc-SQUID の臨界電流の磁場依存性は，

図 9.2-(c)[*1)] に示したように外部磁束 ϕ に対して ϕ_0 を周期とする周期的な変化をするが，その場合 $\phi = 0$ のところは I_c の極大となる．これに対して，コーナー SQUID の場合は図 9.2-(d) に示したように振動パターンが $\phi_0/2$ だけずれて，$\phi = 0$ のところは極小になっている．エッジ SQUID の場合は正味の位相シフトがゼロとなるので振動パターンとしては通常の dc-SQUID と同じく図 9.2-(c) のようになる．

上記の議論からもわかるように，図 9.3-(a) のように 3 つの π-接合を含むリング (より一般には，奇数個の π-接合を含むような閉回路) を考えると，そこには全体として固有の位相フラストレーションが残る．その結果として，ゼロ磁

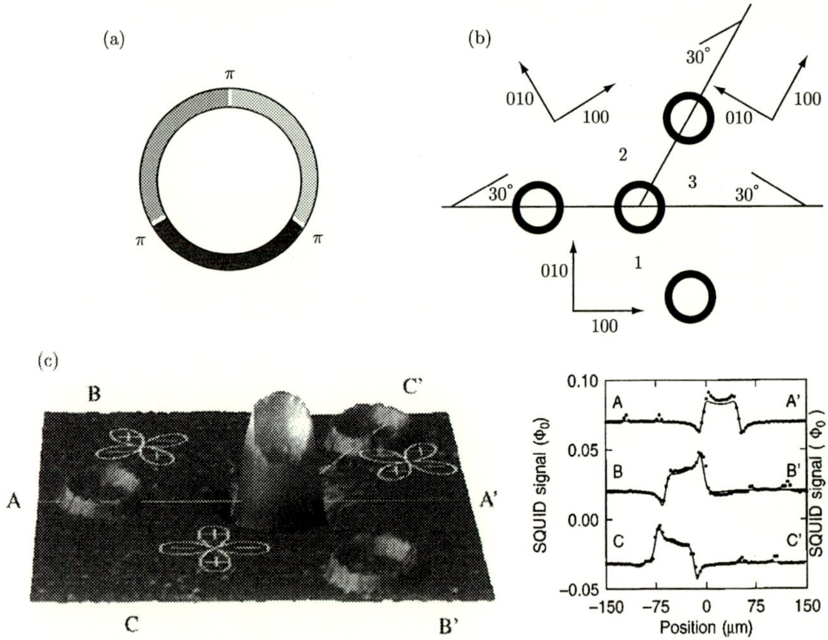

図 9.3 (a) 3 つの π-接合を含むリング．(b) 結晶方位の異なる $SrTiO_3$ 結晶 3 つを貼りあわせた基板上に成長させた YBCO 薄膜を加工して結晶境界部分にリングを形成したもの．(c) 走査 SQUID 顕微鏡による局所磁場測定の結果．中央のリングには $\phi_0/2$ の磁束がトラップされている．[C. C. Tsuei and J. R. Kirtley, Rev. Mod. Phys. **72** (2000) 969]

*1) これは図 4.6 と同じである．

場においてこのリングには遮蔽電流が流れ，$\phi_0/2$ の磁束がトラップされる，言い換えると $\phi_0/2$ の自発磁化をもつ．図 9.3-(b) に示したのは複数の π-接合を含むリングを高温超伝導体で作製した実験である．結晶方位の異なる $SrTiO_3$ 結晶 3 つを貼りあわせた基板上に成長させた YBCO 薄膜を加工して結晶境界部分にリングを形成している．このようにすると，外側の 3 つのリングは 2 つの π-接合，中央のリングは 3 つの π-接合を含んでいる．これらのリングにゼロ磁場においてトラップされている磁束を走査 SQUID 顕微鏡による局所磁場測定によって調べた結果が図 9.3-(c) である．2 つの π-接合をもつ外側の 3 つのリングには磁束がトラップされていないのに対して，3 つの π-接合をもつ中央のリングには $\phi_0/2$ の磁束がトラップされている．この実験結果は YBCO が d 波超伝導体であることの決定的な証拠となった．

スピン 1 重項 (偶パリティ) 超伝導体とスピン 3 重項 (奇パリティ) 超伝導体との接合にはジョセフソン電流は流れない．しかしながら，スピン軌道相互作用によって両者が交じり合う効果が入ると，事情が変わって有限のジョセフソン電流が流れ得る．

A

超伝導物質 Who's Who

超伝導を示す物質はきわめて多岐にわたるので網羅的に紹介することはもちろんできない．ここでは代表的な超伝導材料や特徴ある超伝導を示す物質についてごく簡単に紹介する．

a. 単体元素

第1章の図1.1に示したように単体元素の多くは常温常圧において金属であり，その多くは低温において超伝導相に転移する．超伝導にならない金属は，アルカリ金属と貴金属，および磁性をもつ遷移金属や希土類金属である．

- Al

  $T_c = 1.2$ K．典型的なBCS弱結合超伝導体(電子格子結合定数 $\lambda = 0.4$)．コヒーレンス長が長い，磁性不純物が磁気モーメントをもたないので超伝導を阻害しない，表面の酸化膜 Al_2O_3 が良好な絶縁膜となる，などいくつかの都合のよい特徴を有するため，実験室レベルの素子を作製するのによく用いられる．超伝導単電子トランジスタ(SSET)の研究は，ほとんどがAlベースの試料を用いて行われている．Al蒸着膜の T_c はバルク試料よりも一般に高くなる傾向があり，膜厚や乱れの強さによって2K程度にまで達する．

- Nb

  単体元素では最高の転移温度 ($T_c = 9.2$ K) をもつ．$\lambda \approx 1$ の強結合超伝導体．市販のSQUID素子の多くはNbで作製されている．Nbベースの超伝導テクノロジーはジョセフソン・コンピューター開発に関連して盛んに研究された．

- Pb, Sn, In

　Pb ($T_c = 7.2\,\mathrm{K}$)，Sn ($T_c = 3.7\,\mathrm{K}$), In ($T_c = 3.4\,\mathrm{K}$) は手軽に加工したり蒸着したりできるので，実験室でのさまざまな用途に利用される．Pb の T_c の圧力依存性は，ピストンシリンダー型圧力セルの低温での圧力測定に利用される．In や Sn は超低温核断熱消磁の熱スイッチとして用いられる．

- その他の単体金属

　Cd ($T_c = 560\,\mathrm{mK}$)，Ir ($T_c = 140\,\mathrm{mK}$)，Be ($T_c = 26\,\mathrm{mK}$)，W ($T_c = 15\,\mathrm{mK}$) などは極低温・超低温の温度定点として利用される．Rh の $T_c = 0.32\,\mathrm{mK}$ は現在知られている単体超伝導元素の中でもっとも低い T_c である．

- 圧力誘起超伝導相

　常圧では半導体や金属である元素でも高圧下では結晶構造が変化して金属相になるものが多い．そしてその多くは超伝導になる．たとえば，Si や Ge に高圧をかけると構造相転移を起こして金属相になり，それらは低温で超伝導となる．Si や Ge の高圧相は金属 Sn (白色スズ) とよく似ている．逆に，ダイヤモンド構造をもつ灰色スズは Si や Ge などと同じ半導体である．

　高圧の印加によって金属相に構造相転移してそれが低温で超伝導を示す元素はこのほかにもいくつか例がある．常圧では分子性結晶の絶縁体であるヨウ素や酸素も高圧下では超伝導金属となる．また，まだ実現していないが，高圧下の金属水素は高温超伝導を示すはずだという予想がある．

　鉄の常圧相は強磁性体なので超伝導にはならないが，高圧下の結晶構造は非磁性で超伝導になることが見出されている．

- 薄膜，アモルファス

　薄膜にしたりアモルファス構造にすることによって，超伝導が発現したり超伝導転移温度が大幅に変化したりする元素も少なくない，Bi は結晶状態では半金属であるが，アモルファス Bi は $T_c \sim 6\,K$ の超伝導体である．逆に，Ga ($T_c = 8.6\,K$) はアモルファス状態では $T_c = 1.1\,K$ に低下する．

b. 合金

- NbTi

NbTi 合金は $T_c = 10.2\,K$, $H_{c2}(0) \sim 11\,T$ の第Ⅱ種超伝導体である．NbZr は $T_c = 10.8\,K$, $H_{c2}(0) \sim 11\,T$．現在使われている超伝導線材の主流は NbTi 合金である．10 T 以下の超伝導マグネットはほぼすべて，NbTi の極細多芯線を Cu マトリックスに埋め込んだ構造の超伝導線材でつくられている．

- はんだ

PbSn 合金である「はんだ」は (組成にもよるが) 数 K で超伝導になる．極低磁場の実験や微妙な抵抗測定などでは，はんだの超伝導が影響する場合があるので注意が必要である．超伝導にならない組成のはんだも市販されている．

- MoGe

MoGe や NbSi のアモルファス膜は数 K の T_c をもつ超伝導体である．アモルファスであるがゆえに，磁束のピン留めが非常に弱いのが特徴で，比較的低い電流密度で磁束フローのふるまいがみえる．

$Au_{1-x}Ge_x$ や $Au_{1-x}Si_x$ のアモルファス膜は組成 x のある範囲で $T_c \sim 1\,K$ 程度の超伝導を示す．超伝導を示さない元素の組み合わせからなる超伝導として注目された．

c. 金属間化合物

- A15 相

Nb_3Sn, Nb_3Ge, V_3Si など一連の金属間化合物は A15 構造と呼ばれる結晶構造をもち，銅酸化物高温超伝導体が登場するまでは，最高の T_c をもつ超伝導物質群であった．Nb_3S の T_c は 17.9 K で，λ の値は算出の方法にもよるが $\lambda \approx 1.7$ 程度に達する．上部臨界磁場も $H_{c2}(0) \sim 22$ T と高い．Nb_3Ge は A15 型で最高の T_c $(= 23.2\,\mathrm{K})$ と $H_{c2}(0)$ $(\sim 30\,\mathrm{T})$ をもつ．V_3Si は $T_c = 17.0$ K である．

A15 相では電子フォノン相互作用が強いため構造相転移が起こりやすい．

NbTi 合金線材の限界である 10 T を超える磁場を発生する超伝導マグネットの多くは，線材として Nb_3Sn を用いている．

- ラーベス相

AB_2 という組成をもつ金属間化合物に一般的な結晶形で，六方晶の $MgZn_2$ 型 (hexagonal Laves phase) と立方晶の $MgCu_2$ 型 (cubic Laves phase) がある．立方晶のものとしては ZrV_2 ($T_c = 8.8$ K)，HfV_2 ($T_c = 9.3$ K), $LaAl_2$ ($T_c = 3.2$ K), $LaRu_2$ ($T_c = 4.4$ K) などがある．六方晶のものとしては $ZrRe_2$ ($T_c = 6.4$ K), YRu_2 ($T_c = 1.5$ K) などが知られている．$LaOs_2$ は両方の結晶形をとり立方晶のものは $T_c = 5.4$ K，六方晶のものは $T_c = 8.9$ K である．

d.　硼化物，炭化物，窒化物，水素化物

- 硼化物

2 元系では NbB ($T_c = 8.3$ K), YB_6 ($T_c = 7.1$ K) などが知られていた．近年発見された MgB_2 は金属間化合物では最高の $T_c = 39$ K をもつ超伝導物質である．層状の結晶構造をもち，硼素の p 軌道電子が超伝導を担っているものと考えられている．

$ErRh_4B_4$ は $T_c = 8.5$ K であるが，より低温の $T_{\mathrm{Curie}} = 0.9$ K で強磁性が発現し，超伝導が消失する．

- 炭化物

比較的高い T_c をもつものが多い．MC (M:遷移金属) という組成では，NbC ($T_c = 11.1$ K), TaC ($T_c = 10.2$ K), MoC ($T_c = 14.3$ K), WC ($T_c = 10.0$ K) など．

M_2Cという組成では，Mo_2C ($T_c = 12\,K$).

この他に，YC_2 ($T_c = 3.9\,K$), Lu_2C_3 ($T_c = 15\,K$), Y_2C_3 ($T_c = 18\,K$)などが知られている．

- 硼炭化物

高温超伝導発見後の超伝導探索によって，YPd_2BC ($T_c = 23.0\,K$), $RuNi_2B_2C$ ($T_c = 16.1\,K$), YNi_2B_2C ($T_c = 15.6\,K$)などかなり高いT_cをもつ硼炭化物が見つかった．

- 窒化物

NbN ($T_c = 16.6\,K$), ZrN ($T_c = 10.7\,K$), TaN ($T_c = 14.0\,K$), MoN ($T_c = 14.8\,K$)など，かなり高いT_cが得られるが，組成や作製法に敏感である．

- PdH_x

金属パラジウムはその格子間サイトに大量の水素を吸蔵することが知られている．PdH_xが$T_c = 9.6\,K$をもつのに対して，重水素を吸蔵したPdD_xは$T_c = 10.7\,K$と報告されており，通常の同位体効果$T_c \propto M^{-\alpha}$とは逆であることが注目される．

e. 重い電子系物質

f電子を含む金属間化合物伝導体の中に，重い電子系(あるいは重いフェルミオン(heavy fermion))と呼ばれる一群の物質がある．これらの物質では，f電子(Ce,Ybでは4f電子，Uでは5f電子)が局在と遍歴の境目にあり，異常に大きい有効質量をもつキャリアー(重い電子)となっている．重い電子系の超伝導は磁性と強い関わりをもつことが特徴であり，いくつかの物質について異方的(非s波)超伝導であることを示唆する実験結果が得られている．重い電子系の超伝導転移温度はたかだか1K程度であるが，これらの系の有効フェルミ温度が低いことを念頭に置くと，物理的には「高温超伝導」であるといえなくもない．

• 4f 化合物

Ce 化合物 $CeCu_2Si_2$ ($T_c = 0.65$ K) は重い電子系で最初に超伝導が発見された物質である．反強磁性 ($T_N = 0.8$ K) と超伝導が共存する．磁性および超伝導は組成に敏感である．$CeCoIn_5$ は擬 2 次元的超伝導体であり，$T_c = 2.3$ K は重い電子系の超伝導でいまのところもっとも高い．H_{c2} 付近のふるまいが異常であることが注目されている．

充填スクッテルダイトと呼ばれる結晶構造をもつ一連の化合物があり，その 1 つである $PrOs_4Sb_{12}$ ($T_c = 1.85$ K) は 2 個の f 電子をもつ Pr 化合物ではじめての重い電子系超伝導．この物質の超伝導は転移点が 2 つに分裂するなど非 s 波対形成の特徴を示している．種々の実験結果から，時間反転対称性の破れた超伝導相であることがほぼ確定している．

• 5f 化合物

URu_2Si_2 超伝導 ($T_c = 1.2$ K) は反強磁性 ($T_N = 17.5$ K) と共存する．d 波超伝導と考えられている．反強磁性と超伝導の共存は，UPd_2Al_2 ($T_c = 2.0$ K, $T_N = 14.4$ K)，UBe_{13} ($T_c = 0.85$ K, $T_N = 8.8$ K)，UPt_3 ($T_c = 0.43$ K, $T_N = 5.0$ K) などにおいても共通してみられる．UPt_3 の相図はいくつかの超伝導相の存在を示し，内部自由度をもつ非 s 波対形成であることを示している．種々の実験結果からスピン 3 重項すなわち奇パリティの超伝導であると考えられている．

UGe_2 では，$T_{Curie} = 52$ K の強磁性でありながら，$p \sim 1$ から 2 GPa の圧力下で超伝導 ($T_c \sim 1$ K) になる．すなわち温度圧力平面上で強磁性相が超伝導相を内包する．スピン 3 重項の超伝導の可能性が高いと思われるが，結論はまだ出ていない．URhGe においては常圧で強磁性と超伝導が共存する ($T_{Curie} = 9.5$ K, $T_c = 0.3$ K) ことが見出されている．最近，$PuCoGa_5$ で $T_c = 18.5$ K という高温の超伝導が発見された．

f.　酸化物

酸化物には絶縁体が多く，金属伝導いわんや超伝導探索の対象として注目されるようなものではなかった．その事情は 1986 年のベドノルツとミュラーによる銅酸化物高温超伝導物質の発見によって一変した．高温超伝導の発見によって超伝導研究はまったく新しい局面を迎えた．

- ペロヴスカイト

$SrTiO_3$ は絶縁体 (誘電体) であるが，酸素欠損をコントロールしてキャリアーを導入することにより，$T_c = 0.05 \sim 0.5\,K$ の超伝導体となる．この系はキャリアー密度の低い超伝導体として注目されたものである．

ビスマス酸化物の $Ba(Pb_{1-x}Bi_x)O_3$ ($T_c = 10 \sim 12\,K$) は酸化物で超伝導になる系として知られていた．銅酸化物高温超伝導発見以後の物質探索によって $Ba_{1-x}K_xBiO_3$ ($T_c = 30\,K$) が発見された．これらの超伝導は s 波であると考えられている．

- 層状ペロヴスカイト銅酸化物

CuO_2 面を含む層状ペロヴスカイト構造をもつ一連の銅酸化物において，従来の最高転移温度を更新する $T_c \sim 30\,K$ の LaBaCuO が発見され，次いで窒素温度を超える $T_c \sim 90\,K$ の YBaCuO が発見されたことは，従来の超伝導に対する固定観念を打ち破る衝撃的な出来事であった．通常は絶縁体であることの多い酸化物において超伝導が見出されたこと，しかもそれが従来の超伝導転移温度の最高値を大幅に更新するものであったことは 2 重の意味で大きな衝撃であった．それに続く超伝導物質探索研究で以下のような数多くの銅酸化物高温超伝導物質が相次いで発見された．それらを列挙すると，

La 系： $(La_{1-x}Ba_x)_2CuO_4$ ($T_c = 38\,K$, $x \sim 0.15$), $(La_{1-x}Sr_x)_2CuO_4$ ($T_c = 38\,K$, $x \sim 0.15$)

Y 系： $YBa_2Cu_3O_7$ ($T_c = 92\,K$), $YBa_2Cu_3O_{6.5}$ ($T_c = 60\,K$), $YBa_2Cu_4O_8$ ($T_c = 85\,K$),

Bi 系： $Bi_2Sr_2CuO_6$ ($T_c = 10\,K$), $Bi_2Sr_2CaCu_2O_8$ ($T_c = 84\,K$), $Bi_2Sr_2Ca_2Cu_3O_{10}$ ($T_c = 110\,K$),

Tl 系： $Tl_2Ba_2CuO_6$ ($T_c = 90\,K$), $Tl_2Ba_2CaCu_2O_8$ ($T_c = 110\,K$), $Tl_2Ba_2Ca_2Cu_3O_{10}$ ($T_c = 125\,K$),

$TlBa_2CaCu_2O_7$ ($T_c = 91\,K$), $TlBa_2Ca_2Cu_3O_9$ ($T_c = 116\,K$), $TlBa_2Ca_3Cu_4O_{11}$ ($T_c = 122\,K$),

Hg 系： $HgBa_2CuO_4$ ($T_c = 95\,K$), $HgBa_2CaCu_2O_6$ ($T_c = 122\,K$), $HgBa_2Ca_2Cu_3O_8$ ($T_c = 150\,K$),

Pb 系： $Pb_2Sr_2Y_{0.5}Ca_{0.5}Cu_3O_8$ ($T_c = 68\,K$)

といったところである.

現在のところ最高の T_c は $HgBa_2Ca_2Cu_3O_8$ の $\sim 150\,K$ で，圧力印加によりさらに数度高い T_c が得られている.

上記の物質群はいずれもモット–ハバード絶縁体である母物質に正孔をドープした系と位置付けられる．電子をドープした系の超伝導として $Nd_{1-x}Ce_xCuO_4$ ($T_c = 25\,K$, $x \sim 0.15$) が知られている.

この他に，無限層と呼ばれる結晶構造をもつ $(Ca,Sr)CuO_2$ や，スピン梯子物質と呼ばれる $Sr_{14-x}A_xCu_{24}O_{41}$ (A=Ca, La) といった物質の超伝導も見出されている.

- スピネル

スピネル型の結晶構造をもつ酸化物で超伝導を示すものは比較的少なく，$Li_{0.75}Ti_2O_4$ ($T_c = 13.2\,K$) などが知られているのみである.

- パイロクロア

$CdRe_2O_7$ ($T_c = 1.5\,K$), KOs_2O_6 ($T_c = 10\,K$) などが発見されている．スピン系のフラストレーションをもたらす結晶構造に特徴がある.

- ルテネート化合物

Sr_2RuO_4 は層状構造をもつ酸化物で，$T_c = 1.3\,K$ の超伝導体である．さまざまな実験から，3 重項ペアリングが実現していることが確立されている.

- コバルト酸化物

Na_xCoO_2-yH_2O ($T_c = 5\,K$) 三角格子をベースとしており，スピン系のフラストレーションをもたらす結晶構造に特徴がある．スピン 3 重項の超伝導を示唆する実験結果が蓄積されている．

- ブロンズ

タングステンブロンズというのは WO_3 がつくる格子の隙間にアルカリ金属が挿入された物質である．$Rb_{0.3}WO_3$ ($T_c = 6.6\,K$) などが知られている．

g. カルコゲン化物

- スピネル

スピネル構造をもつ硫化物の超伝導物質として，CuV_2S_4 ($T_c = 4.5\,K$), $CuRh_2S_4$ ($T_c = 4.4\,K$), $CuRh_2Se_4$ ($T_c = 3.5\,K$) がある．

- シェヴレル化合物

シェヴレル (Chevrel) 化合物というのは，Mo_6X_8 (X=S, Se, Te) というクラスターユニットが立方晶を構成して，その格子間位置にさまざまな金属イオンが入る結晶構造をもつ物質群である．

シェヴレル化合物は上部臨界磁場の高い超伝導体として着目された．たとえば代表的な $PbMo_6S_8$ では，$T_c = 14\,K$, $B_{c2} = 45\,T$ である．$ErMo_6S_8$ ($T_c = 2.2\,K$) では，$T_N = 0.2\,K$ 以下で反強磁性が発現し，基底状態では反強磁性と超伝導が共存する．$Er_{0.75}Sn_{0.25}Mo_6S_{7.2}Se_{0.8}$ ($T_c = 4\,K$) という組成では，低温において磁場によっていったん超伝導が消えたあとより高磁場で復活し，さらに高磁場で最終的に消える，という磁場誘起のリエントラント超伝導現象がみられる．この磁場誘起超伝導は，交換相互作用による内部磁場を外部磁場が打ち消すことによるもので，ジャッカリーノ–ピーター (Jaccarino–Peter) 機構と呼ばれる．

- 遷移金属カルコゲナイド

遷移金属ダイカルコゲナイド TX_2 (T:遷移金属，X:カルコゲン) は層状物質で，擬 2 次元的異方性を有する．同じ組成で結晶構造の異なる多くの

ポリタイプ (多形 (polytype)) がある．それらのうち 2H と呼ばれるポリタイプのものが超伝導となる．2H-TaS_2 ($T_c = 0.63$ K), 2H-NbS_2 ($T_c = 6.2$ K), 2H-$NbSe_2$ ($T_c = 7.1$ K) などが代表的なものである．一方，1T や 4Hb ポリタイプでは電荷密度波相が優勢である．

遷移金属トリカルコゲナイド TX_3 は 1 次元的伝導チャンネルをもつ物質である．$TaSe_3$，Nb_3S_4 では電荷密度波転移によって再構築されたフェルミ面から低温において超伝導が出現する．

h. インターカレーション化合物

ホスト結晶の隙間に異種原子が挿入された形の化合物をインターカレーション (intercalation) 化合物と総称する．

- グラファイト層間化合物

グラファイトの層間に異種原子／分子を挿入 (インターカレート) したものはグラファイト層間化合物と総称される．それらのうち，C_8K, C_4KHg, C_8KHg などが低温で超伝導となる．C_8K ($T_c = 0.13$ K) は外部磁場の方向によって第 I 種あるいは第 II 種超伝導体としてふるまう．

- 遷移金属カルコゲナイド層間化合物

遷移金属ダイカルコゲナイド層間に種々の分子をインターカレートした系は 1 軸異方性 (2 次元性) の非常に強い超伝導体となる．ジョセフソン層間結合モデルのモデル物質となった系である．2H-TaS_2 は $T_c = 0.63$ K の超伝導体であるが，$TaS_2(\mathrm{pyridine})_{0.5}$ ($T_c = 3.5$ K) $TaS_2(NH_3)$ ($T_c = 4.2$ K) など，インターカレーションによって T_c が上昇することが注目を集めた．

- 層状窒化物

層状窒化物 β-HfNCl, β-ZrNCl は半導体であるが，その層間にリチウムをインターカレートすることにより窒化物層に電子をドープした系において，ZrNCl では $T_c = 14$ K, HfNCl では $T_c = 25.5$ K の超伝導が見出されている．

• 水銀鎖化合物

$Hg_{3-\delta}AsF_6$ は AsF_6 のホスト格子中に，直交する 2 方向に水銀の 1 次元鎖が挿入された形の物質である．$T_c \sim 4\,K$ の超伝導を示すが，これが Hg の T_c と近いため，析出した水銀の超伝導である可能性も否定しきれない．

i. 炭素系物質

• フラーレン

サッカーボール分子 C_{60} の結晶にアルカリ金属をインターカレートすることによって金属化することができる．$C_{60}X_3$ (X: K, Rb) という組成で超伝導が発現する．T_c は格子定数と相関があり，アルカリ金属のイオン半径が大きいもの，したがって格子定数が大きいものほど T_c が高い．

一連のアルカリ金属については，$C_{60}K_3$ ($T_c = 19.5\,K$), $C_{60}Rb_3$ ($T_c = 29.5\,K$), $C_{60}CsRb_2$ ($T_c = 31\,K$).

アルカリ土類金属については $C_{60}Ca_5$ ($T_c = 8.4\,K$), $C_{60}Sr_6$ ($T_c = 4\,K$), $C_{60}Ba_6$ ($T_c = 7\,K$), が報告されている．フラーレン系で最高の T_c としては，$C_{60}Rb_{2.7}Tl_{2.2}$ という組成で $T_c = 45\,K$ という値が報告されている．

• 硼素ドープダイヤモンド

ごく最近，硼素を大量にドープしたダイヤモンドで超伝導 ($T_c \approx 5\,K$) が見出された．

• シリコンクラスレート化合物

バリウムを内包するシリコンクラスレート Ba_8Si_{46} において $T_c = 8\,K$ の超伝導が見出されている．

j. 分子性導体

非フォノン機構の超伝導に関するリトル (W. A. Little) の励起子機構の提案などを背景として，有機物質における伝導性の研究と超伝導探索が 1970 年代に行われた．TTF-TCNQ における $T \sim 60\,K$ の異常な伝導度ピークが超伝導ではないかと取りざたされたが，これは1次元系特有のパイエルス転移によるものとして決着した．その後，高圧下の$(TMTSF)_2PF_6$において有機物質で初の超伝導が発見された．有機分子からなる電荷移動錯体は典型的にはドナー分子とアクセプターイオンから構成される．

- TMTSF (tetra-methyl-tetra-selena-fulvalene) 系

  $(TMTSF)_2PF_6$ ($T_c = 1.2\,K$，ただし $p > 6.5$ kbar の高圧下)．

  $(TMTSF)_2ClO_4$ では，徐冷して ClO_4^- イオンを秩序化させたものは常圧で $T_c = 1.4\,K$ の超伝導になるが，急冷するとスピン密度波相になり超伝導は消失する．TMTSF系の有機導体は1次元性が強い．

- BEDT-TTF (bis(ethylene-di-thio)tetra-thia-fulvalene) 系

  BEDT-TTF系の有機導体ではBEDT-TTF分子が2次元的に配列して伝導面を形成するが，その並び方にさまざまなバリエーションがあり，それぞれ $\alpha, \beta, \kappa, \theta$ などの記号をつけてポリタイプ (polytype) を区別する．β-型では，β-$(BEDT\text{-}TTF)_2AuI_2$ ($T_c = 4.8\,K$), β-$(BEDT\text{-}TTF)_2IBr_2$ ($T_c = 2.8\,K$) などが見出されている．βH-$(BEDT\text{-}TTF)_2I_3$ ($T_c = 8.1\,K$) は β 型に $p > 0.4$ kbar の圧力をかけたときに現れる相である．

  κ-型では κ-$(BEDT\text{-}TTF)_2Cu(NCS)_2$ ($T_c = 10.4\,K$) κ-$(BEDT\text{-}TTF)_2Cu(N(CN)_2)Cl$ ($T_c = 12.8\,K$) など有機超伝導体として最高の転移温度をもつものが知られている．

  他のポリタイプでは θ-$(BEDT\text{-}TTF)_2I_3$ ($T_c = 3.6\,K$) や，α-$(BEDT\text{-}TTF)_2NH_4Hg(SCN)_4$ ($T_c = 1.2\,K$) が知られている．

  BEDT-TTF系の超伝導体は2次元性が強く，渦糸系のふるまいの物理的議論においては銅酸化物高温超伝導体と共通するところも少なくない．

  $(BETS)_2FeCl_4$ はゼロ磁場では反強磁性絶縁体であるが，強磁場下で磁場誘起超伝導を示す．

- DMET (dimethyl(ethylene-di-thio)di-selena-di-thia-fulvalene) 系

  $(DMET)_2AuBr_2$ ($T_c = 1.2\,K$)，$(DMET)_2IBr_2$ ($T_c = 0.58\,K$) などが知られている．

- dmit (4,5-dimercapto-1,3-dithiole-2-thione) 系

  TTF[Pd(dmit)$_2$]$_2$ ($T_c = 6.4$ K), $(CH_3)_4$N[Ni(dmit)$_2$]$_2$ ($T_c = 6$ K) などが知られている．

- $(SN)_x$

  $(SN)_x$ は硫黄と窒素が交互に連なる鎖状ポリマーで，$T_c = 0.26$ K の超伝導体である．擬 1 次元的構造をもち，フェルミ面は電子ポケットと正孔ポケットからなる．

k. 人工超格子・多層膜

異種の物質を原子層単位で人工的に積層させて新しい物質をつくるという手法は半導体分野を中心に開拓され，人工超格子やヘテロ構造は半導体分野ではスタンダードな系になっている．GaAs/AlGaAs のように格子定数が整合した物質の組み合わせではエピタキシャル結晶成長が可能であり，高品質の試料が得られる．金属系ではエピタキシャル成長が可能とは限らないが，異種の物質を積層した人工多層膜の研究は磁性や超伝導に関して盛んに行われている．超伝導に関するかぎり特徴的な長さのスケールはコヒーレンス長や侵入長であって，それらよりも小さなスケールを有する人工構造を作製することは比較的簡単である．また原子スケールの界面の詳細にはそれほど敏感ではない場合が多い．

- 金属多層膜

  エピタキシー成長にこだわらなければ組み合わせは無限である．

  超伝導金属/常伝導金属多層膜：Nb/Cu, V/Ag など．

  超伝導金属/絶縁体多層膜：Nb/Ge, Mo/Si など．

  超伝導金属/強磁性金属多層膜：Nb/Fe, Nb/Gd など

- 酸化物系人工超格子

  磁性や伝導性に関して多彩なバラエティを示すペロヴスカイト系酸化物の種々の組み合わせによる人工格子が作製される．結晶構造が同じペロヴスカ

イト系であって，格子整合が比較的良好であることがエピタキシー成長による人工超格子作製に好都合である．たとえば，$YBa_2Cu_3O_7/PrBa_2Cu_3O_7$ (超伝導体・絶縁体)，$(La,Sr)_2CuO_4/(La,Ca)MnO_3$ (超伝導体・強磁性体) などさまざまな組み合わせが可能である．

参　考　書

本書の性格上，原著論文を挙げることはしていない．以下のリストは，超伝導の教科書やレファレンス・ブックである．

- R. D. Parks (ed.), "Superconductivity", vol.1 and 2 (Marcel Dekker, New York, 1969).
  1960 年代までの超伝導研究の集大成.
- M. Tinkham, "Introduction to Superconductivity", (McGraw-Hill, New York, 1996).
  定評ある教科書．第 2 版で，高温超伝導とメゾスコピック超伝導に関する部分が加筆された.
- J. R. Schrieffer, "Theory of Superconductivity", (Benjamin, New York, 1964).
  BCS 理論の創始者による教科書．理論家向け.
- P. G. de Gennes, "Superconductivity of Metals and Alloys", (Benjamin, New York, 1966).
  GL 理論など現象論に重点が置かれている.
- D. Saint-James, E. J. Thomas and G. Sarma, "Type II Superconductivity" (Pergammon, New York, 1969).
  第 II 種超伝導体における諸現象について詳しい記述がある.
- 中嶋貞雄,「超伝導入門」(培風館，1971).
  「入門」という題だが，内容は高度である.
- 恒藤敏彦,「超伝導・超流動」（岩波書店，1993).
  ^{3}He の超流動も含め，異方的超伝導に関する詳しい記述がある.
- K. Fossheim and A. Sudbø, "Superconductivity: Physics and Applica-

tions" (John Wiley & Sons, Chichester, 2004).
高温超伝導研究を踏まえて書かれた最近の教科書.

- J. B. Ketterson and S. N. Song, "Superconductivity" (Cambridge Univ. Press, Cambridge, 1999).
- K. H. Bennmann and J. B. Ketterson, "The Physics of Superconductors", vol.1 and 2 (Springer-Verlag, Berlin-Heidelberg-New York, 2004)
Parksの本の現代版といった位置付け．高温超伝導などを含めた最近の研究のまとめ.
- C. P. Poole, Jr., "Handbook of Superconductivity" (Academic Press, San Diego, 2000).
最近発見されたものまで含めた，超伝導物質の網羅的レファレンス.

索　引

ア　行

タ　行

著者略歴

家　泰弘（いえ やすひろ）

1951年　京都府に生まれる
1979年　東京大学大学院理学系研究科
　　　　博士課程修了
現　在　東京大学物性研究所
　　　　教授・理学博士
主な著書　『物性物理』（物理学教科書シリーズ，産業図書，1997）
　　　　『量子輸送現象』（岩波講座物理の世界，岩波書店，2002）

朝倉物性物理シリーズ5

超　伝　導

定価はカバーに表示

2005年6月15日　初版第1刷
2020年7月25日　　　第12刷

著　者　家　　泰　弘
発行者　朝　倉　誠　造
発行所　株式会社　朝　倉　書　店
東京都新宿区新小川町6-29
郵便番号　162-8707
電　話　03(3260)0141
FAX　03(3260)0180
http://www.asakura.co.jp

〈検印省略〉

東京書籍印刷・渡辺製本

ISBN 978-4-254-13725-5　C 3342

Printed in Japan